风景园林规划与设计

主　编　吴国玺

副主编　闫　慧　杨凯亮

科学出版社

北　京

内 容 简 介

　　《风景园林规划与设计》是为建筑学、风景园林、城乡规划等相关学科撰写的著作。本书结合景观设计与城市规划相关理论，从实践出发，配有许多应用性案例和插图，使读者系统地掌握景观设计的原理和方法。本书内容主要包括三个部分：首先是风景园林规划与设计构思、布局、程序，其次，分别阐述园林中的自然要素（掇山与理水）和人工要素（园路、广场、园林建筑及小品）设计，最后综合应用相关理论与方法，对公园、社区、城市等进行规划与设计。每章后都附有"问题与思考"，以便于读者使用。

　　本书可供建筑学、风景园林、城乡规划等专业师生参考使用。

图书在版编目(CIP)数据

风景园林规划与设计/吴国玺主编. 北京：科学出版社，2016.9
ISBN 978-7-03-049974-5

Ⅰ. ①风⋯　Ⅱ. ①吴⋯　Ⅲ. ①园林设计　Ⅳ. ①TU986.2

中国版本图书馆 CIP 数据核字(2016)第 227342 号

责任编辑：文　杨/责任校对：张小霞
责任印制：徐晓晨/封面设计：迷底书装

科 学 出 版 社 出版
北京东黄城根北街 16 号
邮政编码：100717
http://www.sciencep.com

北京建宏印刷有限公司 印刷
科学出版社发行　各地新华书店经销

*

2016 年 9 月第 一 版　开本：787×1092　1/16
2021 年 1 月第三次印刷　印张：18 1/2
字数：458 000
定价：56.00 元
(如有印装质量问题，我社负责调换)

前　言

　　随着城镇化的发展，人们对居住环境景观的要求不断提高，人居环境的改善、城镇景观建设与美化越加受到重视。因此，普及风景园林规划与设计的基本知识十分必要。

　　本书从实践出发，内容翔实而全面，突出景观设计的方法，包括景观设计的立意构思、平面构成、组织原则、空间设计，还偏重于具体景观设计工程实践的要素分析。本书共分十二章。首先是场地现状调查的系统论述，主要讲解景观设计六大要素的设计方法及相关应用规范，包括场地设计及平整规范等（第一章）。接下来的章节主要包括园林规划设计构思与布局（第二章）、园林设计的内容与程序（第三章）、风景园林中的掇山（第四章）、风景园林中的理水（第五章）、园林道路设计与施工（第六章）、园林广场的设计（第七章）、园林建筑及小品设计（第八章）。然后从风景园林中的种植设计出发，重点强调植物设计的方法、植物的认知选择、种类及应用（第九章）。最后，综合性公园规划设计（第十章）、建筑组群与社区景观设计（第十一章）、城市景观与设计（第十二章）等，强调对水体的景观设计及与水相关的施工方法规范，山石的景观设计运用，还包括对照明、雕塑及其他小品等景观细节的处理。相应地，本书叙述了风景园林设计原理与应用实践案例分析。

　　考虑到本科教学的深度要求和学生的理解能力，本书选取能够最准确地说明问题的经典案例和最新设计思路，对于理论、方法进行深入分析和详细讲解，书中增加了园林设计的基本方法、园林设计要素、设计实例的讲解。全书有大量的插图，其中不少为精美的钢笔徒手线条图，力求图文并茂，通俗易懂。

　　《风景园林规划与设计》充分发挥学生学习的主观能动性，激发学生的学习兴趣，帮助学生了解规划与设计的步骤，并掌握设计的方法。主要适用于风景园林、园林、城市规划和建筑学等专业的本科生学习，也适用于景观设计和环境艺术等相关专业的学生以及景观规划从业人员参考。

作　者

2016 年 6 月

目　录

前言
第一章　风景园林设计场地现状调查 …… 1
第一节　调查的准备 ……………… 1
第二节　调查与分析 ……………… 1
第三节　绘制底图 ………………… 4
一、场地测绘图 ………………… 4
二、环境图 ……………………… 5
三、场地测绘图校对及测量 …… 5
四、场地定位及绘制底图 ……… 7
问题与思考 ……………………… 8
第二章　园林规划设计构思与布局 …… 9
第一节　园林规划设计的目标定位 … 9
第二节　园林规划设计的构思 …… 10
一、分析 ………………………… 10
二、构思所考虑的要素 ………… 11
三、构思比较 …………………… 13
第三节　规划设计方案形成 ……… 13
问题与思考 ……………………… 14
第三章　园林设计的内容与程序 …… 15
第一节　园林设计的步骤和内容 … 15
一、实地踏勘与资料收集 ……… 15
二、初步总体构思及修改 ……… 15
三、第二次修改及文本制作 …… 15
四、根据反馈信息调整方案 …… 16
五、方案评审 …………………… 16
六、扩初设计评审 ……………… 16
七、再次踏勘并制作施工图 …… 16
八、施工图预算编制 …………… 17
九、施工图交底 ………………… 17
十、设计师的施工配合 ………… 17
第二节　设计资料收集与图文要求 … 17
一、园林规划设计的资料收集 … 17
二、园林设计各阶段的图文要求 … 19
问题与思考 ……………………… 24

第四章　风景园林中的掇山 ………… 25
第一节　假山的类型及功能 ……… 25
一、按堆叠的材料来分 ………… 25
二、假山的功能 ………………… 26
第二节　假山的布置要点 ………… 27
第三节　假山的结构与设计 ……… 28
一、拼叠山石的基本原则 ……… 28
二、假山的分层结构与施工 …… 29
三、假山洞的结构形式 ………… 30
四、传统假山叠石技法 ………… 31
第四节　山石的布置 ……………… 33
一、置石 ………………………… 33
二、与园林建筑结合的山石布置 … 36
三、与植物相结合的山石布置 … 39
第五节　园林的塑山 ……………… 40
一、塑山的特点 ………………… 40
二、塑山的分类 ………………… 41
三、塑山的施工工艺流程 ……… 42
四、塑山过程中应注意的几个问题 … 42
问题与思考 ……………………… 43
第五章　风景园林中的理水 ………… 44
第一节　水体的功能与类型 ……… 44
一、水体的功能 ………………… 44
二、水体的类型 ………………… 45
第二节　园林水景工程 …………… 48
一、湖 …………………………… 48
二、池 …………………………… 49
三、溪涧 ………………………… 53
四、瀑布 ………………………… 54
五、跌水 ………………………… 58
六、喷泉 ………………………… 60
第三节　驳岸与护坡 ……………… 75
一、驳岸工程 …………………… 75
二、护坡工程 …………………… 81

问题与思考 …………………………83
第六章　园林道路设计与施工 ………84
　第一节　园林道路功能与分类 ……84
　　一、园路的功能 ………………84
　　二、园路的分类 ………………85
　第二节　园林道路线形与结构 ……86
　　一、园路的线形 ………………86
　　二、园路的结构 ………………90
　第三节　园路的分布与设计 ………93
　　一、园路的功能与类型 …………93
　　二、园路布局 …………………93
　　三、弯道的处理 ………………93
　　四、园路交叉口处理 …………94
　　五、园路与建筑的关系 …………94
　　六、园路与桥 …………………94
　第四节　园林道路类型与施工 ……95
　　一、常见园路类型 ………………95
　　二、园路的施工 ………………100
　问题与思考 ………………………102
第七章　园林广场的设计 ……………103
　第一节　园林广场 …………………103
　　一、城市广场的定义 …………103
　　二、现代城市广场的类型 ………103
　　三、城市广场设计的原则 ………109
　第二节　公园中广场布局 …………114
　　一、城市广场空间设计 …………115
　　二、广场绿地规划设计 …………118
　问题与思考 ………………………119
第八章　园林建筑及小品设计 ………120
　第一节　园亭 ………………………120
　　一、亭的特点 …………………120
　　二、亭的类型与造型 …………121
　　三、亭的选址 …………………124
　　四、亭的构造 …………………124
　第二节　园廊 ………………………133
　　一、园廊的功能 ………………133
　　二、园廊的特点 ………………133
　　三、园廊的类型 ………………134
　　四、廊的位置选择 ……………142

　第三节　榭、舫 ……………………142
　　一、榭 …………………………142
　　二、舫 …………………………145
　第四节　游船码头 …………………146
　　一、游船码头的功能 …………146
　　二、游船码头的特点 …………146
　　三、游船码头的设计思路 ………167
　　四、游船码头的组成 …………167
　　五、常见的游船码头形式 ………168
　　六、游船码头位置选择 …………169
　第五节　公园大门 …………………169
　　一、公园大门的功能 …………169
　　二、公园大门的组成 …………170
　　三、公园大门的类型 …………170
　　四、大门的位置选择 …………170
　　五、大门的空间处理 …………170
　　六、大门出入口设计 …………171
　第六节　园椅 ………………………173
　　一、园椅的功能 ………………173
　　二、园椅的类型 ………………174
　　三、园椅的设计要点 …………174
　第七节　园灯 ………………………176
　　一、园灯的功能 ………………176
　　二、园灯的类型 ………………176
　　三、园灯的设计要点 …………177
　第八节　园墙 ………………………178
　　一、园墙的功能 ………………178
　　二、园墙的类型 ………………179
　　三、园墙的设计要点 …………180
　第九节　园林展示小品 ……………182
　　一、园林展示小品的功能 ………182
　　二、园林展示小品的设计要点 ……182
　第十节　园林雕塑 …………………184
　　一、雕塑的设置 ………………184
　　二、视线距离 …………………184
　　三、空间尺度 …………………185
　　四、雕塑基座 …………………185
　　五、材料和色彩 ………………185
　　六、雕塑分布 …………………185

第十一节　园桥 ················186
　一、园桥的功能 ············186
　二、园桥的类型 ············186
　三、园桥的设计要点 ········188
第十二节　园林栏杆 ··········189
　一、园林栏杆的功能 ········189
　二、园林栏杆的类型 ········190
　三、栏杆的设计要点 ········191
问题与思考 ··················193
第九章　风景园林中的种植设计 ···194
第一节　植物的观赏特性 ······194
　一、植物的大小 ············194
　二、植物的外形 ············196
　三、植物的色彩 ············197
　四、树叶的类型 ············197
　五、植物的质地 ············199
第二节　植物的功能特性 ······199
　一、构成空间 ··············199
　二、引导视线 ··············200
　三、完善和统一 ············200
　四、强调和识别 ············202
　五、软化 ··················203
　六、框景 ··················203
第三节　乔木的种植类型 ······203
　一、孤植 ··················203
　二、对植和列植 ············203
　三、丛植 ··················204
　四、林地 ··················204
　五、疏林 ··················204
第四节　种植设计的程序与要点 ···205
　一、种植设计的程序 ········205
　二、种植设计的要点 ········207
问题与思考 ··················209
第十章　综合性公园规划设计 ···210
第一节　公园功能分区 ········210
　一、游览休息区 ············210
　二、科学普及与文化娱乐区 ···210
　三、体育活动区 ············210
　四、儿童活动区 ············211

五、公园管理区 ··············211
第二节　公园地形处理 ········212
　一、平地 ··················212
　二、山丘 ··················212
　三、水体 ··················213
第三节　公园种植设计 ········213
　一、公园绿化树种选择 ······213
　二、公园绿化种植布置 ······214
　三、公园设施环境及分区的绿化 ···214
第四节　专类公园规划设计 ····215
　一、植物园规划设计 ········215
　二、动物园规划设计 ········217
第五节　公园中建筑的布局 ····219
问题与思考 ··················220
第十一章　建筑组群与社区景观设计 ···221
第一节　居住行为活动与建筑组群
　　　　设计 ················221
　一、居民行为活动类型 ······221
　二、居民生活序列与层次 ····222
第二节　日照、通风、噪声与建筑组群
　　　　设计 ················223
　一、居住区的日照 ··········223
　二、居住区的自然通风 ······225
　三、居住区的噪声防治 ······226
第三节　空间环境与建筑组群设计 ···230
　一、建筑组群的空间特性 ····232
　二、建筑组群空间的构成及类型 ···233
　三、建筑组群空间的划分与层次 ···235
　四、建筑组群空间的领域性和
　　　安全性 ················237
第四节　居住区建筑组群设计方法 ···239
　一、居住区建筑分类 ········239
　二、建筑组群设计的一般原则 ···241
　三、居住区建筑组群设计 ····241
第五节　居住区绿地的分类设计 ···246
　一、居住区绿地的规划设计原则 ···246
　二、居住区公共绿地的规划设计 ···248
　三、宅旁绿地的规划设计 ····253
问题与思考 ··················259

第十二章　城市景观与设计 …………… 260
　第一节　城市设计的基本概念 ……… 260
　　一、城市设计的含义 ………… 260
　　二、城市设计的作用 ………… 260
　　三、城市设计与风景园林的关系 … 260
　　四、城市设计的内容 ………… 261
　　五、城市设计的类型 ………… 261
　　六、城市设计的层次 ………… 262
　　七、城市设计的理论方法 …… 262
　　八、城市设计的内容 ………… 264
　第二节　城市景观 ……………… 265
　　一、城市景观的基本特征 ……… 265

　　二、城市景观的分类 ……………266
　第三节　社区景观 ………………279
　　一、社区的相关概念 ……………279
　　二、城市社区的构成要素 ………280
　　三、城市居住社区的分类 ………280
　　四、社区景观规划与设计原则 ……281
　　五、社区景观案例 ………………281
　问题与思考 ………………………285
参考文献 …………………………286
后记 ………………………………287

第一章　风景园林设计场地现状调查

对设计师来说，在会见客户并了解其愿望和要求后，下一步就是研究场地、评估场地的优缺点，然后根据客户的需求进行设计。

一般来讲，一个景观设计的过程可分为三个步骤：调查（survey）、分析（analysis）和设计（design）。

场地调查，即对场地上的现有物体进行登记，大多以书面的文字报告结合场地实景图片表述。进行调查的目的是收集和记录场地信息。

分析是在调查的基础上进行的。设计师通过评估调查清单来决定要在场地上进行哪些改动或者采取何种措施，分析可能出的问题以及潜在影响。对调查进行评估，旨在找出存在的问题和需要完善的方面，以及能够为设计所用的潜力。这一过程是进行兼具功能性与艺术性的园林设计的基础。

任何一个规划与设计都是一个特例，因此风景园林规划要求不仅理解区域和场地的自然条件，也要理解人。然后综合微气候学对一个特定区域进行合理的、具有一定功能性的、关系协调的三维规划设计。

第一节　调查的准备

现场调查可以使设计者获得对目标场地的直观认识，是采集量化的、具体的场地数据的必经环节。调查之前需要做一定的准备。

首先，要拿到场地测绘图。场地测绘图可以告诉设计者目标地块的位置、大小、范围，甚至已有建筑、地形起伏等信息。同时，现场调查采集的很多数据可以直接在现场测绘图上标注。在场地测绘图上进行记录，在图上列出调查清单往往要比单纯的手写更容易。有了测绘图，还可以直接将有关信息在图上的相应位置标明。如果在进行调查时手边没有场地测绘图，也可以大略绘制场地草图，比例是否准确无关紧要，便于做记录即可。

其次，要准备必要的工具，如可夹纸的记录板、速写纸、笔记本、笔、相机等。

第二节　调查与分析

现场调查能帮助我们更好地了解和理解现有场地的情况，更是下一步概念设计的基础支持。成功的现场调查能帮助我们发现场地中有吸引力、迷人的景色，以及缺乏吸引力的区域。现场调查还能帮助我们找出当前场地的优缺点，以便于更好地进行下一步设计。以下是在进行调查与分析时需要做记录的有关信息。

1. 场地范围与建筑物

确定场地的具体范围，在平面图上做一简洁的线形注释，注明场地四周是如何划分的，如围栏、围墙、绿篱等，并以实景照片或者手绘示意图表示。

场地的建筑物调查可以分为两个方面，一是场地内的建筑物，二是场地周边的用地情况。

场地内建筑物的体量、色彩和材料在很大程度上会影响到铺装材料的色彩。例如，重复使用房屋基础上的砖块，将其作为石板路入口的边界；门窗的位置既会影响交通流线的模式，也可以影响到植物的体量；在窗前种植乔木或大灌木既阻碍视线又有安全隐患，应避免这样做；测量窗户底边距地面的高度，以此为标准来选择植物进行栽植。

要注意场地周边的用地情况是怎样的，是商业区、住宅小区、学校还是工厂等；在某个特定区域看向场地内外的视线是通透还是有遮挡的。

2. 交通线路

场地的交通线路也需要考虑两个方面。

首先是场地内原有的交通线路，至少要调查这样几个方面：①停车场的空间是否能满足客户的需求；②主交通线；③明确次要线路，如沿建筑物或后门出入的小路；④观察可供使用的铺路有哪些；⑤道路的铺装、损耗等。

其次要考虑从城市或其他地区到场地的路线是怎样的，场地附近是否有公共交通站点。这些都应在平面图上注释，需要重点说明的应该记在笔记本上并拍摄现场照片。

3. 公用设施

（1）排水系统　注意科学安排排水系统，避免因排水不良导致植物死亡。

（2）高架线　记录通向客户场地或沿途的高架线或电力线的位置及大致高度，避免在其下面种植大乔木。

（3）公用设施　注意公用设施如水泵、煤气、电缆等的位置并保留足够空间。

4. 视线

（1）不佳视线　如垃圾箱、储藏室等。

（2）良好视线　如湖泊、球场、林区等。

5. 光照与温度的季节性影响

（1）夏季物体的阴影较短　在夏季，地球的方位使太阳光线到达地球的路径更短、更直接。此时太阳高度角较高，也使温度较冬季升高。

（2）冬季物体的阴影较长　在冬季，太阳光线到达地球的路径较长，因此物体的阴影也比较长。如果冬季打算在场地中的某个背阴地区种植耐阴植物，在夏季此处有可能受全光照而导致植物被灼伤。

6. 风

种植植物或建设其他景观阻挡冬季西北风以减少冷风影响。利用夏季凉风，为场地降温。

7. 现有植被情况

对现场的植被进行结构分类，如森林、密林、大灌木结合乔木、灌木丛、草坪、灌木结合草本植物等。观察植被的生长情况，记录现有植物的长势、规格、位置，并说明其在设计方案中是否需要移植或保留。有关现有植物的信息记录如下：①种类；②位置；③高度和冠幅；④对于大树，要记录其胸径；⑤长势；⑥记录明显的机械损伤或病虫害。

另外，注意观察场地上现有植物中哪些是令人喜欢、想靠近的，哪些是令人畏惧或者可能伤害儿童的。还要注意场地是否存在生态敏感区域。在对应的植物群落中标注可能存在的动物。另外，还需要注意场地内是否有名树古木或者保护树种。

需要保留的现有植物数目随项目不同而变化。有些客户可能会要求在新的设计方案中重置或移植全部的现有植物，其他客户则会要求扩充现有植物的种类。某些现有植物起着很重要的作用，如遮挡、作为孤植树或成为视线的焦点景观等。在许多情况下，大树由于其自身价值较高或受到地方法律的保护而得以保留。有些设计师会对全部的现有植物进行定位，并标明其是否需要移植、重置或保留，以便承包商进行相应的处理。

8. 土壤

收集一份土壤样本，测定其组成、结构、pH 及其他营养成分。

（1）土壤组成　土壤组成是指沙粒、粉粒、黏粒各自所占的比例。它会影响植物的生长及更新程度。例如，棕榈树在沙土中长势良好，但不适合在黏土中生长。

沙粒：在三种类型的土壤颗粒中，沙粒的体积最大。它是一种不易压实的固体硅土颗粒。沙土中含沙粒 70%，因此排水良好，但容易干旱且肥力较低。

黏粒：黏粒是体积最小的土壤颗粒，多孔，具可塑性。它比沙粒易压实。黏土中的黏粒成分至少占 40%，因此持水及营养能力较好，但土壤湿度易过大，通气性也较差。

建筑承包商移走表土后，遗留下来的黏土状底土就成为一个需要注意的问题。需检查房屋地基周围及庭院中的土壤，以确定是否因施工而留下了黏土。

粉粒：粉粒的粒径和孔隙度介于沙粒与黏粒之间。其土壤湿度和肥力高于沙土，排水能力好于黏土。

壤土：壤土是指理想的土壤，它是沙土、黏土和粉沙土的混合物。

注意检查房屋周围地下 100 cm 深处的，特别是地基周围及庭院中的土壤。如果存在土壤组成方面的问题，就要向客户说明具体的种植意见。

如果不改良土壤，那么在进行场地的植物选择时，就要考虑根据当地的土壤类型来种植植物。

向沙土中加入深 2～3 英寸（1 英寸＝2.54cm）的腐殖质（如堆肥或阔叶树的地表覆盖物），可以起到改良沙土的作用。由于造价很高，这种改良后的土壤一般仅用来作为栽培花卉、灌木和乔木的苗床土。黏土也可以进行改良，或者不惜成本将其全部换掉。

（2）土壤结构　土壤结构是指土壤颗粒的排列形式。理想的土壤结构应具有足够的孔隙空间，从而保证土壤具有良好的通气排水能力。在关于土壤结构的问题中，最值得一提的就是压实。压实后的土壤结构由于缺乏足够的孔隙空间，导致土壤通气排水不畅，从而直接影响植物根系的正常生长。

导致土壤压实的原因，无外乎早期进行的建设或正在发展的交通。高强度的人为践踏或车辆碾压都可能造成土壤被压实，如果想在这种地方种植植物的话，就必须对现有土壤进行改良。事实上，这些地区更适合做硬质铺装来疏导交通。消除导致土壤压实的这些因素后，最好通过翻耕或透气的方法来调节土壤。

（3）土壤 pH　土壤的 pH 会影响植物对土壤养分（主要是指土壤中的微量养分）的吸收。土壤 pH 的范围是 0～14，其中 pH 等于 7 的是中性土壤，pH 小于 7 的是酸性土壤，pH 大于 7 的是基本土壤，或称为碱性土壤。适合大多数植物生长的土壤 pH 为 6.5。

a. 调节土壤 pH　非极端（极高或极低）的场地土壤 pH 有时也可以通过以下措施来进行调节：①施用石灰能够很容易地提高土壤的 pH；②施用硫黄则可以降低土壤的 pH，但一般由于土壤阻止 pH 降低的缓冲能力极强，因此成功率不高。通过进行土壤测试可以确定石灰或硫黄的具体施用量。

如果无法改良土壤，就要选择适合当地条件的植物。例如，种植喜酸植物，像杜鹃花、秋海棠、栀子花和八仙花等。

b. pH 计　可以用便宜的 pH 计进行土壤测试。将一杯土和一杯水等量混合后搅动，使土壤颗粒完全悬浮于水中。放置一天后，将 pH 计插入水中，即可测出土壤的 pH。尽管 pH 计不太精确，但用来解决问题已绰绰有余。

（4）土壤肥力　对土壤进行分析，可以找出在动工前亟待解决的土壤养分缺陷问题。土壤中的主要营养元素磷和钾容易流失，因此最好在施工前向土壤表层施肥来改善这种情况。

9. 排水

记录产生积水的地点。如果在旱季进行场地调查，设计师就要问清客户是否有雨后积水的地方。积水对交通、植物来说是个大麻烦。

（1）地基　检查房屋地基周围的坡度。排水设备应设在房屋周围的地表，特别是当房屋建在地下室或地下交通空间上的时候更应加以注意。如果排水设备设在房屋下面就会造成潮湿和霉变。

（2）地表排水　记录场地的地形，以及其他因坡度不合适而导致积水的明显低洼地带，房屋地基周围的排水应顺畅无阻。对景观的改动不应影响排水设备的正常工作。

（3）排水管和边沟　记录排水管距边沟的位置。这些设备应远离房屋以免地基出现问题。另外，这些设备周围的土壤极其潮湿，可能会对某些植物产生不良影响。

记录排水管距边沟的位置，确定是否需要对其进行改动或在附近种植喜湿植物。

第三节　绘制底图

一、场地测绘图

场地测绘图给出了关于客户所在地的信息及补充资料。设计师最好直接从客户处获得场地测绘图，这会使平面图的设计更为简单。这种测绘图是由注册土地测量员绘制的，它能够清楚地显示出场地边界线以及它们的长度和方位，场地上房屋的位置以及其他诸如栅栏、车行道、人行道、露台／天井等设施的所在位置。场地测绘图通常也被称为场地图、资产平面图或竣工测绘图。测绘图中给出的信息如下：住宅所在地、方位和场地边界线长度、场地布局、公共道路用地和有使用权的土地。设计师根据场地测绘图就可以按比例准确地绘制平面图。

二、环境图

环境图给出了场地的信息。它能够显示出场地边界线，即具体划分场地范围的线条。一些客户还可以得到场地布置详图的副本。环境图包含有以下信息。

1. 场地标桩

场地标桩标明了场地边界线的起点和终点。标桩通常为一根垂直埋入地下的金属棒（一般是一根钢筋）。标桩顶端距地表大约 20cm。场地的转角处也可能有其他不动产，如下水道的入口等，这些都应该在测绘图中指明。

2. 场地边界线的方位和长度

场地边界线能够表明方位（即方向和距离）或长度。例如，人们说场地 8 和场地 9 之间的场地边界线，其方位为东南：19°24′29″，210.11m。意思是上述场地边界线指向东南方向 19°24′29″。换句话说，你沿南北方向绘制一条场地边界线，然后使中点固定，再将这条线向东精确旋转 19°24′29″即可。在这个例子中，210.11m 就是场地边界线的长度。同样在西南、西北、东北也有各自的方位和长度，有了这四组数据就可以准确找到这块场地的边界线。

3. 布局图

环境图中应包括房屋的布局图，布局图不要求一定标明外墙尺寸。在某些情况下，布局图与测绘图是分别独立绘制的，布局图标明了墙体尺寸及门窗位置。

4. 公共道路用地

公共道路用地（R/w）是公众所有的带状土地，包括街道和场地中场地边界线之前的部分。假如公共道路用地的宽度为 50m，在街道中间假想一条虚线来标明公共道路用地，这条虚线就是公共道路用地的中心。因此，公共道路用地在虚线两侧各扩展 25m，总宽度为 50m。

如果人行道与街路平行，那么一般情况下场地边界线的前面部分就应恰好位于人行道之前。人行道属于公共道路用地部分，但有时也可以省略人行道用地。

注意公共道路用地的使用权。只有所在城市或地区的道路管理部门才有权挖掘公共道路用地，对其进行翻修或施工。因此，在对该地区做某些改动或栽植植物前最好先与当地政府取得联系。在大多数情况下，公共道路用地内不允许栽植任何植物，至少不能栽植大规格的植物或修筑不易搬迁的永久性建筑。

三、场地测绘图校对及测量

大多数客户在房屋竣工时可以得到一份场地测绘图的副本，贷方需要以此来查验场地，这就是场地测绘图通常又被称为资产平面图的原因。设计师应尽力争取获得一份场地测绘图的副本，否则就得另外花时间和精力去绘制供设计用的准确的平面图。

在某些必要的地方进行测量以确保场地测绘图的正确性和时效性。这可以避免无谓的尴尬和浪费时间。上次测量后的某些改动或更新有可能会影响场地测绘图的准确性。

在向场地上添加物体和进行平面布局时都需要对场地进行测量。由于场地测绘图有时并不包括场地上的所有物体或区域，因此设计师对场地进行准确测量就尤为重要。

进行测量时需要以下工具。

（1）可夹纸的记录板。

（2）测距仪：使用测距仪最为便利。但如果所测的地区崎岖不平或者有障碍物，就可能影响测距仪正常工作。

（3）卷尺：长度为100m或200m。

（4）螺丝刀：用来固定卷尺。

测量的方法主要有以下几种。

1）步测

如果手边没有卷尺或测距仪，也可以使用步测的方法进行测量，保持步幅等于1m即可。对大多数人来说，一大步的步幅要比平时的步幅稍长，花点时间练习步测就可以准确掌握1m的步幅。标出10m的路程来练习步幅，以1m一步恰好10步走完。用步测来估测距离快速简单。

2）直接测量

直接测量是测量两点间距离的简便方法。使用卷尺进行测量时要把尺子拉紧，因为卷尺上的任何部分稍有松弛就会导致测量数据失真。

3）基线测量

基线测量是沿一条线测量可以同时获得多个测量数据的最快方法。它避免了时时移动卷尺，从而减少了误差的累积。

利用基线测量获得测量数据的方法是，以线的一端为起点，将卷尺拉紧至线的另一端。找出沿线每一点在尺子上的位置并记录测量数据。只放尺一次，可以避免反复固定卷尺的麻烦及两次测量间的错误累积。如果使用测距仪的话，要从零点开始，并在每一点依次停下来记录测量数据，但在拿着测距仪的同时进行记录会不太方便。不要将测距仪反复调零，应继续到下一点进行测量并记录数据，直到完成测量为止。

进行基线测量最好的例子就是沿房屋的正面确定门窗的位置。在房屋的一角固定卷尺，然后将尺子拉紧至另一角。从零开始，确定第一扇窗子的第一条边并记录尺子上的测量数据，接着记录窗子第二条边的测量数据，沿卷尺进行测量，直至到达另一角得出全部数据为止。如果使用测距仪的话，要从零点开始，至第一条边停下记录测量数据，然后继续测量，不要将测距仪反复调零。

为了使测量数据合理有序，应将线的起点和终点用字母标出，如起点 A，终点 B。如果要在场地中进行多次基线测量，则可以继续用字母 C、D 等标出。线段 AB 之间的测量数据按顺序（A_1B 、A_2B、 A_3B······）记录。

4）三角测量

三角测量多用于在场地中确定物体的位置。三角测量是根据已知两点的位置来确定未知的第三点位置。在大多数情况下，场地上的房屋会有两个已知点可供使用。其他的永久性建筑，如栅栏、路缘或车库等，也都可以作为一个已知点来使用。

以房屋的两角作为 A 点和 B 点。把前庭院中的某棵树作为 T 点（如果要栽植很多树，可将每棵树依次标为 T_1、T_2、T_3 等）。根据房屋两角的 A、B 两点，就可以准确确定 T 点的位置。

（1）直接测量每个已知点与未知点之间的距离。如

$$AT=32m \qquad BT=43m$$

现在可以在房屋的布局图上确定 T 点（即树的位置）。

（2）按照草图的比例，将圆规的两脚间距调整为43m。以 B 点为圆心画弧，使弧经过 T 点所在大致位置。

（3）按照同样的比例将圆规两脚间距调整为32m。以 A 点为圆心画弧，使这个弧与第一个弧相交。两弧的交点即为与 A、B 两点（房屋两角）相关的 T 点的准确位置。

三角测量也可以用于绘制路缘或种植床的曲线。沿曲线随机选取几个点来进行三角测量，就可以在草图中绘出这些点并将其连接起来。当然，选取的点越多，所绘的曲线就越准确。

5）方格网

方格网可用来确定物体的位置或准确绘制场地平面上的某个区域，如现有种植床的曲线外形。在已测的网格中利用现有模型来定点以测量平行线。现有模型可以是房屋、建筑物或路缘等，可利用平行线的长度来沿曲线定点，然后进行连接。

四、场地定位及绘制底图

需要在场地中进行定位的物体包括现有乔木、灌木及其他物体。定位方法：三角测量法、方格网法。

露台或车库等附属建筑的面积的定位方法：用直接测量法测面积；用三角测量法测独立于房屋以外的附属建筑的角。

房屋门窗等的定位方法：基线测量法。

人行道、车行道、种植床或其他永久性设备的定位方法：三角测量法、方格网法、直接测量法。

房屋的场地标桩（用来在环境图中确定布局图）的定位方法：三角测量法。

根据场地测绘图和所得的全部测量数据，就可以按照适合平面图的比例来绘制草图了。草图也是一种平面图，它包括场地上所有的永久性物体及区域，它们都会影响到场地测绘图中所没有的设计方案。有些人也将这种平面图称为场地平面图。

如果客户提供的场地测绘图图幅较小，由于细节辨认不清，就会影响到设计。因而，需要放大平面图的比例以便进行设计。

1. 打印场地测绘图

将草图按比例放大的最简单方法之一是扩印一份场地测绘图。

扩印测绘图应注意比例尺的变动。当场地测绘图扩大一倍后，其比例就要相应地缩小一半。例如，假设原比例为 1 cm＝40 m，那么扩大一倍（200％）后的比例即为 1 cm＝20 m。将场地测绘图再扩大一倍（400％）后，比例就变为 1 cm＝10 m。

2. 扫描场地测绘图

常用的简易方法是：将文档扫描到电脑里，并用图像处理软件将图像放大。再将放大后的图像——打印，然后像拼图一样将其拼到一起。

3. 绘制底图

（1）场地边界线　绘制底图的第一步是绘制场地边界线。绘图时应使用描图纸，以便进行注释和更改错误，稍后再将图誊在硫酸纸或绘图纸上。

场地弯角不一定都是 90°，因此一定要准确地绘制弯角的角度。绘制场地边界线的一个便捷方法是，将描图纸覆在原场地测绘图上描摹弯角，待线的角度定下来之后，就可以按比例来绘制线的完整长度了。重复上述步骤，直到绘制完全部场地边界线为止。

（2）布局图　另换一张描图纸，来绘制房屋的布局图，其中应包括门窗的位置。在大多数情况下，布局图中的角均为直角，因此可以使用三角板的直角边来辅助绘制。

（3）场地标桩　布局图上标出的场地标桩所在的位置可以根据房屋所在位置，用三角测量的方法来确定。如果无法确定场地标桩的位置，那么对其他固定点（如车行道与街道的交点）进行三角测量也可取得同样的效果。

（4）在场地中确定布局图　将绘有场地边界线的图纸平铺于桌面并覆在绘有布局图的图纸上。旋转布局图，使布局图上标出的场地标桩恰好位于场地边界线弯角的正下方。这样就可以确定场地上的布局图。再将布局图誊在绘有场地边界线的上层图纸上即可。

（5）添加其他物体和区域　现在可以向底图中添加场地上原有的其他物体或区域了。这一工作包括：用三角测量法确定现有树木的种植位置，用方格网测量法确定现有种植床和车行道的位置或注明门窗的位置。

此时，绘有场地边界线和布局图的底图即宣告完成。接下来就可以将其置于硫酸纸下进行描图并开始设计了。

问题与思考

1. 怎样进行调查的资料收集和分析？
2. 分析调查资料在园林设计中的作用有哪些？
3. 与场地图或场地调查有关的术语有哪些？
4. 如何分析场地图？
5. 如何进行场地测量？

第二章　园林规划设计构思与布局

第一节　园林规划设计的目标定位

如何开始一个设计，不同的人可能有不同的选择。设计构思阶段可以选择的切入点往往是多种多样的，思考的范围也是多层次的。例如，可以从用地性质与目标定位、功能要求与展开方式、立地条件与植物种植等方面进行选择。我们要从中找出需要解决的主要问题，明确设计的发展方向，准确定位、确立目标。其具体方式与途径并没有一个固定的、死板的套路，它考验的是设计者的长期知识积累、专业素养、想象力与灵感等。

这一阶段的主要工作包括两个方面：首先，明确用地性质，用地性质是决定设计方案的目标、发展方向和特色的基础因素；其次，设计者需要根据场地特征、功能要求、地域文化等方面的内容，对现有地块提出创造性设想。

一般来说，一个好的方案应综合考虑生态、功能、审美三方面的要求，三者相互作用，构成一个整体。

生态是展开设计的基础，任何设计都必须考虑场地与环境之间的联系，如何与自然相互作用、相互协调对环境的影响最小等。建设具有良好生态环境的户外场所是本行业毋庸置疑、无可取代、无法回避的责任与义务，每一个方案都必须考虑该项目的建设对生态环境的影响与作用，并将其作为方案进一步发展（满足功能与审美需求）的基础，场地内的一切活动安排都有利于（起码不破坏）区域的生态环境。有时，生态主题会成为方案发展的核心和重点，成为设计中最重要的方向，例如，对于以污染、废弃地块的改造利用为主的地块，则需要将生态修复作为设计目标。

功能是设计展开的前提，每一个项目都包含具体的功能需求，没有使用价值的场所是不存在的。在构思阶段需要明确项目的主要功能作用，并确定其发展规模、展开方式、环境特征等方面的内容。每一项功能内容都具有一些常规性的解决方式与途径，需要通过平时的训练加以理解和掌握。同时，每一个项目、每一块场地都具有自己的个性，相同的功能内容在具体的某个项目中，又具有个性化展开和发展的可能。如果我们能够把握其个性化特征，并找到一条合理的甚至完美的发展、组织途径，无疑是最终完成一个理想的方案的重要基础。对于有特定使用功能的场地，需要考虑相应的设施、人性化的尺度、便捷的交通等具体内容。

审美建立在理想的生态环境和完善的使用功能基础之上，是一个更为"高级"的内容，也是必须要考虑的因素。这是一个非常复杂的话题，在此只能简单概述。不同的历史阶段对于完美花园或公园的评价标准也有很大差异，但审美需求终究是一个无法回避的话题。作为设计师，我们需要满足使用者对于环境的审美需求，而非我们自己的需求。这种具体的审美需求与地域特征、场地个性、环境特征密切相关。对于环境审美而言，视觉因素占有很大比重，大部分美好的愿望与设想终将通过具体的实体形式体现和表达。所以，在众多的审美因素当中，方案的形式风格是一个十分重要的方面，是方案的总体特征与定位的集中体现，更多的与观念相对应，与理念、概念相协调。因此，方案的形式风格适应场地个性、适应环境特征、适应使用人群的特征与需求，就成为建设"美好"环境的坚实基础。形式趣味，或者称为局部特征，即具体的形式操作手段或手法，是形成优美环境的另一个重要环节。通过完美的比例、恰当的尺度、舒适的材质、多样的肌理等具体的处理手法，形成理想的艺术效果，以创造生动的表现形式，引起人的精神共鸣。形式趣味的形成依赖于具体的局部处理方式，孕育于统一与变化的矛盾冲突之中。对于这种趣味变化的把握依赖于平时的训练与积累，系统性学习和对形式构成等相关理论与方法的理解是掌握这些手法的基础。选择恰当的要素体现设计目的同样十分重要，每一种要素都有其自身的特点。丰富的地形、开阔的水体、葱郁的植物……典雅的建筑、曲折的小桥、错落的山石、绚丽的灯光……每一种元素都可以给人带来美的享受。作为设计师不仅要知道它们是美的，更需要把握它们之间的差异，以便于恰当准确地加以利用。

上述三个方面是设计过程中需要考虑的最基本内容，它们不是孤立存在的，而是相互融合的并且相互转化的。我们应该以上面三方面为出发点，展开设计，权衡利弊，强化目标，进一步明确设计发展的主要方向。对于不同的项目，上述三个方面的侧重点可能不同，因场地而异、因具体要求而异，也可能因人而异。

经过以上的思考，形成了一些粗略的方向性思路，明确了设计的目标，但其包含范围仍比较宽泛，有待进一步深入、细化。下一步首先需要完成的工作就是布局——将上述设想逐一分类、分层次、有序地安排到场地当中。

第二节　园林规划设计的构思

将园林设计的各项功能综合起来，就形成了方案构思，有时也称为功能分析图或泡泡图。方案构思，即组织场地平面以实现设计的功能化，具体来说，就是在草图的基础上将场地平面划分为草坪、种植池、水泥（混凝土）铺装及工作区等空间。优秀的方案构思对于以后构建设计细节来说是很重要的。总之，方案构思相当于设计的框架或蓝图。如果设计的框架构思有误，那么整个设计从一开始就注定要失败。

这个阶段包括粗略勾画想法和构思。所用的材料有描图纸、软铅（HB 或 2B）。在设计的初始阶段，这些草图有助于设计师组织想法，形成设计思路。有时设计师也会将方案构思作为对成图进行分析和论述的依据，一同展示给客户。

随着设计过程的逐渐展开，其每一步骤将更为清晰具体。方案构思实质上是十分基础而粗略的，它用各种形状的泡泡在平面图上确定分区。方案构思应注重整体性，不可拘泥于植物或硬质景观的细节，而且要随意，不要怕犯错误，这样才能不断地提出新的设计思路。

一、分析

方案构思中应体现出分析结果，因为方案构思是建立在分析基础之上的。实际上，认真分析场地现状、对良好视线要充分利用、对不良视线加以遮挡等都是方案构思中最重要的工作。有些设计师会将描图纸置于分析图上来绘制方案构思。合理的空间组织应充分利用分析所得出的优势与劣势。

用泡泡将草图划分为各种活动区，并采用相应的材料（图 2-1）。以下是一个有关分区的基本列表，其中的各项可以根据实际情况任意进行组合。当然，设计师应根据客户的需求来安排和选择方案构思中的泡泡所在。

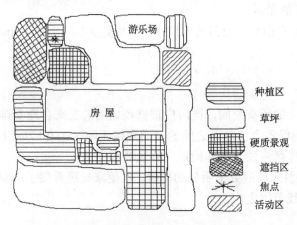

图 2-1　泡泡图区域划分和材料

（1）种植池　此区域既可以概括地称为种植区、带有覆盖物的种植池，也可以详细描述为栽有低矮灌木、绿篱及大的落叶乔木（的区域）。

（2）草坪　草坪的成本低廉，而且适用于许多活动，因此大多数设计都将其作为一个重要的组成部分。

（3）硬质景观　指硬质铺装的表面，如车行道、人行道、天井或露台等。

（4）遮挡区　用来遮挡不悦目的东西或能够遮阳挡风的区域。

（5）焦点　指视线的焦点景观。

（6）活动区　为不同活动划分的区域，包括：花园（菜园）、工作区、用餐区、运动区、休闲区、娱乐区等。

二、构思所考虑的要素

泡泡在方案构思中用来定义什么呢？它们除了可以表示活动区及相应的材料之外，还能够表示出这些区域的大小、位置以及交通流线、视线和露天区域等。

1. 大小

方案构思中的泡泡图形一般只需粗略勾画即可，但应与每个确定区域的大小相近。各个区域的大小通常根据客户的需求而定。

1）娱乐区

需要多大的娱乐区呢？如果客户要举办大型的聚会，那么娱乐区的面积可能就需要几十平方米；但若只供家庭休憩使用，那么其面积可能就只要十几平方米就可以。

2）草坪和种植池

需要多大的草坪呢？有必要设置游乐场和娱乐区吗？有些住户喜欢大面积的草坪，其他人则偏爱栽有乔木、灌木和花卉的种植空间。

客户想要什么水平的维修养护呢？在夏季，草坪每周都需要修剪，种植池则需要覆土、除草和时常整修。种植池在初建时的维护费用较高，但若设计合理，待乔木、灌木和地被植物长大覆盖杂草以后，随着种植池对覆盖物需要的减少，用于维护的总体费用最终也会减少。

3）入口小路和其他通道

主要人行道，一般是指通往前门的入口小路，其宽度不应小于 1.5m。次要步道宽度 0.8～1.0m 即可。

2. 位置

泡泡应填充场地上的所有空间，同时应根据场地的情况来合理安排其位置。

（1）连通性要确保各个活动区之间的交通顺畅无阻。①花园应设于水源附近；②烹饪区应靠近厨房；③工作区应位于车库附近，并且要有电源。

（2）可见性。①游乐场应处于明显的位置，以便家长照看孩子；②储藏区应容易到达，但不应设在人们的视线范围之内。

3. 交通流线

方案构思应体现出在分析中确定的交通流线。场地上的合理交通流线有利于通行，而且可以保证安全。

（1）主要交通流线　主要交通流线与主要道路有关。在许多情况下，通向前门的小路是最常见也最重要的，因为它是方便步行者从街道或车行道抵达前门的通道。这些小路的最低宽度应为 1.5m，以保证 2 人并排行走。

（2）次要交通流线　这种次要道路上的交通流量很少，一般只在某个特定时间内有一两个人行走。从房屋正面或侧面通向后院的道路是最常见的次要通道，其他通道包括环工作区和娱乐区的道路。

4. 视线

方案构思应体现出场地上经分析后的各种视线，包括现有视线（良好视线和不佳视线）和潜在视线。

（1）良好视线　现有的优美景观应予以保留，通常可用开敞或框景的形式加以强调。

（2）不佳视线　种植植物或设置栅栏可以遮挡不悦目的物体，如垃圾箱、储藏区或道路等。方案构思应将这些区域遮挡于来自娱乐区等地的公众视线之外。

（3）潜在视线　某些区域内（如娱乐区或潜在视线）几乎没有任何富有趣味性的景观。为了使这些区域更加吸引人，可以塑造水景、雕塑等焦点景观，或建造一些专题园之类的园林。

5. 露天区域

场地的某些区域需要抵御不利的自然因素的侵袭。

（1）遮阳　为娱乐区或房屋的西南侧遮阳降温。

（2）挡风　若风力过大，要为娱乐区或房屋的西北侧设置风障。

（3）围合　为娱乐区或其他如前门之类的聚集区制造围合感，以使人感觉更舒适。

三、构思比较

　　经过现场与客户的短暂交谈之后，大多数设计师很快就能意识到需要解决的设计问题所在。多年的工作经验使得直觉演变为一种设计方法。很多设计师会将其对现场的第一印象作为解决办法。然而，方案构思可以发掘出那些由于设计师受第一印象主宰而没有深入考虑的想法。2~3个方案构思完成后，设计师就会找到其他新鲜、生动的创意，并使之与最初的想法相融合。

　　第一印象没什么不好，但它有可能阻碍其他创意的产生。对问题缺乏深入探索的结果就是，设计方案看起来千篇一律。

　　有些学生过于依赖第一印象，这会导致他们不愿去探究其他的方法。经常有人说"我会另做一个方案，但我也许仍会使用第一个"。在两个极其相似的方案构思中，也许唯一的不同就是其中一个的草坪面积稍小。有些学生会决定重新做起，直到最终拿出另一个自己满意的、完全不同的设计方案。这时他们就会为这些独一无二、前所未有的解决方法而欣喜若狂。

第三节　规划设计方案形成

　　经过比较筛选后，确定各个区域、路径及焦点等的相对位置及大小，形成分析图，如图2-2所示。

　　接下来，在分析图中加入形式。可以选择矩形、三角形、圆形等几何图形，也可以是自然形、随意形，还可以是几种形式的融合，当然这些形式都以美观作为基础。如在分析图中加入矩形，形成图2-3。

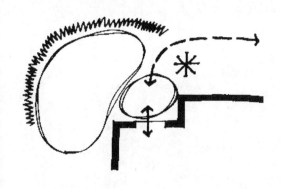

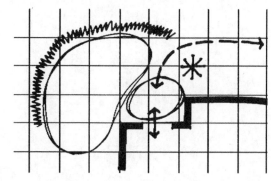

图 2-2　分析图　　　　　　　　　　图 2-3　在分析图上加入矩形的形式

　　将原来分析图中的点、线、面等图示，用刚刚加入的形式框出，并擦去原来的泡泡状的图形。如图2-4所示，将分析图的图示转为矩形形式。

　　最后，根据之前的分析，在这些形式中放入具体的园林设计要素，如地形、水体、植物、道路、铺装、建筑等，如图2-5所示。当然这些还需要大量的积累才能做好。例如，根据分析，这里需要一个广场，大概是圆形的轮廓，可是具体落实到方案设计图中，这个广场到底是什么样子、铺装的拼接、高差的布置、植物的配合等都需要有大量的积累之后才能做出好的设计。

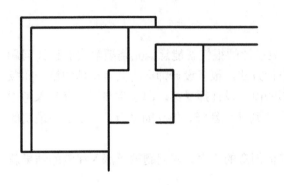 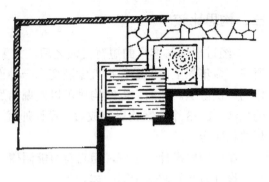

图 2-4　将分析图的图示转为矩形形式　　　　图 2-5　在该形式中按需填入各要素

问题与思考

1. 怎样在设计过程中进行方案构思?
2. 绘制方案构思图的材料和方法有哪些?
3. 形成设计方案需要哪些步骤?

第三章　园林设计的内容与程序

园林规划设计程序是指要建造一个公园、花园或绿地之前，设计者根据业主要求及当地的具体情况，把要建造的园林绿地的设想，通过图纸及简要说明表现出来。施工人员根据这些图纸和说明，把这个绿地建造出来。这样的一系列规划设计工作的进行过程，称为园林规划设计程序。

园林规划设计程序随着园林绿地类型的不同而繁简不一。园林设计的工作范围可包括庭院、宅园、小游园、花园、公园，以及城市、街区、机关、厂矿、校园、医院、宾馆饭店等单位附属绿地。园林规划设计首先要考虑该绿地的功能，要和使用者的期望与要求相符合；其次，园林规划还要对该地区特性作充分的了解，做出恰当的规划。

第一节　园林设计的步骤和内容

园林规划设计步骤是根据具体情况而定的，通常包括以下几个步骤。

一、实地踏勘与资料收集

作为一个建设项目的业主（俗称"甲方"）会邀请一家或几家设计单位进行方案设计。作为设计方（俗称"乙方"）在与业主初步接触时，要了解整个项目的概况，包括建设规模、投资规模、可持续发展等方面，特别要了解业主对这个项目的总体框架方向和基本实施内容的要求。另外，业主会选派熟悉基地情况的人员，陪同总体规划师到基地现场踏勘，收集规划设计前必须掌握的原始资料。

总体规划师结合业主提供的基地现状图（又称"红线图"），对基地进行总体了解，对较大的影响因素做到心中有底，今后作总体构思时，针对不利因素加以克服和避让，充分合理地利用有利因素。此外，还要在总体和一些特殊的基地地块内进行摄影，将实地现状的情况带回去，以便加深对基地的感性认识。

二、初步总体构思及修改

基地现场收集资料后，就必须立即进行整理、归纳，以防遗忘那些较细小的却有较大影响因素的环节。在着手进行总体规划构思之前，必须认真阅读业主提供的"设计任务书"（或"招标文件"）。在进行总体规划构思时，要将业主提出的项目总体定位作一个构想，并与抽象的文化内涵以及深层的警世寓意相结合，同时必须考虑将设计任务书中的规划内容融合到有形的规划构图中去。

三、第二次修改及文本制作

经过了初次修改后的规划构思，还不是一个完全成熟的方案。设计人员此时应该虚心好学、集思广益，多渠道、多层次、多次地听取各方面的建议。不但要向老设计师们请教方案的修改意见，而且还要虚心向中青年设计师们讨教，并与之交流、沟通，提高整个方案的新意与活力。整个方案定下来后，进行图册装订。现在，美观的图册装订越来越受到业主与设计单位的重视。最后，将规划方案的说明、投资匡（估）算、水电设计的一些主要节点，汇编成文字部分；将规划平面图、功能分区图、绿化种植图、设施及小品设计图、全景鸟瞰图、局部景观节点透视图等内容汇编成图纸部分。文字部分与图纸部分结合，形成一套完整的规划方案文本。

四、根据反馈信息调整方案

业主拿到方案文本后，一般会在较短时间内给予答复。答复中会提出一些调整意见，包括修改、添删项目内容，投资规模的增减，用地范围的变动等。针对这些反馈信息，设计人员要在短时间内对方案进行调整、修改和补充。一般调整方案的工作量没有前面的工作量大，大致需要一张调整后的规划总图和一些必要的方案调整说明、匡（估）算调整说明等，但它的作用却很重要，以后的方案评审会及施工图设计等，都是以调整方案为基础进行的。

五、方案评审

由有关部门组织的专家评审组会集中一天或几天时间进行专家评审（论证）。出席会议的人员，除了各方面专家外，还有建设方领导、市及区有关部门领导，以及项目设计负责人和主要设计人员。

方案评审会结束后几天，设计方会收到打印成文的专家组评审意见。设计负责人必须认真阅读，对每条意见逐一进行明确答复，对于特别有意义的专家意见，要积极听取，立即落实到方案修改稿中。

六、扩初设计评审

设计者结合专家组方案评审意见，进行深入的扩大初步设计（简称"扩初设计"）。在扩初文本中，应该有更详细、更深入的总体规划平面、总体竖向设计平面、总体绿化设计平面、建筑小品的平、立、剖面（标注主要尺寸）。在地形特别复杂的地段，应该绘制详细的剖面图。在剖面图中，必须标明几个主要空间地面的标高（路面标高、地坪标高、室内地坪标高）、湖面标高（水面标高、池底标高）。

一般情况下，经过方案设计评审和扩初设计评审后，总体规划和具体设计内容都能顺利通过评审，为施工图设计打下良好的基础。扩初设计越详细，施工图设计越省力。

七、再次踏勘并制作施工图

基地的再次踏勘与前次踏勘有所不同，主要表现在以下三个方面：①参加人员范围扩大。前一次是设计项目负责人和主要设计人，这一次增加建筑、结构、水、电等各专业的设计人员。②踏勘深度不同。前一次是粗勘，这一次是精勘。③掌握最新的、变化的基地情况。前次与这次踏勘相隔较长时间，现场情况必定有了变化，必须找出对今后设计影响较大的变化因素，加以研究，调整施工图设计。同时，较早完成的图纸要做到两个结合：①各专业图纸之间要彼此一致，互相印证；②每种专业图纸与今后陆续完成的图纸之间，要有准确的衔接和连续关系。

社会的发展伴随着大项目、大工程的产生，它们自身的特点使得设计与施工各自周期的划分已变得模糊不清。特别是由于施工周期的紧迫性，往往先设计出一部分急需的施工图纸，以便进行即时开工。紧接着就要进行各个单体建筑小品的设计，这其中包括建筑、结构、水电等各专业施工图设计。另外，作为整个工程项目设计总负责人，往往同时承担着总体定位、竖向设计、道路广场、水体以及绿化种植的施工图设计任务。

八、施工图预算编制

施工图预算是以扩初设计中的概算为基础的。该预算涵盖了施工图中所有设计项目的工程费用。其中包括：土方地形工程总造价、建筑小品工程总造价、道路广场工程总造价、绿化工程总造价、水电安装工程总造价等。施工图预算与最终工程决算往往有较大出入。其中原因各种各样，影响较大的是：施工过程中工程项目的增减、工程建设周期的调整、工程范围内地质情况的变化、材料选用的变化等。施工图预算编制属于造价工程师的工作，但项目负责人应该有一个工程预算控制度，必要时及时与造价工程师联系、协商，尽量使施工预算能较准确反映整个工程项目的投资状况。

九、施工图交底

业主拿到施工设计图后，会联系监理方、施工方进行看图和读图。看图属于总体上的把握，读图属于对具体设计节点、详图的理解。然后，由业主牵头，组织设计方、监理方、施工方进行施工图设计交底会。在交底会上，业主、监理、施工各方提出看图后所发现的各专业方面的问题，各专业设计人员将对口进行答疑。一般情况下，业主方的问题多涉及总体上的协调、衔接；监理方、施工方的问题常提及设计节点、大样的具体实施。各方侧重点不同。由于上述三方是有备而来，并且有些问题往往是施工中的关键节点，因而设计方在交底会前要充分准备，会上要尽量结合设计图纸当场答复，现场不能回答的，回去考虑后尽快做出答复。

十、设计师的施工配合

设计师的施工配合工作往往会被人们所忽略。其实，这一环节对设计师及工程项目本身都是相当重要的。

第二节　设计资料收集与图文要求

一、园林规划设计的资料收集

1. 自然条件、环境状况及历史沿革

在做园林规划设计时，首先必须对建设地区的自然条件及周围的环境和城市规划的有关资料进行搜集调查，并深入分析研究。内容包括本范围的地形地貌、气候、土壤地质、原有建筑设施、树木生长情况、周围地区的建筑情况、居住密度、人流交通、地上地下水流、管线以及其他公用设施、建设所需材料、资金、施工力量、施工条件等，具体包括以下几方面。

（1）甲方对设计任务的要求及设计项目历史状况。

（2）土壤方面　土壤的种类、营养情况、深度、地基承载力、冻深、自然安息角、滑动系数、不同土壤的分布区域、内摩擦角度及其他有关物理、化学特性。

（3）气候方面　每月最低和最高气温、月平均气温、水温、湿度、降雨量、无霜期、冰冻期、冰雪厚度、每月阴天日数、风向、风力等。

（4）地形方面　地形倾斜的方向、坡度、裸露岩层的分布情况。

（5）水系方面　水的流量、流速、方向、最高洪水位标高、最高水位、最低水位、常水位、水底标高、沼泽地和冲刷地的分布、水质、地下水的状况。

（6）植被方面　了解和掌握地区内原有植被的种类、数量、高度、生长势、生态、群落构成、古树名木分布情况、观赏价值的高低及原有树木的年龄、观赏特点等。

（7）原有建筑方面　园内和周围现存建筑和构筑物的数量、分布、大小、用途、结构材料、平立面形状、基地标高。

（8）管线方面　地上地下管线的种类、埋深、走向、管径，供水的水压、水量、排水的方式结构，电路的功率、杆线高度。

（9）环境方面　附近的单位性质、交通条件，有无空气、水、噪声等污染，环境的特点、未来发展情况，如周围有无名胜古迹、人文资料、公共建筑、停车场地。公用设备的原有情况、居民类型，如非国家投资还需了解主办者的开发经营方式，近期、远期可保证的资金和施工力量，以及在城市园林系统中的地位等。该地段的能源情况，电源、水源以及排污、排水情况，周围是否有污染源，如有毒有害的厂矿企业、传染病医院等情况。

（10）周围城市景观　建筑形式、体量、色彩等与周围市政的交通联系、人流集散方向、周围居民的类型与社会结构，如属于厂矿区、文教区或商业区等情况。

（11）建园所需主要材料的来源与施工情况，如苗木、山石、建材等情况。

（12）甲方要求的园林景观设计标准及投资额度。

2. 图纸资料

1）地形图

根据面积大小，提供 1：2000，1：1000，1：500 园址范围内总平面地形图。图纸应明确显示以下内容：设计范围（红线范围、坐标数字）；园址范围内的地形、标高及现状物（现有建筑物、构筑物、山体、水系、植物、道路、水井，还有水系的进、出口及电源等）的位置；现状物中，要求保留、利用、改造和拆迁等情况要分别注明；四周环境情况与市政交通联系的主要道路名称、宽度、标高点数字以及走向和道路、排水方向；周围机关、单位、居住区的名称、范围以及今后发展状况。

2）局部放大图

1：200 图纸主要供局部详细设计用，能满足建筑单位设计及其周围山体、水系、植被、园林小品及园路的详细布局的要求。

3）区域鸟瞰图、主要建筑物的平面及立面图、透视图

平面位置注明室内、外标高；立面图要标明建筑物的尺寸、颜色等内容。

4）现状树木分布位置图（1：200，1：500）

要标明保留树木的位置，并注明品种、胸径、生长状况和观赏价值等。有较高观赏价值的树木最好附以彩色照片。

5）地下管线图（1：500，1：200）

一般要求与施工图比例相同。图内应包括要保留的上水、雨水、污水、化粪池、电信、电力、暖气沟、煤气、热力等管线位置及井位等。

二、园林设计各阶段的图文要求

园林规划设计阶段是指根据上级行政管理部门批准或委托单位提出的设计任务书，进行园林景观的具体设计工作。

（一）总体规划设计

总体规划设计由总体规划图纸和说明书两部分组成。

1. 总体规划图纸

（1）建设场地的规划和现状位置图。图中要标明红线轮廓、现状及规划中建筑物的位置和周围环境。

（2）近期和远期用地范围图。标明具体位置，有明确尺寸及坐标。

（3）总体规划平面图。要在场地范围内标明道路、广场、河湖、建筑、园林植物范围及类型、出入口位置及地形竖向控制标高等。

（4）整体鸟瞰图。

（5）重点景区、园林建筑或构筑物、山石、树丛等主要景点或景物的平面图或效果图。

（6）公用设备、管理用设施、管线的位置和走向图。

（7）重点改造地段的现状照片。

2. 总体规划说明书

（1）规划主要依据相关法律、法规与标准、规范；批准的任务书或摘录；所在地的气象、地理、地质概况；风景资源及人文资料；能源、公共设施、交通利用情况等。

（2）规模和范围 场地规模、面积、区位情况；分期建设情况；设计项目组成；对生态环境、游憩、服务设施的技术分析等内容。

（3）艺术构思 主题立意，景区、景区布局艺术效果分析和游览、线路布置等。

（4）种植规划概况 立地条件分析、天然植被与人工植被的类型分析和种苗来源的情况。

（5）功能与效益 执行国家法规、政策及有关规定的情况，对城市绿地系统和城市生活影响的预测及对生态、社会、经济效益的评价。

（6）技术、经济指标 用地平衡表；土石方概算、主要材料和能源消耗概算及工程总概算。

（7）需要在审批时决定的问题 与城市规划的协调、拆迁、交通情况；施工条件、季节；投资等内容。

（二）初步设计

初步设计应在总体规划图设计文件得到批准及待定问题得以解决后进行。初步设计文件包括设计图纸、说明书、工程量总表和概算。设计图表示的高程和距离均以米为单位，精确到小数点后两位。

1. 初步设计图纸

初步设计文件的图纸部分应包括总平面图、竖向设计图、道路广场设计图、种植设计图、建筑设计图、综合管网图等。

1）园林规划总体设计平面图

总体设计平面图应包括以下方面内容。

（1）公园与周围环境的关系。公园主要、次要、专用出入口与市政关系，即面临街道的名称、宽度；周围主要单位名称或居民区等；公园与周围园界的围墙或透空栏杆要明确表示。

（2）公园主要、次要、专用出入口的位置、面积、规划形式，主要出入口的内广场、外广场、停车场、大门等布局。

（3）公园的地形总体规划、道路系统规划。

（4）全园建筑物、构筑物等布局情况，建筑平面要能反映总体设计意图。

（5）全园植物设计图。图上反映密林、疏林、树丛、草坪、花坛、专类花园、盆景园等植物景观。此外，总体设计图应准确标明指北针、比例尺、图例等内容。

（6）面积 100 hm² 以上，比例尺多采用 1∶2000～1∶5000；面积在 10～50hm²，比例尺用 1∶1000；面积 8 hm² 以下，比例尺可用 1∶500。

2）地形设计图

采用 1∶200、（1∶500～1∶1000）比例尺。地形是全园的骨架，要求能反映出景观的地形结构。同时，地形还要表示出湖、池、潭、港、湾、涧、溪、滩、沟、渚以及堤、岛等水体造型，并要标明湖面的最高水位线、常水位线、最低水位线。此外，图上需标明入水口、排水口的位置（总排水方向、水源及雨水聚散地）等，也要确定主要园林建筑所在地的地坪标高、桥面标高、广场高程，以及道路变坡点标高。

3）道路、给水、排水、用电管线布置图

首先在道路总体设计图上确定公园的主要出入口、次要出入口与专用出入口，还有主要广场的位置、主要环路的位置以及作为消防的通道。同时确定主干道、次干道等的位置以及各种路面的宽度、排水纵坡，并初步确定主要道路的路面材料、铺装形式等。图纸上用虚线画出等高线，再用不同的粗线、细线表示不同级别的道路及广场，并将主要道路的控制标高注明。根据总体规划要求，解决全园的上水水源的引进方式，水的总用量（消防、生活、造景、喷灌、浇灌、卫生等）及管网的大致分布、管径大小、水压高低等，以及雨水、污水的水量、排放方式、管网大体分布、管径大小及水的去处等问题；解决总用电量、用电利用系数、分区供电设施、配电方式、电缆的敷设以及各区各点的照明方式及广播、通信位置等问题。北方冬天需要供暖，要考虑供暖方式、负荷多少、锅炉房的位置问题。

4）整体鸟瞰图、立面图、透视图、布局图

设计者为更直观地表达公园设计的意图和设计中各景点、景物以及景区的景观形象，往往通过各种效果图进行表达。在所有效果图中，整体鸟瞰效果图是最为重要的，也是难度最大和价值最高的效果图。目前在设计项目中，往往采用三维软件辅助进行出图（如 **3DsMax**、**SketchUp**、**Artlantis** 等）；如时间紧迫，也可采用手绘方法进行鸟瞰简图效果绘制（如水彩、钢笔马克笔、彩铅等技法进行表现）。

鸟瞰图绘制要点：①无论采用一点透视、二点透视或三点透视，都要求鸟瞰图在尺度、比例上尽可能准确地反映景物的形象；②鸟瞰图除表现公园本身，还要画出周围环境，如公园周围的道路交通等市政系统、公园周围城市景观、公园周围的山体、水系等；③鸟瞰图应注意"近大远小、近实远虚"的透视法原则，以达到鸟瞰图的空间感、层次感和真实感，电脑绘图应注意设置舒服的焦距和恰当的视角，避免过大的透视畸变造成的不适感。

立面图、透视图、布局图应注意相应的制图规范、尺寸标注、标高标注、文字注释和说明、表格、图例等内容，尽量做到作图规范、内容全面、图面清爽。

5）种植规划设计图

根据总体设计图的布局、设计原则以及苗木情况，确定全园总构思。种植总体设计内容主要包括不同种植类型的安排，如密林、草坪、疏林、树群、树丛、孤立树、花坛、花境、园界树、园路树、湖岸树、园林种植小品等内容。还有以植物造景为主的专类园，如月季园、牡丹园、香花园、观叶园、观花园、盆景园、观赏或生产温室、爬蔓植物观赏园、景园、公园内的花圃、小型苗圃等。同时，确定全园的基调树种、骨干造景树种，包括常绿、落叶的乔木、灌木、草花等。

种植设计图上，乔木树冠以中、壮年树冠的冠幅（5～6m）为制图标准，灌木、花草以相应尺度表示。

6）园林建筑布局图

要求在平面上，反映全园总体设计中建筑在全园的布局，包括主要、次要、专用出入口的售票房、管理处、造景等各类园林建筑的平面造型。大型主体建筑，如展览性、娱乐性、服务性、管理性等建筑平面位置及周围关系；还有游憩性园林建筑，如亭、台、楼、阁、榭、桥、塔等类型建筑的平面安排。除平面布局外，还应画出主要建筑物的平面、立面图。

2. 初步设计说明书

初步设计在完成图纸和概算之后，需编写设计说明书，其主要内容包括：①园林绿地的位置、范围、规模、现状及设计依据；②园林绿地的性质、设计原则、目的；③功能分区及各分区的内容、面积比例、山石水体等有关方面的情况；④绿化种植设计说明；⑤电气等各种管线说明；⑥分期建设规划等。

3. 初步设计工程量总表

初步设计工程量总表包括：各园林植物种类、数量；平整地面、堆山、挖填方数量；山石数量；广场、道路、铺装面积；驳岸、水池面积；各类园林小品数量；园灯、园椅等设施数量；各类园林建筑的数量、面积；各种管线长度，并尽可能标注出管径。

4. 设计概算

（1）根据概算定额，按照工程量清单计算工程基本费。

（2）按照有关部门规定，计算增加的各种附加费。

（3）公园、绿地范围以外市政配套所用的附加费。

5. 初步设计文件编排

初步设计文件编排顺序依次是：初步设计文件封面，初步设计文件扉页、目录，初步设计文件说明书、图纸目录、总图与分图、工程量表、概算。

（三）施工图设计

在总体设计方案最后确定后，接着就要进行局部详细设计工作。

1. 施工设计图种类

1）施工平面图

首先，根据公园或工程的不同分区，划分若干局部，每个局部根据总体设计的要求，进行局部详细设计。一般比例尺为1∶500，等高线距离为0.5 m，用不同等级粗细的线条画出等高线、园路、广场、建筑、水池、湖面、驳岸、树林、草地、灌木丛、花坛、花卉、山石、雕塑等。

详细设计平面图要求标明建筑平面、标高及其与周围环境的关系。包括道路的宽度、形式、标高；主要广场、地坪的形式、标高；花坛、水池面积大小和标高；驳岸的形式、宽度、标高。同时平面上表明雕塑、园林小品的造型。

2）横纵剖面图

为更好地表达设计意图，在局部艺术布局最重要部分或局部地形变化部分作出断面图，一般比例尺为1∶200～1∶500。

3）种植设计图

在总体设计方案确定后，着手进行局部景区、景点的详细设计的同时，要进行 1∶500 的种植设计工作。一般 1∶500 比例尺的图纸上能较准确地反映乔木的种植点、栽植数量；密林、疏林、树群、树丛、园路树、湖岸树的位置。其他种植类型，如花坛、花境、水生植物、灌木丛、草坪等的种植设计图的比例尺，可选用 1∶300 或 1∶200。

4）园路、广场施工图

道路广场设计图主要标明园内各种道路、广场的具体位置、宽度、高程、纵横坡度、排水方向，道路广场的交接、交叉口组织，不同等级道路的连接、铺装大样，回车道、停车场等。

5）管线施工图

在管线设计的基础上，表现出上水（生活、消防、绿化、市政用水）、下水（雨水、污水）、暖气、煤气、电力、电讯等各种管网的位置、规格、埋深等。

2. 施工设计图纸要求

1）图纸规范

图纸要尽量符合国家建设委员会的《建筑制图标准》的规定。图纸尺寸如下：

A0 图纸，841mm×1189mm；

A1 图纸，594mm×841mm；

A2 图纸，420mm×592mm；

A3 图纸，297mm×420mm；

A4 图纸，297mm×210mm。

A4 图纸不得加长，如果要加长图纸，只允许加长图纸的长边，特殊情况下，允许加长 A1～A3 号图纸的长度、宽度，A0 图纸只能加长长边，加长部分的尺寸应为边长的 1/8 及其倍数。

2）施工设计平面的坐标网及基点、基线

一般图纸均应明确画出设计项目范围，画出坐标网及基点、基线的位置，作为施工放线的依据。基点、基线的确定应以地形图上的坐标线或现状图上工地的坐标据点、现状建筑屋角或墙面、构筑物或道路等为依据，必须纵横垂直，一般坐标网依图面大小每 10 m、20 m 或 50 m 的距离，从基点、基线向上、下、左、右延伸，形成坐标网，并标明纵横标的字母，常用英文字母 A、B、C、D……和对应的 A'、B'、C'、D'……及阿拉伯数字 1、2、3、4……和对应的 $1'$、$2'$、$3'$、$4'$……标注，从基点 0、$0'$ 坐标点开始，以确定每个方格网交点的坐标，作为施工放线的依据。

3）施工图纸要求内容详细

图纸要注明图名、图例、指北针、比例尺、标题栏及简要的图纸设计内容的说明。图纸要求字迹清楚、整齐，不得潦草；图面清晰、整洁，图线要求分清粗实线、中实线、细实线、点划线、折断线等线型，并准确表达对象。

4）施工放线总图

主要表明各设计因素之间具体的平面关系和准确位置。图纸内容：保留利用的建筑物、构筑物、树木、地下管线等，设计的地形等高线、标高点，水体、驳岸、山石、建筑物、构筑物的位置，道路、广场、桥梁、涵洞、树种设计的种植点，园灯、园椅、雕塑等全园设计内容。

5）地形设计总图

地形设计主要内容平面图上应确定制高点、山峰、台地、丘陵、缓坡、平地、微地形、丘阜、坞、岛及湖、池、溪流等岸边、池底的具体高程，以及入水口、出水口的标高。此外，各区的排水方向，雨水汇集点及各景区园林建筑、广场的具体高程。一般草地最小坡度为 1%。最大不得超过 33%，最适坡度在 1.5%～10%。人工剪草机修剪的草坪坡度为 7%；一般绿地缓坡坡度在 8%～12%。

地形设计平面图还应包括地形改造过程中的填方、挖方内容。在图纸上应写出全园的挖方、填方数量，说明应进园土方或运出土方的数量及挖、填土之间土方调配的运送方向和数量。一般力求全园挖、填土方取得平衡。

除了平面图，还要求画出剖面图，包括主要部位山形、丘陵、坡地的轮廓线及高度、平面距离等。要注明剖面的起止点、编号，以便与平面图配套。

6）水系设计

除了陆地上的地形设计，水系设计也是十分重要的组成部分。平面图应标明水体的平面位置、形状、大小、类型、深浅以及工程设计要求。

首先应完成进水口、溢水口或泄水口的大样图。从全园的总体设计对水系的要求考虑，画出主、次湖面，堤、岛、驳岸造型，溪流、泉水等及水体附属物的平面位置，以及水池循环管道的平面图。纵剖面图要标示出水体驳岸、池底、山石、汀步、堤、岛等工程做法图。

7）道路、广场设计平面图

要根据道路系统的总体设计，在施工总图的基础上，画出各种道路、广场、地坪、台阶、盘山道、山路、汀步、道桥等的位置，并注明每段的高程、纵坡、横坡的数字。一般园路分主要道路、次要道路、游步道、异型路（步石、汀步等）4 种。主路宽一般为 4～6 m，支路在 2～4 m，游步道双人行走为 1.2～1.5 m，单人行走为 0.6～1.2 m，异型路宽度依据实际情况而定。国际康复协会规定残疾人使用的坡道最大纵坡为 8%，所以，主路纵坡上限为 8%。山地公园主路纵坡应小于 12%。综合各种坡度，《公园设计规范》规定，次要道路和游步道纵坡宜小于 18%，超过 18% 的纵坡，宜设台阶、梯道；并且规定，通行机动车的园路宽度应大于 4 m，转弯半径不得小于 12 m。一般室外台阶比较舒适的高度为 12 cm，宽度为 30 cm，纵坡为 40%。一般混凝土路面坡度纵坡为 0.3%～5%、横坡为 1.5%～2.5%。天然上坡路纵坡为 0.5%～8%、横坡为 3%～4%。

除了平面图，还要求用 1∶20 的比例绘出剖面图，主要表示各种路面、山路、台阶的宽度及其材料、道路的结构层（面层、垫层、基层等）厚度做法。注意每个剖面都要编号，并与平面配套。

8）园林建筑设计

要求包括建筑的平面设计（反映建筑的平面位置、朝向、周围环境的关系）、建筑分层平面、建筑各方向的剖面、屋顶平面、必要的大样图、建筑结构图等。

9）植物配置种植设计图

应表现树木花草的种植位置、品种、种植类型、种植距离，以及水生植物等内容。应画出常绿乔木、落叶乔木、常绿灌木、开花灌木、绿篱、花篱、草地、花卉等具体的位置、品种、数量、种植方式等。

植物配置图的比例尺一般采用 1∶500、1∶300、1∶200，可用 1∶100 的比例尺准确地表示出重点景点的设计内容。

植配图应附上相应的植配表，注明植物类型、种类、数量、胸径、冠幅、高度等内容。

10）假山及园林小品

园林雕塑等是园林造景中的重要因素。一般最好做成山石施工模型或雕塑小样，便于施工过程中能较理想地体现设计意图。在园林设计中，主要提出设计意图、高度、体量、造型构思、色彩等内容，以便与其他行业相配合。

11）管线及电讯设计

在管线规划图的基础上，表现出上水（造景、绿化、生活、卫生、消防）、下水（雨水、污水）、暖气、煤气等，应按市政设计部门的具体规定和要求正规出图。主要注明每段管线的长度、管径、高程及如何接头，同时注明管线及各种井的具体位置、坐标。

在电气规划图上，将各种电气设备、（绿化）灯具位置、变电室的位置及电缆走向等具体标明。

问题与思考

1. 试述园林规划设计步骤与主要内容。

2. 如何进行园林规划设计的资料收集与编制？

第四章　风景园林中的掇山

在有山有水的园林中，平地可视为山体与水面之间的过渡地带。一般做法是临山的一边以渐变的坡度与山麓连接，而在近水的一旁以比较缓的坡度，徐徐伸入水中，以造成一种"冲积平原"的景观。在山多、平地较少的园林中，可在坡度不太陡的地段修筑挡土墙，削高填低，改造为平地，使得原来的地形更富于变化。

掇山，又称堆山、迭山或叠山。园林中的山地往往是利用原有地形适当改造而成的，因山地常能构成园林风景，组织分隔空间，丰富园林景观，故在没有山的公园尤其是平原城市，人们常常在园林中人工挖池、堆山，这种人工创造的山称为"假山"，以满足园林功能和艺术上的要求。

假山，是相对于真山而言的，是以造景游览为主要目的，以土、石等为材料，以自然山水为蓝本并加以艺术的提炼和夸张，创造而成的可观可游的人工景观，它是园林"师法自然"的一个典型例子。它和自然界中的真山相比，体量不大，然而却有石骨嶙峋、植被苍翠的特征，一样会使人很自然地联想起深山幽林、奇峰怪石等自然景观，体验到自然山林之意趣。

第一节　假山的类型及功能

一、按堆叠的材料来分

假山按堆叠的材料可分为土山、石山、土石山等三类。

1. 土山

即全部用土堆积而成。土山多利用园内挖池掘出的方土堆置而成。堆置土山既可处理园中废土，又可堆高山林，还可节省投资。但由于土山坡度要在土壤的安息角（一般为30°）内，所以不能堆得太高、太陡。若山体较高，则占地面积较大，且造型困难，艺术效果差。

2. 石山

即全部用岩石堆叠而成，故又称叠石。石山由于叠置的手法不同，可以形成峥嵘、妩媚、玲珑、顽拙等多变景观。石山因不受坡度限制，所以在山体占地面积不大的情况下，也能达到较高的高度，且造型稳定，艺术效果好。石山宜就地取材，否则投资太大。

3. 土石山

即以土为主体结构，表面再加以点石（一般石占30%左右）堆砌而成。因其基本上以土为主，所以占地面积也较大，只是在部分山坡使用石块挡土时，其占地可局部少一点。一般来讲，土石山较为经济。

假山是中国传统园林的重要组成部分，在各类园林中得到了广泛的应用。

假山是以造景、游览为主要目的，以自然山水为蓝本，用自然山石为题材经过艺术提炼、概括、夸张，形成山系水系，是人工再造的山景或山水景物的统称。

置石是以具有一定观赏价值的自然山石进行独立造景或作为配景布置，主要表现山石的个体美或局部组合，而不具备完整山形。

一般来说假山的体量大而集中，布局严谨，可观可游，具有山林野趣。置石则体量较小，布置灵活，以观赏为主，同时也结合一些功能方面的要求。

假山根据堆叠材料的不同可分为石山、石山带土和土山带石 3 种类型。置石则依布置方式的不同分为特置、对置、散置、群置等。

二、假山的功能

假山在我国山水园林中的布局多种多样，形状亦千姿百态。堆叠的目的虽各有不同，但其园林功能大致可归纳如下。

1. 构成自然山水园的主景

在自然式山水园中，或以山为主景，或以山石为驳岸的水池为主景，整个园子的地形骨架皆以此为基础进行变化。例如，北京北海公园的琼华岛（今北海的白塔山），采用土石相间的手法堆叠；清代扬州个园的"四季假山"、明代南京徐达王府的西园（今南京的瞻园）、明代所建今上海的豫园、清代所建今苏州的环秀山庄等，总体布局都是以山为主，以水为辅，建筑退居次要地位，这类园林实际上是假山园。而位于广州白天鹅宾馆庭院中的"故乡水"，虽说也是以水为主题，但其艺术构图中心仍是以山石和亭为主景。

2. 划分和组织园林空间

在采用集锦式布局的园林中，利用假山划分和组织空间主要是从地形骨架的角度来划分的，它具有自然灵活的特点。假山当前，阻隔视线，峰回路转，步移景异，使空间富于变化。颐和园仁寿殿与昆明湖之间的地带，是宫殿区与居住、游览区的交界。在此处运用土山带石的做法堆制了一座假山，这座假山在分隔空间的同时结合了障景处理，在宏伟的仁寿殿后面把园路收缩得很狭窄，一出谷口则辽阔、疏朗、明亮的昆明湖突然展现在面前，这种"欲扬先抑、欲放先收"的造景手法效果极佳。此外，如苏州拙政园中的枇杷园和远香堂、腰门一带的空间用假山结合云墙的方式划分空间，从枇杷园内通过园洞门北望雪香云蔚亭，又以山石作为前置夹景，都是成功的例子。

利用假山组织空间还可以结合作为障景、对景、背景、框景、夹景等手法灵活运用。广州晓港公园北大门入口广场布置泉石作为障景，也起到了较好的组景作用。北京中华民族园南门大型假山瀑布，是对景、障景和划分空间等手法的成功运用。

3. 点缀和装饰园林景色

运用山石小品作为点缀园林空间、陪衬建筑和植物的手段，在园林中普遍运用，尤其以江南私家园林运用最为广泛。例如，苏州留园东部庭院的空间基本上是用山石和植物装点的，或石峰凌空，或粉壁散置，或廊间对景，或窗外的漏景。揖峰轩庭院在天井中立石峰，天井周围布置山石花台，点缀和装饰了园景，具有"因简易从，尤特致意"的特点。

4. 作驳岸、挡土墙、护坡、花台和石阶等

在坡度较陡的土山坡地常设置山石，以阻挡和分散地表径流，降低其流速，减少水土流失，起到护坡作用。如北海琼华岛山南部分的群置山石、颐和园龙王庙土山上的散点山石等均有此效。在坡度更陡的土山往往开辟成自然式的台地，在土山外侧采用自然山石作挡土墙。自然山石挡土墙外观曲折起伏，凹凸多变，自然真实。例如，颐和园的圆朗斋、写秋轩，北海的酣古堂、亩鉴室周围均为自然山石挡土墙的佳作。

利用山石作驳岸、花台、石阶、踏跺等，既坚固实用，又具有装饰作用。例如，北京颐和园中的知春亭、后湖及谐趣园等局部都采用山石驳岸；广州流花湖公园湖岸小景的建造，是结合湖岸地形高差，以塑石、塑树桩和塑树根汀步，组成挡土构筑物，富有观赏性。江南私家园林中还广泛地利用山石作花台种植牡丹、芍药及其他观赏植物，并用花台来组织庭院中的游览路线，或与壁山、驳岸相结合，在规整的建筑范围中创造出自然、疏密的变化。

5. 室内外自然式的家具或器设小品

利用山石作诸如石屏风、石桌、石凳、石几、石榻、石栏、石鼓、石灯笼等家具或器设，既为游人提供了方便，又增添了景观的自然美。例如，杭州柳浪闻莺的枫杨林下设置石桌、石凳，和谐自然；又如，置于无锡惠山山麓唐代的听松石床（又称偃人石），如图4-1所示，床、枕兼得于一石，石床另端又镌有李阳冰所题的篆字"听松"，是实用结合造景的佳例。此外，山石还可用作室内外楼梯、园桥、汀步及用于镶嵌门、窗、墙等。

图 4-1　唐代听松石床

第二节　假山的布置要点

假山布置最根本的法则是"因地制宜，有真有假，做假成真"（《园冶》）。具体要注意以下几点。

1. 山水依存，相得益彰

水无山不流，山无水不活，山水结合可以取得刚柔并济、动静交替的效果，形成山环水抱之势。苏州环秀山庄，山峦起伏，构成主体；弯月形水池环抱山体西、南两面，一条幽谷山涧，贯穿山体，再入池尾，是山水结合成功的佳例。

2. 立地合宜，造山得体

在一个园址上，采用哪些山水地貌组合单元，都必须结合相地、选址，因地制宜，统筹安排，才能做到"造山得体"。山的体量、石质和造型等均应与自然环境相互协调。

3. 巧于因借，混假于真

按照环境条件，因势利导。将一切能利用的景观通过因借手法纳入园内，丰富园景。例如，无锡的寄畅园，借九龙山、惠山于园内，在真山前面造假山，竟如一脉相贯，取得"真假难辨"的效果。又如，杭州西泠印社和烟霞洞等处，均采取以本山裸露的岩石为主，进行造山，把人工堆的山石与自然露岩相混布置，收到了很好的效果。

4. 宾主分明，"三远"变化

假山的布局应主次分明，互相呼应。先立宾主之位，再定假山之形。画山有所谓"三远"。宋代郭熙《林泉高致》中写道："山有三远，自山下而仰山巅，谓之高远；自山前而窥山后，谓之深远；自近山而望远山，谓之平远。"每远每异，山形步步而异。苏州环秀山庄的湖石假山，并不是以奇异的峰石取胜，而是从整体着眼，巧妙地运用了三远变化，致使在有限的地盘上，迭出酷似自然的山石林泉。

5. 远观山势，近看石质

"势"是指山水的轮廓、组合和所体现的态势。山的组合，要有收有放，有起有伏，形断而意连。远观整体轮廓，求得合理的布局。"质"指的是石质、石性、石纹、石理。叠山所用的石材、石质、石性须相一致；叠时对准纹路，要做到理通纹顺；好比山水画中，要讲究"皴法"一样，使叠成的假山符合自然之理，做假成真。

6. 树石相生，未山先麓

石为山之骨，树为山之衣。没有树的山缺乏生机，给人以"童山"、"枯山"的感觉。叠石造山中有句行话"看山看脚"，意思是看一个叠山作品，不是先看山堆叠如何，而是先看山脚是否处理得当，"若要山巍，则需脚远"，可见山脚造型处理的重要性。

7. 寓情于石，情景交融

叠山往往运用象形、比拟和夸张的手法创造意境，所谓"片山有致，寸石生情"。扬州个园的四季假山，即是寓四时景色于一园的。春山选用石笋与修竹象征"雨后春笋"；夏山选用灰白色太湖石作流云式叠石，并结合荷、山洞和树荫，用以体现夏景；秋山选用富于秋色的黄石，以象征"重九登高"的民情风俗；冬山选用宣石和腊梅，石面洁白耀目，如皑皑白雪，加以剖面风洞之寒风呼啸，冬意更浓。冬山与春山，仅一墙之隔，墙开透窗，可望春山，有"冬去春来"之意。

第三节　假山的结构与设计

一、拼叠山石的基本原则

叠石造山无论其规模长小，都是由一块块形态、大小各异的山石拼叠而成的。所谓拼是山石水平相靠，所谓叠是山石上下相摞。

（1）同质　指山石拼叠组合时，其品种、质地要一致。石料的质地不同，石性各异，违反了自然山川岩石构成的规律，强行将其组合，必然难以兼容，不伦不类，从而失去整体感。

（2）同色　即使山石品种质地相同，其色泽亦有差异。例如，湖石就有灰黑色、灰白色、褐黄色和青色之别；黄石也有深黄、淡黄、暗红、灰白等色泽变化。所以除质地相同外，也要力求色泽上的一致或协调，这样才不会失其自然风格。

（3）接形　根据山石外形特征，将其互相拼接组合，既保证预计变化的基础而又浑然一体，这就称为"接形"。

接形山石的拼叠面力求形状相似，拼叠面如凹凸不平，石形互接，特别讲究顺势，如向左，则先用石造出左势，如向右，则用石造成右势；欲向高处先出高势，欲向低处先出低势。

（4）合纹　纹是指山石表面的纹理脉络，当山石拼叠时，合纹就不仅是指山石原有的纹理脉络的衔接，还包括外轮廓的接缝处理，这样才能做到"以假为真"。

二、假山的分层结构与施工

假山的外形虽然千变万化，但就其基本结构而言可分为基础、中层和收顶三部分。

1. 基础

"假山之基，约大半在水中立起。先至顶之高大，才定基之浅深。掇石须知占天，围上必然占地，最忌居中，更宜散漫"说明假山由设计到施工的要领。基础是首位工程，其质量的优劣直接影响假山艺术造型的使用功能。

假山如果能坐落在天然岩基上当然是最理想的，否则都需要做基础。做法有如下几种：

（1）桩基　这是一种传统的基础作法，用于水中的假山或山石驳岸。

（2）灰土基础　北方地区地下水位一般不高，雨季比较集中，灰土基础应有比较好的凝固条件。灰土一旦凝固便不透水，可以减少土壤冻胀的破坏。北京古典园林中陆地假山基础多采用此种做法。

（3）毛石基础　对于土壤比较坚实的土层，可采用毛石基础，多用于中小型园林假山。毛石基础的厚度随假山体量而定。毛石基础应分层砌筑，每层厚 40～50 cm，上层比下层每侧应收回 40 cm 为大放脚。毛石应选用 300 号以上未经风化石料，用 M5.0 水泥砂浆砌筑，砂浆必须饱满，不得出现空洞和干缝。

（4）混凝土基础　对于比较软弱的土层，可采用混凝土加固基础。做法是在夯实后的素土层上铺 20 cm 厚钉石（尖朝下），夯入土中 6 cm，其上铺 30 cm 厚混凝土（C15 或 C20），养护 7 天后再砌毛石基础。

对于水中或大型假山，基础必须牢固，可采用钢筋混凝土替代混凝土加固。仍采用 C15～C20 混凝土 30 cm 厚，配置 10 号钢筋，双向分布，间距 200 mm；应置于下部 1/3 处，养护7 天后再砌毛石基础。

2. 底层

底层也称拉底，是指在基础上铺置假山造型的山脚石，术语称为拉底。这层山石大部分在地面以下，只有小部分露出地面以上，并不需要形态特别好的山石。但此层山石受压最大，要求有足够的强度，因此应选用坚实、顽夯、平大的山石打底。亦即《园冶》所谓"立根铺

"以基石"法。古代匠师把"拉底"看作叠山之本，因为假山空间的变化都立足于这一层，如果底层未打破整形的格局，则中层叠石亦难以变化。拉底的要点有：

（1）活用　用石必须灵活，见机而引，力求不同形体、大小及长短参差混用，避免大小一样的石连安。

（2）找平　凡安石，均求其最大而平坦之面朝上，下面垫石加固，为向上发展创造条件。

（3）错安　安石排列，必犬牙相错、高低不一，首尾拼连呈大小不同形状，八字斜安。

（4）朝向　安基必须考虑叠山之朝向，不论基石本身或组成之阵势，都应符合总的朝向要求。凡朝向游人集中之面，均力求凹凸多变。

（5）断续　基石为叠石之底盘，须避免筑成墙基状，应有断有续，有整有零。

（6）并靠　成组安石，接口紧密，搭接稳固。

3. 中层

位于基石以上、顶层以下的大部分山体，是观赏的主要部位，此层山石变化多端，山体各种形态多出自此层，因此叠石掇山的造型技法与工程措施的巧妙结合主要表现在这部分。

4. 结顶

即处理假山最顶层的山石，俗称"收头"。从结构上讲，结顶山石的块体较大，以便合凑收压，有画龙点睛的作用。要选用轮廓和体态都富有特征的山石。结顶一般分峰顶、峦顶和平顶3种类型，峰又可分为剑立式（上小下大，竖直而立，挺拔高矗）、斧立式（上大下小，形如斧头侧立，稳重而有险意）、流云式（横向挑伸，形如奇云横空，参差高低）、斜劈式（势如倾斜山岩）、余插式（如有明显的动势）、悬垂式（用于某些洞顶，犹如钟乳倒悬，滋润欲滴，以奇制胜）。其他还有花式、笔架式、剪刀式等，不胜枚举。所有这些结顶的方式都在自然地貌中有本可寻。结顶往往是在逐渐合凑的中层山石顶面加以重力的镇压，使重力均匀地分层传递下来，往往用一块结顶的山石同时镇压下面几块山石。如果结顶面积大而石材不够整时，就要采用"拼凑"的手法，并用小石镶缝使之成为一体。

5. 做脚

做脚是指在掇山基本完成以后，在紧贴起脚石的部分拼叠山脚，弥补起脚边不足的操作技法。做脚又称补脚或做假脚，它虽然无须承担山体的重压，但必须与主山造型相适应，既要表现出山体余脉延伸之势，如同从土中生出的效果，又要陪衬主山的结构和形态的变化。

三、假山洞的结构形式

在叠石造山中，洞为取阴部分，最能吸引游人视觉，引起游人遐想，激发游人寻幽探胜的心理。所谓"别有洞天"、"洞天福地"、"曲径通幽"、"无山不洞，无洞不奇"等，对于营造幽静和深远的境界是十分重要的。

山洞是山体造型的主要形式。根据结构受力不同，假山洞的结构形式主要有以下3种：

（1）梁柱式　如图4-2所示，假山洞壁由柱和墙两部分组成，柱受力而墙承受荷载不大，此洞墙部分可用做采光和通风。洞顶常采用花岗岩条石为梁，或间有"铁扁担"加固。这虽然满足了结构上的要求，但洞顶外观极不自然。扬州"寄啸山庄"假山用铁吊架从条石挂下来，上架山石，可弥补单调、呆板之感，显得自然生动。如能采用大块自然山石为梁，洞顶和洞壁融为一体，则景观更加自然。

（2）挑梁式　亦称叠涩式，如图4-3所示，石柱渐起向洞内层层挑伸，至洞顶用巨石合，这是吸取桥梁中之"叠涩（悬臂桥）"的做法。

（3）券拱式　如图4-4所示，其承重力沿券拱传递，顶壁一气呵成，整体感强，不会出现梁柱式石梁压裂、压断的危险。此法为清代叠山名师戈裕良所创，现存苏州环秀山庄的太湖石假山，其中山洞无论大小均采用拱式结构。

图4-2　梁柱式假山洞

图4-3　挑梁式假山洞

图4-4　券拱式山洞

四、传统假山叠石技法

历代匠师将山石拼叠技法归纳为30字诀："安、连、接、斗、跨；拼、悬、卡、剑、垂；挑、飘、飞、戗、挂；钉、担、钩、榫、扎；填、补、缝、垫、楔；搭、靠、转、顶、压。"图解如图4-5～图4-28所示。应着重指出的是：以上这些山石拼叠技法都是从自然山石景观中归纳出来的。在实际操作中，应灵活运用，不能当作教条，否则就会失之毫厘，谬以千里。

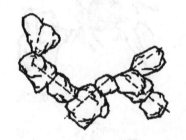
图4-5　安——安放布局平面宜成八字

图4-6　连——左右连靠

图4-7　接——上下拼接

图4-8　斗——斗石成拱状

图4-9　跨——斜撑撑拱跨

图4-10　拼——竖或横向多石拼叠接

图 4-11　飞——顶点处点石

图 4-12　戗——斜向撑石以成洞壁

图 4-13　挂——悬卡成挂

图 4-14　钉——以扒钉连固拼石

图 4-15　担——两头出挑，铁件横担

图 4-16　钩——用铁件钩挂悬垂

图 4-17　榫——以石加工成榫拼接

图 4-18　扎——将石穿扎或捆扎

图 4-19　填——留空填实用

图 4-20　补——添加

图 4-21　缝——按石拼缝

图 4-22　垫——叠石时用石垫平

图4-23　楔——用楔形片石打入底

图4-24　搭——按石按拼接

图4-25　靠——石块相互支撑平衡

图4-26　转——转换掇山方向延伸
堆叠

图4-27　顶——偏侧支顶向上

图4-28　压——在挑石之尾部压
石 以求平衡

第四节　山石的布置

一、置石

置石所用的山石材料较少，结构简单，对施工技术也没有专门的要求，因此容易掌握。置石的布置特点是：以少胜多，以简胜繁。但要求目的明确，布局严谨，手法简练。

依布置形式不同，置石可分为如下几类。

1. 特置

特置是指将体量较大、形态奇特、具有较高观赏价值的山石单独布置成景的一种置石方式，亦称单点、孤置山石。如杭州的绉云峰（图4-29）、苏州留园的三峰（冠云峰、瑞云峰、岫云峰）、广州海珠花园的飞鹏展翅（图4-30）、苏州狮子林的嬉狮石等都是特置山石名品。

特置山石应选用体量大、轮廓线分明、姿态多变、色彩突出、具有较高观赏价值的山石。如绉云峰因有深的皱纹而得名；瑞云峰以体量特大、姿态不凡且遍布窝、洞而著称；冠云峰因兼备透、漏、瘦于一石，亭亭玉立、高耸入云而名噪江南；玉玲珑以千穴百孔、玲珑剔透、形似灵芝而出众；青芝岫因雄浑的质感、横卧的体态和遍布青色小孔洞而被纳入皇宫内院。

特置山石常用作入门的障景和对景，或置于廊间、亭侧、天井中间、漏窗后面、水边、路口或园路转折之处。特置山石也可以和壁山、花台、岛屿、驳岸等结合布置，现代园林中的特置多结合花台、水池或草坪、花架来布置。特置好比单字书法或特写镜头，本身应具有比较完整的构图关系，古典园林中的特置山石常镌刻题咏和命名。

图 4-29　结云峰

图 4-30　飞鹏展翅

　　特置山石布置的要点在于相石立意、山石体量应与环境协调。例如，苏州网师园北门小院在正对出园通道转折处，利用粉墙作背景安置了一块体量合宜的湖石，并衬以植物，由于利用了建筑的倒挂楣子作框景，从暗透明，犹如一幅生动的画面。北京颐和园仁寿殿前的特置太湖石，前有仁寿门为框景，后有仁寿殿做衬托，形象鲜明、突出，同时具有障景和对景功能，运用极为恰当。

　　特置山石的安置可采用整形的基座，如图 4-31 所示；也可以坐落在自然的山石上面，如图 4-32 所示，这种自然的基座称为磐。

图 4-31　在整形基座上的特置

图 4-32　在自然基座上的特置

　　特置山石在工程结构方面要求稳定和耐久，其关键是掌握山石的重心线以保持山石的平衡。传统做法是用石榫头定位，如图 4-33 所示。石榫头必须在重心线上，其直径宜大不宜小，榫肩宽 3 cm 左右，榫头长度根据山石体量大小而定，一般从十几厘米到二十几厘米。榫眼的直径应大于榫头的直径，榫眼的深度略大于榫头的长度，这样可以保证榫肩与基磐接触可靠稳固。吊装山石前须在梯眼中浇入少量黏合材料，待石榫头插入时，黏合材料便可自然充满空隙。在养护期间，应加强管理，禁止游人靠近，以免发生危险。

　　特置山石还可以结合台景布置。其做法为：用石料或其他建筑材料做成整形的台，内盛土壤，底部有排水设施，然后在台上布置山石和植物，仿作大盆景布置。北京故宫御花园绛雪轩前面用琉璃贴面为基座，以植物和山石组合而成的台景，据说台内原种太平花，建筑因此而得名。

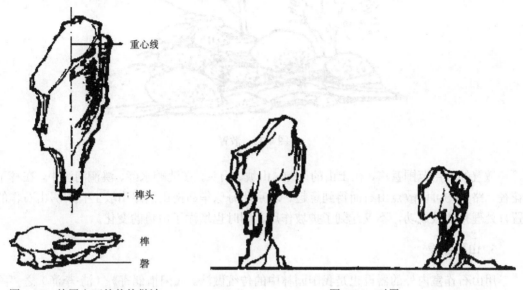

图 4-33　特置山石的传统做法　　　　　　　　　　　　　　　　图 4-34　对置

2. 对置

即沿建筑中轴线两侧作对称布置的山石，如图 4-34 所示，在北京古典园林中运用较多，如南锣鼓巷可园主体建筑前面对称安置的房山石，颐和园仁寿殿前的山石布置等。

3. 群置

群置是指运用数块山石互相搭配组成一个群体，亦称聚点。这类置石的材料要求可低于特置，关键在山石之间的组合、搭配。

群置常用于园门两侧、廊间、粉墙前、路旁、山坡上、小岛上、水池中或与其他景物结合造景。例如，苏州耦园二门两侧，几块山石和松枝结合护卫园门，共同组成诱人入游的门景；避暑山庄卷阿胜境遗址东北角尚存山石一组，寥寥数块却层次多变、主次分明、高低错落，具有寸石生情的效果。

群置的关键手法在于一个"活"字，布置时要主从有别、宾主分明、搭配适宜，根据"三不等"原则（即石之大小不等，石之高低不等，石之间距不等）进行配置。

群置山石还常与植物相结合，配置得体，则树、石掩映，妙趣横生，景观之美，足可入画。

4. 散置

散置是仿照山野岩石自然分布之状而施行点置的一种手法，亦称"散点"，见图 4-35。

散置并非散乱随意点摆，而是断续相连的群体，形散神在。散置山石时，要有疏有密，远近结合，彼此呼应，切不可众石纷杂，零乱无章。

图 4-35　散置

散置的运用范围甚广，在土山的山麓、山坡、山头，在池畔水际、溪涧河流中，在林下、花径、路旁均可以散点山石而得到意趣。北京北海琼华岛南山西路山坡上有用房山石作的散置，处理得比较成功，不仅起到了护坡作用，同时也增添了山势的变化。

5. 山石器设

用山石作室内外的器设也是我国园林中的传统做法。《闲情偶寄》（清·李渔）之"零星小石"一节中提到这种用法时写道："若谓如拳之石，亦需钱买，则此物亦能效用于人。使其斜而可简，则与栏杆并力。使其肩背站，可置香炉茗具，则又可代几案。花前月下有此待人，又不妨于露处，则省他物运动之劳，使得久而不坏。名虽石也，而实则器也。"

山石器设选石应力求形态质量，顺其自然。室外山石器设选用的山石尺寸比一般家具要大些，以便与室外空间相称；作为室内的山石器设则可适当小些。

山石器设既可独立布置，又可与其他景物结合设置。在室外可结合挡土墙、花台、水池、驳岸等统一安排；在室内可以用山石叠成柱子作为装饰。

山石几案不仅具有实用价值，而且可与造景密切配合，特别适用于有起伏地形的自然地段，易与周围的环境取得协调，既节省木材又坚固耐久，且不怕日晒雨淋，无需搬进搬出。山石几案布置在林间空地或有树木遮阴的地方，以免游人受太阳曝晒。

山石几案虽有桌、几、凳之分，但切不可按一般家具那样对称安置。例如，北京中山公园水榭东南面有一组独立布置的青石几案（图 4-36）。几个石凳大小、高低、体态各不相同，却又很均衡地统一在石桌周围，西南隅留空，植油松一株以挡西晒。又如，北京北海琼华岛北山延南薰在室内以湖石点置山石几案两处，尺度合宜，石形古拙多变，渲染了仙人洞府的气氛。

二、与园林建筑结合的山石布置

这是用山石来陪衬建筑的做法。为使建筑取得建在自然山岩上的效果，可以用少量的山石在其适当的部位进行装饰、点缀。所置山石应模拟自然裸露的山岩，建筑则依岩而建。山石在这里所表现的实际是大山之一隅，可以适当运用局部夸张的手法，以减少人工的气氛，增添自然的情趣，常见的结合方式如下。

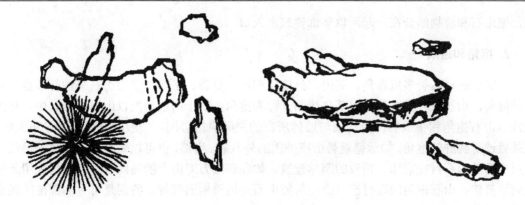

图 4-36　青石几案布置散置

1. 山石踏跺和蹲配

《长物志》（明·文震亨）中"映阶旁砌以太湖石垒成者曰涩浪"所指的山石布置即为此种。山石踏跺和蹲配（图 4-37）常用于丰富建筑立面、强调建筑出入口。若采用自然山石做成踏跺，不仅具有台阶的功能，而且有助于处理从人工建筑到自然环境之间的过渡，北京的假山师傅亦将其称为"如意踏跺"。踏跺的石材宜选用扁平状的，间以各种角度的梯形，甚至是不等边三角形的石材往往显得更加自然。踏跺每级的高度和宽度不一，随形就势，灵活多变。台级上面一级可与台基地面同高，体量稍大些，使人在下台阶前有个准备。石级每一级都向下坡方向有 2% 的坡度以利排水。石级断面不能有"兜脚"现象，即要上挑下收，以免人们上台阶时脚尖碰到石级上沿。用小块山石拼合的石级，拼缝要上下交错，以上石压下缝。山石踏跺有石级平列的，也有互相错列的；有径直而入的，也有偏径斜上的。当台基不高时，可以采用像苏州狮子林燕誉堂前的坡式路跺；当游人出入量较大时可采用苏州留园五峰仙馆那种分道而上的办法。

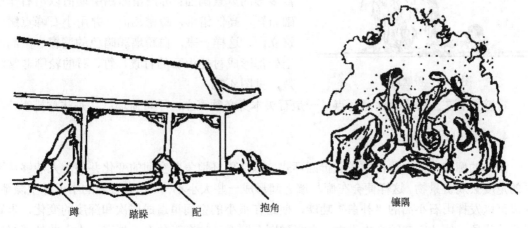

蹲　　　　踏跺　　　　配　　　　抱角　　　　　　镶隅

图 4-37　踏跺、蹲配、抱角和镶隅

蹲配常与踏跺结合布置。高者曰"蹲"，低者名"配"，务必使蹲配在建筑轴线两旁有均衡的构图关系。山石踏跺和蹲配虽小，但却颇显匠心。现代园林布置还常在其两侧设置花池，把山石和植物结合在一起用以装饰建筑出入口。

2. 抱角和镶隅

建筑的外墙转折多成直角，其内、外墙角都比较单调、平滞，常用山石来进行装点。对于外墙角，山石成环抱之势紧包基角墙面，称为抱角；对于内墙角则以山石镶嵌其中，称为镶隅。山石抱角和镶隅的体量均须与墙体所在的空间取得协调。一般园林建筑体量不大时，无须做过于臃肿的抱角，如承德避暑山庄外围的外八庙。当然，也可以采用以小衬大的手法，即用小巧的山石衬托宏伟、精致的园林建筑，如颐和园万寿山上的圆朗斋等建筑均采用此法且效果甚佳。山石抱角的选材应考虑如何使山石与墙接触的部位，特别是可见的部位能融合起来，见图 4-37。

江南私家园林和岭南园林多用山石作小花台来镶填墙隅，花台内点植体量不大却又潇洒、轻盈的耐阴观赏植物。由于花台两面靠墙，植物的枝叶外展，从而使本来较为呆滞的墙隅变得生动活泼且富于光影、风动的变化。这种镶隅一般都很小，但就院落造景而言它却起了很大的作用。

3. 粉壁置石

《园冶》（明·计成）中"峭壁山者，靠壁理也，藉以粉壁为纸，以石为绘也。理石相石皴纹，仿古人笔意，植黄山松柏古梅美竹。收之园窗，宛然镜游也。"所指山石布置就是这一种。粉壁置石是以墙为背景，在面对建筑的墙面、建筑山墙或相当于建筑墙面前基础种植的部位作石景或山景布置，因此也有称壁山的。在江南园林的庭院中，这种布置随处

图 4-38　粉壁置石

可见，有的结合花台、特置和各种植物进行布置，式样多变。苏州网师园南端琴室所在的院落中，于粉壁前置石，石的姿态有立、蹲、卧的变化，加以植物和院中台景层次变化，使整个墙面变成一个丰富多彩的风景画面；苏州留园鹤所墙前以山石作基础布置，高低错落，疏密相间，并用小石峰点缀建筑立面，这样一来，白粉墙和暗色的漏窗、门洞的空处都形成衬托山石的背景，竹、石的轮廓非常清楚，见图 4-38。

粉壁置石在工程上需注意两点：一是石头本身必须直立，不可倚墙；二是注意排水。

4. 廊间山石小品

园林的廊在平面上往往做成曲折回环式，以便更好地争取空间的变化并使游人能够从不同的角度去观赏景物。这样便会在廊与墙之间形成一些大小不一、形态各异的小天井空隙地，这里可以发挥山石小品的"补白"功能，使之在很小的空间里造成层次和深度的变化，丰富沿途的景色，使建筑空间小中见大。上海豫园东园万花楼东南角有一处回廊小天井处理得较好。自两宜轩东行，有园洞门作为景框猎取此景；自廊中往返路线的视线焦点也集中于此，因此位置和朝向处理得法。石景本身处理亦精炼，一块湖石立峰，两丛南天竹作陪衬，秋日红叶层染，冬季珠果累累。

5. 门窗漏景

园林景色为了使室内外互相渗透常用漏窗景门等透取石景。这种手法是清代李渔首创的。他把内墙上原来挂山水画的位置开成漏窗，然后在窗外布置竹石小品之类，使真景入画，生动百倍，他称为"无心画"。以"尺幅窗"透取"无心画"是从暗处看明处，窗花有剪影的效果，从早到晚，窗景因时而变。苏州留园东部揖峰轩北窗三叶均以竹石为画。微风拂来，竹叶翩翩；阳光投下，修身弄影。空间虽小却十分精美、深厚，居室内而得室外风景之美。

6. 云梯

以山石掇成的室外楼梯称为云梯。云梯除具有使用功能外，又可形成自然山石景观。如果只能在功能上作为楼梯而不能成景则不是上品。而做得好的云梯往往是组合丰富、变化自如。云梯的布置一般接于稍间，尽量减少观赏面，多靠墙布置；踏跺两侧以蹲配隐阶，忌暴露无遗；为避免外观臃肿，应呈上悬下收之势，可布置峰石和山洞，增加变化。如扬州寄啸山庄东院壁山与山石楼梯的结合、苏州留园明瑟楼假山楼梯等，不失为使用功能和造景相结合的佳例。

三、与植物相结合的山石布置

与植物相结合的山石布置——山石花台，即用自然山石叠砌的挡土墙，其内种花植树。山石花台的作用有三：一是降低地下水位，为植物的生长创造了适宜的生态条件；二是取得合适的观赏高度，免去躬身弯腰之苦，便于观赏；三是通过山石花台的布置组织游览路线，增加层次，丰富园景。

1. 花台的平面要有曲折的变化

就花台的个体轮廓而言，应有曲折、进出的变化。要有大弯兼小弯的凹凸面，弯的深浅和间距都要自然多变。

如果同一空间内不止一个花台，就会出现花台的组合问题。花台的组合要求大小相间、主次分明、疏密有致、若断若续、层次深厚。在庭院中布置山石花台时，应占边、把角、让心。

苏州狮子林五松园东院用三个花台把院子分隔成几个有疏密层次变化的空间，北边花台靠墙，南面花台紧贴游廊转角，在居中的花台立起作为这个局部主景的峰石，这组山石花台的布置显然更具匠心。

2. 花台的立面要有起伏的变化

山石花台在竖向上应有高低的变化，对比要强烈，效果要显著，比例协调，切忌把花台做成"一码平"。花台中可少量点缀一些山石，花台外亦可埋置一些山石，似余脉延伸，变化自然，见图4-39。

3. 花台的断面要有虚实的变化

花台的断面轮廓应有曲直、伸缩的变化，形成虚实明暗的对比，使其更加自然。

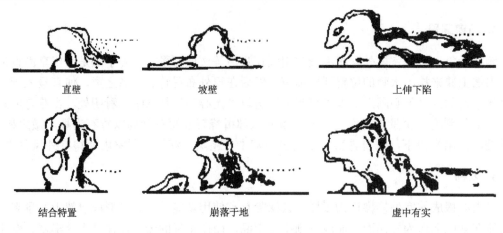

| 直壁 | 坡壁 | 上伸下陷 |
| 结合特置 | 崩落于地 | 虚中有实 |

图 4-39　花台立面

　　苏州怡园的牡丹花台位于锄月轩南，依墙而建，自然跌落为 3 层，平面曲折秀婉，石峰散立，高低错落，丰富了景观层次。

第五节　园林的塑山

　　园林塑山在岭南园林中出现较早，是指采用石灰、砖、水泥等非石材料经人工塑造的假山。如岭南四大名园（佛山梁园、顺德清晖园、番禺余荫山房、东莞可园）中都不乏灰塑假山的身影。经过不断地发展与创新，塑山已作为一种专门的假山工艺在园林中得到广泛运用，不仅遍及广东（图 4-40～图 4-44），而且在全国各地开花结果。

图 4-40　塑山模式图

图 4-41　深圳中国民俗文化村塑山洞

一、塑山的特点

　　塑山在园林中得以广泛运用，与其"便""活""快""真"的特点是密不可分的。

　　便——指塑山所用材料来源广泛，取用方便，可就地解决。

　　活——指塑山在造型上不受石材大小和形态限制，可完全按照设计意图进行随意灵活造型。

　　快——指塑山的施工期短，见效快。

　　真——好的塑山无论是在色彩还是质感上都能取得逼真的石山效果。

图 4-42　广东中山市紫马岭公园塑山（一）

图 4-43　广州云台花园塑石

图 4-44　广东中山市紫马岭公园塑山（二）

二、塑山的分类

园林塑山根据其骨架材料的不同，可分为以下两种：砖骨架塑山，即以砖作为塑山的骨架，适用于小型塑山及塑石；钢骨架塑山，即以钢材作为塑山的骨架，适用于大型假山，如图 4-45 所示。

图 4-45　（锦绣中华）塑石假山

三、塑山的施工工艺流程

1. 砖骨架塑山

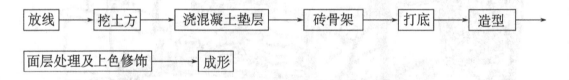

放线 → 挖土方 → 浇混凝土垫层 → 砖骨架 → 打底 → 造型 →

面层处理及上色修饰 → 成形

2. 钢骨架塑山

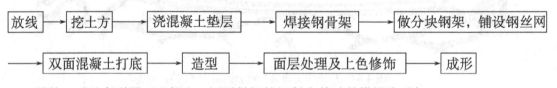

放线 → 挖土方 → 浇混凝土垫层 → 焊接钢骨架 → 做分块钢架，铺设钢丝网

双面混凝土打底 → 造型 → 面层处理及上色修饰 → 成形

另外，对于大型置石及假山，还需做钢筋混凝土基础并搭设脚手架。

四、塑山过程中应注意的几个问题

1. 铺设钢丝网

钢丝网在塑山中主要起成形及挂泥的作用。铺设之前，先做分块钢架附在形体简单的钢骨架上，变几何形体为凹凸的自然外形，其上再挂钢丝网。钢丝网根据设计造型用木锤及其他工具成形。

2. 打底及造型

塑山骨架完成后，若为砖骨架，一般以 M7.5 混合砂浆打底，并在其上进行山石皴纹造型；若为钢骨架，则应先抹白水泥麻刀灰两遍，再堆抹 C20 豆石混凝土（坍落度为 0～2），然后于其上进行山石皴纹造型。

3. 面层批荡及上色修饰

先沿成型的山石皴纹抹 1：2.5 水泥砂浆找平层，然后用石色水泥浆进行面层批荡，抹光修饰成型。

问题与思考

1. 假山的布置要点与设计原则是什么？
2. 传统假山的叠石技法有哪些？
3. 如何处理山石布置与建筑、植物的关系？
4. 塑山过程中应注意哪些问题？

第五章 风景园林中的理水

通常人们习惯用"挖湖堆山"或"掇山理水"来概括中国园林的创作特征，这也正说明"掇山理水"在中国园林中的作用。水历来都是中国园林中必不可少的造景要素，掇山理水、山水环绕是中国园林中重要的造景手法。

第一节 水体的功能与类型

一、水体的功能

中国传统园林以山水为地形骨架，山因水活，水因山而古。各种水体能使园林产生千姿百态、生动活泼的景观，形成开朗的或虚无缥缈的空间和透景线。经常欣赏山色水景，能使人心旷神怡，静心养性，陶冶情操。因此，水体在园林造景中起到非常重要的作用。

水历来就与人类的活动有着密切的联系。水是人类不可缺少的自然资源，是人类生存的基本条件。我国传统的居住模式就和水体密不可分。在地基选择格局上讲究，在宅前要有月牙形水池或其他水体，这样利于夏天承纳南风，冬季防御北风。这一模式对以后各类建筑的环境构建产生很大影响，说明了人类深谙水的作用以及在利用水资源上积累了丰富的经验。

水是决定一个城市发展的重要因素，城市的给排水系统是城市规划的组成部分。水体的蓄水排洪、疏水防涝、灌溉与消防等功能保证了城市的安全，给工农业、居民生活等提供了最基本的条件。

水体可组织水上交通和游览。在桂林漓江，一方面充分利用漓江良好的航运条件组织货物运输，一方面又依据两岸优美的自然风光和风土人情开展山水游，使其成为著名的旅游胜地。巴黎凡尔赛宫内的十字形运河，也是航运与游览结合的佳作。

水体有调节小气候、吸收粉尘、改善环境卫生等功能。随着城市规模扩大，人口增多，各种污染性排放物增加，出现城市地面热岛效应，各种有害物聚集并长期滞留，城市生态难以自我调节，其系统平衡必遭破坏。而园林水体能增加空气湿度，提高负氧离子浓度，降低温度，吸收游尘，排污去污，且效果显著，这对改善城市生态，保护环境大有益处。

水体能为水生植物创造生长条件。现代园林提倡以植物造景为主，融游赏于生态环境之中，这已成为人们的共识。园林植物种类繁多，习性各异。水生植物因其生长快、管理粗放、点缀水体、丰富园景而得到广泛应用。水生植物由于品种、习性不同，对水深要求也不一致。例如，芦苇、慈姑、千屈菜等沼生植物要求水深 1 m 以内；荷花、睡莲等水生植物可配置在稍深的水体中。

水体能美化环境并可作为开展水上活动和游憩的场所。各种形式的水体能创造出千姿百态的景致，美化生存空间。扬州瘦西湖、南京莫愁湖、北京北海等给城市风貌增色不少。利用水体还可组织众多的体育娱乐活动，如划船、游泳、垂钓、漂流、滑冰等。

水还能陶冶人们的情操、提高美学素养。寄情山水是中国园林特有的审美意蕴。《画论》曰："水令人远，石令人古"；孔子曰："智者乐水，仁者乐山"。现代人将山喻为凝固的诗，将水称为流动的音乐，这种哲理已深刻影响到园林创作、园林评价和园林审美。人们渴望山水组合达到情景交融、诗情画意。因此，在欣赏飞流直下的瀑布时，会得到"疑是银河落九天"的抒怀和享受；欣赏优美的喷泉时，心旷神怡、精神振奋；临近于清澄如镜的庭院水景时，清爽静谧，心境舒畅。

水是纯洁、智慧、崇高、无私的象征。孔子说"水无私给予万方生灵"，以水警世后人。

二、水体的类型

水无常态，其方圆曲直动静均与特定的环境有关。正因如此，园林水体的分类多种多样，一般按水体的形式、功能和状态来分。

根据水体的形式，将水体分为自然式水体、规则式水体和混合式水体三种。

（1）自然式水体　自然式水体是指形式不规则、变化自然的水体，如保持天然的或模仿天然形状的河、湖、池、溪、涧、泉、瀑等，水体随地形变化而变化，如苏州怡园水体（图5-1）、南京瞻园水体（图5-2）、颐和园水体（图5-3）。

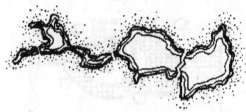

图 5-1　苏州怡园水体

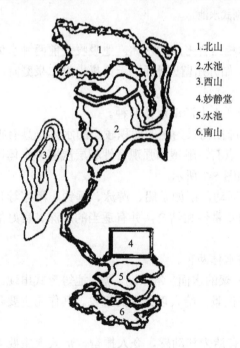

1.北山
2.水池
3.西山
4.妙静堂
5.水池
6.南山

图 5-2　南京瞻园水体

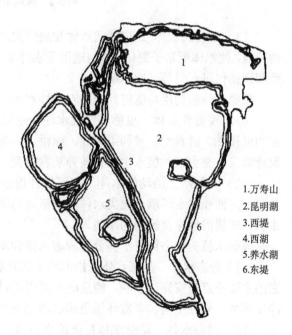

1.万寿山
2.昆明湖
3.西堤
4.西湖
5.养水湖
6.东堤

图 5-3　颐和园水体

（2）规则式水体　规则式水体是指边缘规则，具有明显轴线的水体，一般是由人工开凿成几何形状的水环境。按水体线形又可分为几何形水池和流线形水池两种（图5-4 和图5-5）。

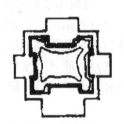

图 5-4　几种几何形规则式水池

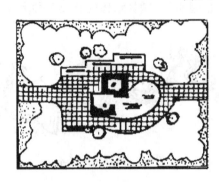
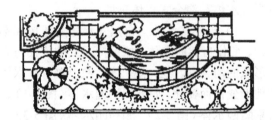

图 5-5　流线型规则式水池

（3）混合式水体　是自然式水体和规则式水体相结合形成的水体。他吸收了前两种水体的特点，使水体更富于变化，特别适用于水体组景，如苏州留园水面、无锡惠山第二泉庭院、颐和园扬仁风水景等（图 5-6）。

根据水体的利用功能将其分成观赏性水体和开展水上活动水体两种。

（1）观赏性水体　也称装饰性水池，是以装饰性构景为主的面积较小的水体，具有很强的可视性、透景性，常利用岸线、曲桥、小岛、点石、雕塑加强观赏性和层次感。水体可设计喷泉、叠水或种植水生植物兼养观赏鱼类，如图 5-7 所示。

（2）开展水上活动的水体　指可以开展水上活动，诸如游船、游泳、垂钓、滑冰等且具有一定面积的水环境。此类水体要求活动功能与观赏性相结合，并有适当的水深、良好的水质、较缓的坡岸及流畅的岸线。

根据水流的状态可将水体分为静态水体和动态水体两种。

（1）静态水体　静态水体是指园林中成片状汇聚的水面，常以湖、塘、池等形式出现。它的主要特点是安详、宁静，能反映出周围景物的倒景，给人以无穷的想象。其作用主要是净化环境、划分空间、丰富环境色彩、增加景深。

（2）动态水体　动态水体是就流水而言，具有活力和动感，令人振奋，形式上主要有溪涧、喷水、瀑布、跌水等。动态水体常利用水姿、水色、水声创造活泼、跌动的水景景观，让人倍感欢快、振奋，如图 5-8 所示。

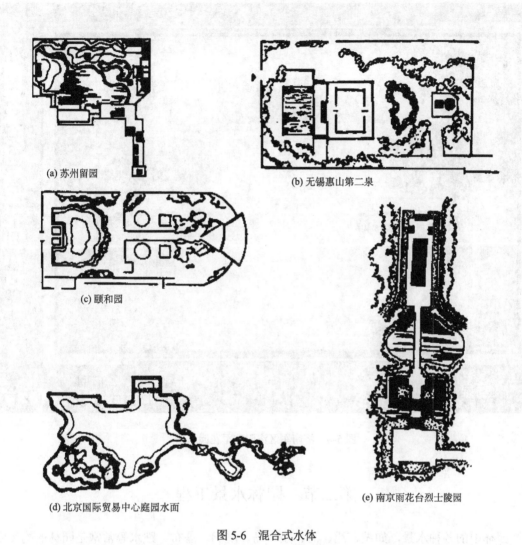

(a) 苏州留园

(b) 无锡惠山第二泉

(c) 颐和园

(d) 北京国际贸易中心庭园水面

(e) 南京雨花台烈士陵园

图 5-6 混合式水体

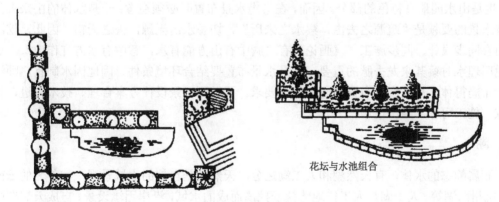

花坛与水池组合

图 5-7 观赏性规则式水池

图 5-8　济南军区洛阳驻军花园水景

第二节　园林水景工程

园林中的各种水景，如湖、池、河、泉、岛、溪涧、瀑布、跌水等常常是园林的构图中心，也是山水园最具特色的部分。因而，在考虑水景布置时必须注意：一是水体的由来去处。布置水景的要领是"疏源之去由，察水之来历"，切忌水出无源，去之无宿。因此，挖池与堆山宜同步设计，同步施工。《画论》有"胸中有山方能有水，意中有水方许作山"，这充分说明理水时察其来龙去脉的重要。二是水景布置要结合环境条件，因地因水制宜，师法自然，布局得体。三是水景布置的施工技术要求。要做到水景设计方案合理、技术先进、材料可取、施工可行、经济适用。

一、湖

湖属静态的水体，有天然湖和人工湖之分。天然湖是自然的水域景观，如著名的云南滇池、杭州西湖等。人工湖是人工依地势就低挖凿而成的水域，沿岸因境设景、自成天然图画，如深圳仙湖、北京十三陵水库及一些现代公园中的人工大水面。湖的特点是水面宽阔平静，具平远开阔之感。此外，湖还有较好的湖岸线及周边的天际线，"碧波万顷、鱼鸥点水、白帆浮动"是湖的特色描绘。

1. 湖的布置要点

湖的布置应充分利用湖的水景特色。根据造景需要，灵活布置，并无一定之规。湖岸处理要讲究"线"形艺术，湖面忌"一览无余"，应采取多种手法组织湖面空间。可通过岛、堤、桥、舫等形成阴阳虚实、湖岛相间的空间分隔，使湖面富于层次变化。同时，水面应接近岸边游人，湖水盈盈、碧波荡漾，易于产生亲切之感。

开挖人工湖要视基址情况巧作布置。湖的基址宜选择壤土、土质细密、土层厚实之地，不宜选择过于黏质或渗透性大的土质为湖址。如果渗透力大于 0.009 m/s，则必须采取工程措施设置防漏层。

2. 人工湖施工

按设计图纸确定土方量，按设计线形定点放线。

考察基址渗漏状况。好的湖底全年水量损失占水体体积的 5%～10%；一般湖底 10%～20%；较差的湖底 20%～40%，以此制定施工方法及工程措施。

湖底做法应因地制宜，常见的有灰土层湖底、塑料薄膜湖底和混凝土湖底等。其中灰土做法适于大面积湖体，混凝土湖底适宜较小的湖池。图 5-9 所示是几种常见的湖底做法。

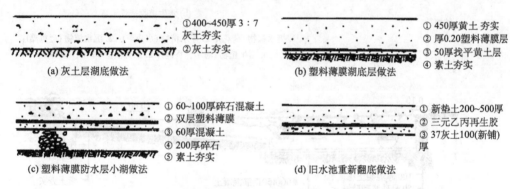

(a) 灰土层湖底做法
①400～450厚 3：7 灰土夯实
②灰土夯实

(b) 塑料薄膜湖底层做法
① 450厚黄土 夯实
② 厚0.20塑料薄膜层
③ 50厚找平黄土层
④ 素土夯实

(c) 塑料薄膜防水层小湖做法
① 60～100厚碎石混凝土
② 双层塑料薄膜
③ 60厚混凝土
④ 200厚碎石
⑤ 素土夯实

(d) 旧水池重新翻底做法
① 新垫土200～500厚
② 三元乙丙再生胶
③ 37灰土100(新铺) 厚

图 5-9　几种简易湖底做法（引自毛培琳《水景设计》）

二、池

池是静态水体。园林中常以人工池出现，其形式多样，可由设计者任意发挥。一般而言，池的面积较小，岸线变化丰富且具有装饰性，水较浅，以观赏为主，现代园林中的流线形抽象式水池更活泼、生动，富于想象。

1. 池的形式

池可分为自然式水池、规则式水池和混合式水池 3 种。池更强调岸线的艺术性，可通过铺饰、点石、配植使岸线产生变化，增加观赏性。

规则式人工池往往需要较大的欣赏空间，要结合雕塑、喷泉共同组景。自然式人工池装饰性强，要很好地组合山石、植物及其他饰物，使水池融于环境之中，天造地设般自然。

2. 池的布置

人工水池通常是园林构图中心。一般可用作广场中心、道路尽头以及和亭、廊、花架、花坛组合形成独特的景观。水池布置要因地制宜，充分考虑园址现状。大水面宜用自然式或混合式；小水面更宜规则式，尤其是单位庭院绿地。此外，还要注意池岸设计，做到开合有效、聚散得体。

有时，因造景需要，在池内养鱼，或种植花草（图 5-10）。水生植物池，应根据植物生长特性配置，植物种类不宜过多。水池深浅依植物生长特性而定。

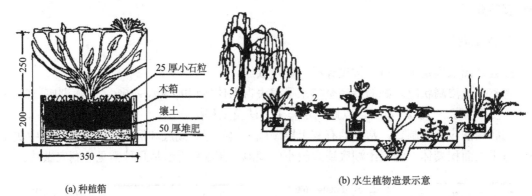

(a) 种植箱

(b) 水生植物造景示意

1. 挺水植物 (荷花)；2. 浮水植物 (水戎芦)；3. 沉水植物 (金鱼藻)；
4. 沼生植物 (海芋、香蒲)；5. 水旁植物 (垂柳、蕨类)

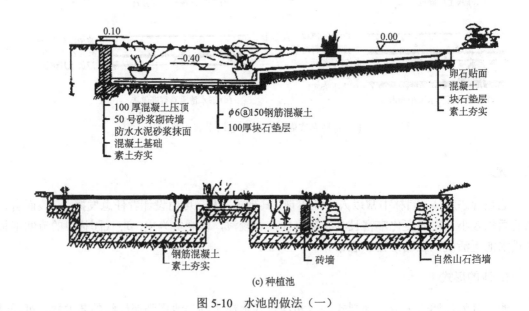

(c) 种植池

图 5-10　水池的做法（一）

3. 人工池做法

图 5-9（b）是常见人工水池的做法，较适于水面不大，防漏要求较高的水池。图 5-9（c）是用塑料薄膜做防水层，采用两层混凝土结构，适于对防渗要求更高的水池。目前，一种称

为 UEA 型混凝土膨胀剂在水池工程中得到广泛应用。该种混凝土具有抗裂防渗、补偿收缩自应力等优良性能，合理使用能降低水池成本、缩短工期、保证工程质量。

图 5-11～图 5-16 是水池常用结构，具体见喷水池结构。

(a) 水池池壁 (岸) 处理

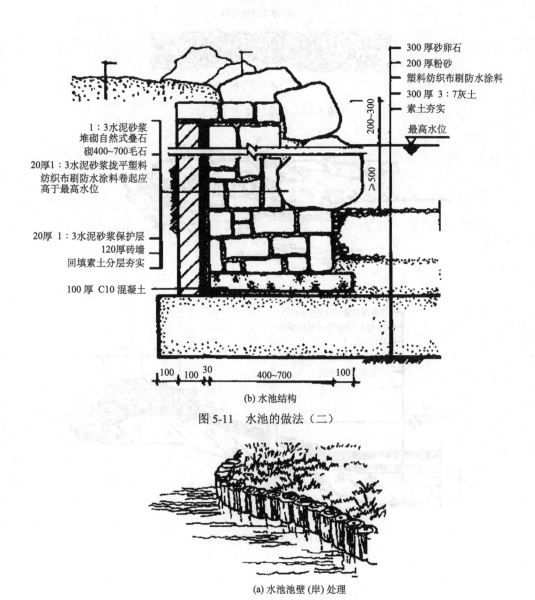

300 厚砂卵石
200 厚粉砂
塑料纺织布刷防水涂料
300 厚 3：7 灰土
素土夯实
最高水位

1：3水泥砂浆堆砌自然式叠石砌400~700毛石
20厚1：3水泥砂浆拢平塑料纺织布刷防水涂料卷起应高于最高水位

20厚 1：3水泥砂浆保护层
120厚砖墙
回填素土分层夯实

100 厚 C10 混凝土

200~300
≥500

100　100　30　400~700　100

(b) 水池结构

图 5-11　水池的做法（二）

(a) 水池池壁 (岸) 处理

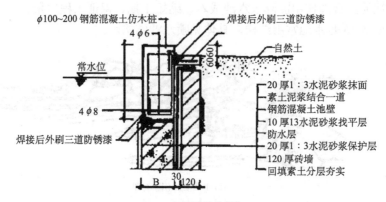

(b) 水池池壁结构

(c) 池岸平面

图 5-12　水池的做法（三）

(a) 水池池壁 (岸) 处理

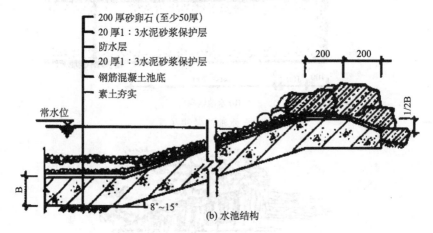

(b) 水池结构

图 5-13　水池的做法（四）

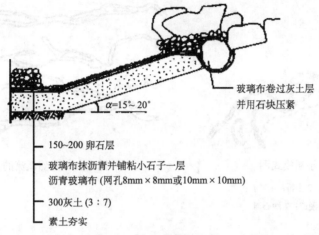

150~200 卵石层

玻璃布抹沥青并铺粘小石子一层

沥青玻璃布 (网孔8mm×8mm或10mm×10mm)

300 灰土 (3：7)

素土夯实

图 5-14　水池的做法（五）

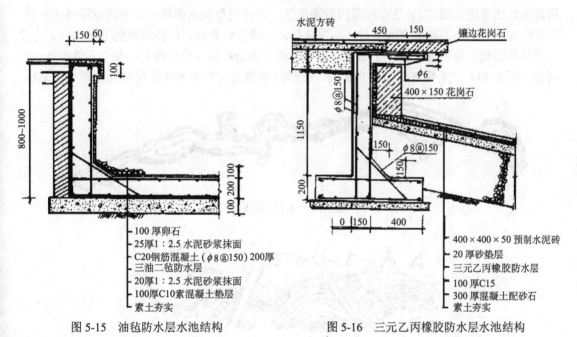

100 厚卵石
25 厚 1：2.5 水泥砂浆抹面
C20 钢筋混凝土 (φ8@150) 200 厚
三油二毡防水层
20 厚 1：2.5 水泥砂浆抹面
100 厚 C10 素混凝土垫层
素土夯实

图 5-15　油毡防水层水池结构

400×400×50 预制水泥砖
20 厚砂垫层
三元乙丙橡胶防水层
100 厚 C15
300 厚混凝土配砂石
素土夯实

图 5-16　三元乙丙橡胶防水层水池结构

三、溪涧

园林中的溪涧是模拟自然界溪流连续的带状动态水体。溪浅而阔，水沿滩泛漫而下，轻松愉快，柔和随意；涧深而窄，水量充沛，水流急湍，扣人心扉。图 5-17 是溪的一般模式，由图可看出溪涧的一些基本特点：溪涧曲折狭长的带状水面，有明显的宽窄对比，溪中常设挡岩石、汀步、小桥等。自然界中的溪流（图 5-18）多是在瀑布或涌泉下游形成的，溪岸高低错落，流水清澈晶莹，且多有散石净砂，绿草翠树，很能体现水的姿态和声响。例如，贵州花溪，两山狭崎、山环水绕、水清山绿、流水叮咚。

图 5-17　小溪模式图

1.汀步；2.跌水；3.小桥；4.岩石；

5.小路；6.沙漫滩；7.沙心滩

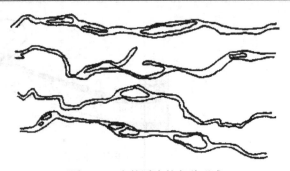

图 5-18　自然溪流的各种形式

　　园林中由于地形条件的限制，平坦基址设计溪涧有一定难度，但通过一定的工程措施也可再现自然溪流，图 5-19 是颐和园的后溪景区，它通过带状水面将分散的景点连贯于一体，强烈的宽窄对比，不同的空间交替，幽深曲折，形成忽开忽合、时收时放的节奏变化。北京首钢月季园根据地形条件设计了涌泉、瀑布，经小溪至水体（金鱼池），整个水景组合一气呵成（图 5-20）。无锡寄畅园的八音涧、颐和园谐趣园内的玉琴峡等更是人工理水的范作。

图 5-19　颐和园后溪河

图 5-20　北京首钢月季园叠石水景平面图

1. 泉口；2. 瀑布；3. 小溪；4. 金鱼池

　　园林中溪涧的布置讲究师法自然，平面上要求蜿蜒曲折，对比强烈；立面上要求有缓有陡，空间分隔开合有序。整个带状游览空间层次分明、组合合理、富于节奏感。

　　布置溪涧，宜选陡石之地，充分利用水姿、水色和水声。通过溪水中散点山石能创造水的流态；配植沉水植物，间养红鲤可赏水色；布置跌水可听其声。

四、瀑布

　　瀑布属动态水体，有天然瀑布和人工瀑布之分。天然瀑布是由于河床突然陡降形成落水高差，水经陡坎跌落如布帛悬挂空中，形成千姿百态、优美动人的壮观景色。人工瀑布是以天然瀑布为蓝本，通过工程手段而修建的落水景观，如图 5-21 所示。

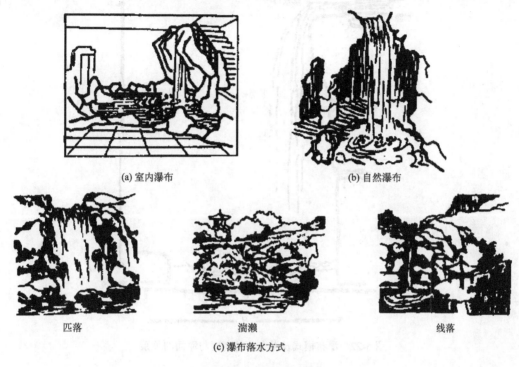

(a) 室内瀑布　　　　　　　　　　(b) 自然瀑布

匹落　　　　　　　　　　湍濑　　　　　　　　　　线落

(c) 瀑布落水方式

图 5-21　瀑布落水景观

　　在瀑布设计时为了说明瀑布落差与瀑宽的关系而将瀑布分成水平瀑布和垂直瀑布两类。前者瀑面宽度大于瀑布落差，后者瀑面宽度小于瀑布落差。例如，著名的贵州黄果树瀑布就属于垂直瀑布，其瀑宽为 84 m，总落差约 90 m，奔腾咆哮、汹涌澎湃、气势非凡。

1. 瀑布的构成

　　瀑布一般由背景、上游水源、落水口、瀑身、承水潭和溪流五部分构成，如图 5-22 所示。人工瀑布常以山体上的山石、树木为背景，上游积聚的水（或水泵提水）流至落水口，落水口也称瀑布口，其形状和光滑度影响到瀑布水态及声响。瀑身是观赏的主体。

2. 瀑布的特征

　　景观良好的瀑布具有以下特征，一是水流经过的地方常由坚硬扁平的岩石构成，瀑布边缘轮廓清晰可见；二是瀑布口多为结构紧密的岩石悬挑而出，俗称泻水石（图 5-23），水由泻水石倾泻而下，水力巨大；三是瀑布落水后接承水潭，潭周有被水冲蚀的岩石和散生湿生植物。

3. 瀑布落水的形式

　　瀑布落水的形式多种多样，常见的有直落、段落、分落、对落、布落、离落、滑落、壁落和连续落等，如图 5-24 所示。

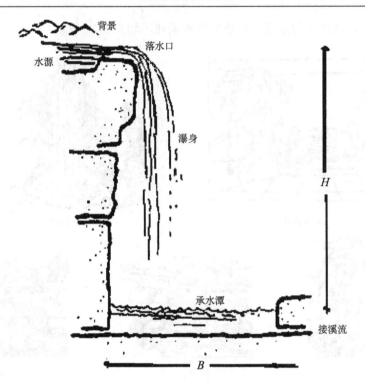

图 5-22　瀑布模式及瀑布落差高度与潭面的关系

图 5-23　瀑布泻水石

4. 瀑布布置要点

　　瀑布设计必须有足够的水源。瀑布的水源有三种：一是利用天然水位差，这种水源要求建园范围内有泉水、溪、河道；二是直接利用城市自来水，但投资成本高；三是水泵循环供水，如图 5-25 所示，是较经济的一种给水方法。

　　无论何种水源均要达到一定的供水量，据经验：高 2 m 的瀑布，每米宽度流量为 0.5 m^3/min 较适宜。表 5-1 是瀑布用水量估算情况。

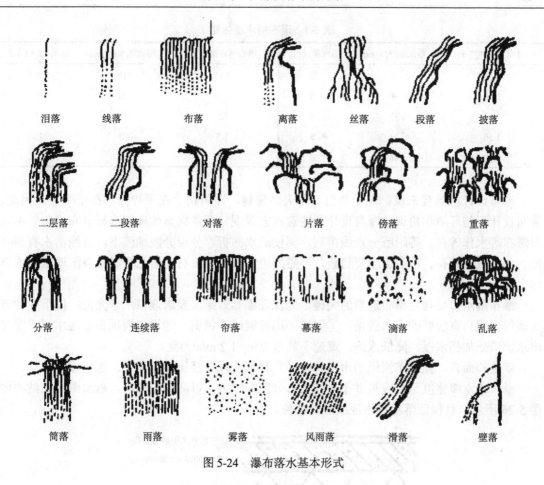

图 5-24　瀑布落水基本形式

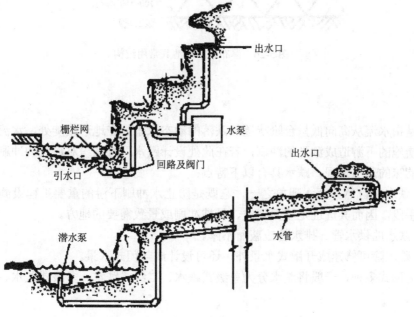

图 5-25　瀑布水泵循环供水系统

表 5-1　瀑布用水量估算

瀑布落水高度/m	蓄水池深度/mm	用水量/（L/s）	瀑布落水高度/m	蓄水池深度/mm	用水量/（L/s）
0.30	6	3	3.00	19	7
0.90	9	4	4.5	22	8
1.50	13	5	7.5	25	10
1.50	13	5	7.5	25	10
2.10	16	6	>7.5	32	12

　　瀑布设计就景观来说，在于是否具备天然情趣，即所谓"在乎神而不在乎形"。因此，瀑布设计要与环境相协调，瀑身设计要注意水态景观。要依据具体环境选择瀑布造型。不宜将瀑布落水作等高、等距或一直线排列，要使流水曲折、分层分段地流下，各级落水有高有低。各种灰浆修补、石头接缝要隐蔽，不露痕迹。可利用山石、树丛将瀑布泉源遮蔽以求自然之趣。

　　瀑布落水口处理是瀑布造型的关键，为保证瀑布效果，要求堰口水平光滑。以下 3 种方法能保证堰口有较好的出水效果：①堰唇采用青铜或不锈钢；②增加堰顶蓄水池水深；③在出水管口处加挡水板，降低流速。流速不超过 0.9～1.2 m/s 为宜。

　　就结构而言，凡瀑布流经的岸石缝隙必须封死，以免泥土冲刷潭中，影响瀑布水质。

　　瀑布承水潭宽度至少应是瀑布高的 2/3，即 $B=2/3H$，以防水花溅出。承水潭池底结构如图 5-26 所示，且保证落水点为池的最深部位。

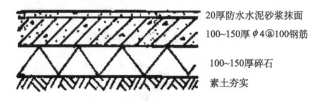

20厚防水水泥砂浆抹面
100～150厚 φ4@100钢筋
100～150厚碎石
素土夯实

图 5-26　瀑布承水潭池底常用结构

五、跌水

　　跌水是指水流从高向低呈台阶状逐级跌落的动态水景。在地形较陡处，水流经过时容易对无护面措施的下游造成激烈的冲刷，若在此处设计跌水，可减缓对地表的冲刷，同时也形成了极具韵味的落水景观。跌水具有以下特点：

　　（1）跌水是自然界落水现象之一，它既是防止水冲刷下游的重要工程设施，又是连续落水组景手段，因而其选址是坡面陡峻、易被冲刷或景致需要的地方。

　　（2）跌水的供水管、排水管应蔽而不露。

　　（3）跌水除可修建成开敞式水景外，还可设计成封闭式水景。

　　跌水的形式多种，一般将跌水分为单级式跌水、二级式跌水、多级式跌水、悬臂式跌水和陡坡跌水。

1. 单级式跌水

单级跌水由进水口、胸墙、消力池及下游溪流组成，如图 5-27 和图 5-28 所示。

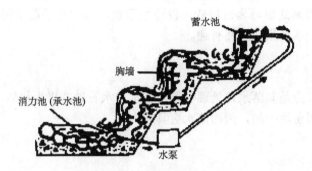

图 5-27　跌水的基本结构

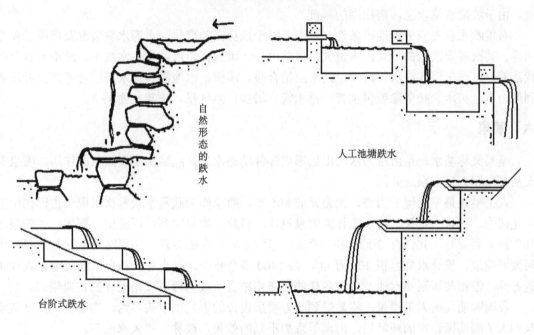

图 5-28　跌水的几种形式

进水口是经供水管引水到水源的出口，应通过某些工程手段使进水口自然化，如配饰山石。胸墙也称跌水墙，它能影响到水态、水声和水韵。胸墙要求坚固、自然。消力池即承水池，作用是减缓水流冲击力，避免下游受到激烈冲刷。对消力池长度也有一定要求，其长度应为跌水高度的 1.4 倍。连接消力池的溪流应根据环境条件设计。

2. 二级式跌水

即溪流下落时，具有两阶落差的跌水。二级跌水的水流量较单级跌水小，故下级消力池底厚度可适当减小。

3. 多级式跌水

具有三阶以上落差的跌水。多级跌水一般水流量较小，因而各级均可设置蓄水池（或消力池），水池可为规则式也可为自然式，视环境而定。有时为了造景需要，渲染环境气氛，可配装彩灯，使整个水景景观盎然有趣。

4. 悬臂式跌水

悬臂式跌水的特点是其落水口处理与瀑布落水口水石处理极为相似，它是将泻水石突出成悬臂状，使水能泻至池中间，因而落水更具魅力。

5. 陡坡跌水

陡坡跌水是以陡坡连接高、低渠道的开敞式过水构筑物。园林中多应用于上下水池的过渡。由于坡陡水流较急，需稳固的基础。

布置跌水首先应分析地形条件，重点着眼于地势高差变化、水源水量情况及周围景观空间等。其次确定跌水的形式。水量大、落差单一，可选择单级跌水；水量小、地形具有台阶状落差，可选多级式跌水。再次，跌水应结合泉、溪涧、水池等其他水景综合考虑，并注意利用山石、树木、藤萝隐蔽供水管、排水管，增加自然气息，丰富立面层次。

六、喷泉

喷泉又称喷水，是由压力水喷出后形成各种动态水景，起装饰点缀园景的作用。喷泉有天然喷泉和人工喷泉之分。

人工喷泉最早出现于西方，在公元前605年，喷泉作为欣赏水景首次出现于古巴比伦空中花园中，被认为是最早用于园林的喷泉设计。自此，喷泉得到广泛应用。例如，"喷泉之都"意大利罗马，共计有3000多个喷泉，形状各异、多姿多彩；法国路易十四凡尔赛宫的阿波罗喷泉，设计水池容积200万 m^3，共1400多个喷头，景点各具特色。这些喷泉设计主题各异，但都与规则喷水池及各式各样的雕塑相结合，成为西方喷泉设计的古典模式。

我国圆明园的人工喷泉，明显受到西方喷泉设计的影响，喷头多为动物造型。当这些喷泉纳入了圆明园特定的环境后，出现了意想不到的效果，被称为"大水法"。

当代，随着电子工业的发展及新技术新材料的广泛应用，喷泉发展到了可自动控制，使之成为集喷水、音乐、灯光于一体的综合性水景，成为城市主要景观之一。

1. 喷泉位置

喷泉设计选址宜在人流集中之处。轴线的端点、交点，建筑物前，广场中心，花坛组群等处均可设置。有时设置一些装饰性强的小型喷泉以营造气氛，如影剧院、商厦、宾馆、写字楼等室内空间的喷泉水景。

2. 喷泉环境

喷泉设计必须与环境一致，主题与形式应与环境相协调，起到装饰和渲染环境的作用。主题式喷泉要求环境能提供足够的喷水空间和联想空间，使人通过喷泉的艺术联想，感到精神振奋，心情舒畅。装饰性喷泉要有一定的背景空间方能起到装饰效果。与雕塑组景的喷泉，常需开朗的草坪和精巧简洁的铺装衬托。庭院、室内空间和屋顶的喷泉小景，最宜衬以山石、草灌花木。节日用的临时性喷泉则要用艳丽的花卉或醒目的装饰物为背景，使人倍感节日的欢乐气氛。

喷泉对环境的要求，应注意以下几点：

（1）喷泉水柱细而长，呈透明状时，应设置深绿色背景。做法是配以连续密植、分枝点低的常绿乔木，并点缀芳香型花卉。

（2）当水柱短而粗时，多呈半透明状，要安排与喷高相宜的背景，背景宜深，但空间不可过于封闭。喷泉周嗣应有足够的铺装空间以满足欣赏的活动空间需要，一般大型喷泉视距应为中央喷水高度的 3 倍；中型喷泉视距应为中央喷水高度的 2 倍；小型喷泉视距应为中央喷水高度的 1 倍即可。表 5-2 中列出了喷泉选址与喷泉设计的关系，供参考。

表 5-2 喷泉对环境的要求

喷泉环境	喷泉的参考设计
开放空间（如广场、车站前、公园入口、园林轴线交叉中心）	宜选用规划式水池，喷水要高，水姿丰富，配适当照明，铺装宜宽、规整
半围合空间（街道转角、多幢建筑物前）	多用长方形或流线形水池，喷水柱宜细，组合简洁
特殊空间（旅馆、饭店、展览会场、写字楼）	圆形、长方形或流线形水池，水量要大，喷水优美多彩，层次分明，照明华丽，铺装精巧，宜配雕塑
喧闹空间（花园小区、游乐中心、影剧院）	流线形水池，喷水多姿多彩，水形丰富，音、色、姿结合，简洁明快，配山石、雕塑衬托
幽静空间（古典园林、浪漫茶座）	自然式水池，山石点缀，铺装精巧，喷水朴素，充分利用水声，强调意境
庭院空间	圆形、半月形、流线形水池，喷水自由，可与雕塑、花台结合，池内养鱼，水姿简洁，山、石、花相间

3. 常见喷头类型

喷头是喷泉的主要组成部分，不同的喷头形式可造就多变的喷泉景观。

要保证喷水质量，达到设计水型，必须重视喷头的形式、结构、材料及加工质量等，这些因素对喷泉的景观艺术效果会产生重要影响。制造喷头的材料一般要求具备耐磨、防锈、抗弯强度好、不易变形等特点。目前生产厂家常用铜或不锈钢制作，这类喷头质量好、寿命长、应用广泛，铝合金喷头逐渐被取代。园林中常见的喷头类型归纳如下。

1）单射流喷头

这是目前应用最广的一种喷头，属喷水的最基本形式。喷水时水柱线条清晰、简练明快。如喷头低于水面时，便可形成涌泉。喷头形状和喷水型如图 5-29 所示。

2）喷雾喷头

这种喷头内安螺旋导水板，水流经喷头并在喷头内旋转，当水由喷头小孔喷出时，快速散开弥漫成雾状，朦胧典雅。若入水角为 $40°15'\sim42°36'$，当有阳光时很容易形成彩虹景观，绚丽多彩。喷头构造如图 5-30 所示。

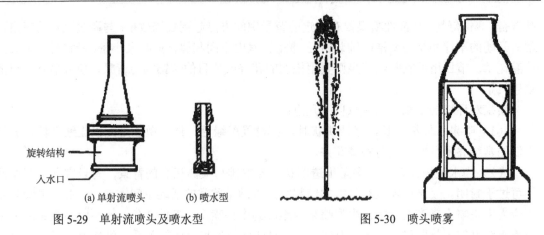

图 5-29　单射流喷头及喷水型　　　　图 5-30　喷头喷雾

（a）单射流喷头　　（b）喷水型

3）旋转型喷头

此种喷头是利用压力将水送至喷头后，借助驱动孔喷水，靠水的反推力带动回转器转动，使喷头不断地转动而形成欢乐愉快的水姿，如图 5-31 所示。

4）环形喷头

环形喷头出水口成环状断面（图 5-32），水沿孔壁喷出形成外实内空的环形水柱，气势粗犷、雄伟，动感强。

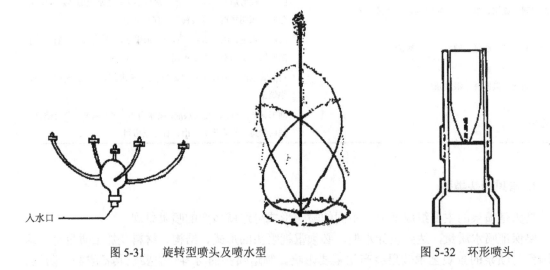

入水口

图 5-31　旋转型喷头及喷水型　　　　图 5-32　环形喷头

5）扇形喷头

该种喷头喷水成扇形水膜，且常常成孔雀状造型，如图 5-33（b）所示。与之相近的还有平头喷头，见图 5-33（a）。

6）多孔喷头

由多个单射流喷嘴组成，喷水层次丰富，水姿多变，视感好，如图 5-34 所示。

7）变形喷头

变形喷头种类较多，喷水造型各异。此类喷头在出水口的前面安装有可调节的反射器，当水流经过反射器时，迫使水流按预定角度喷出，起到造型作用，见图 5-35。

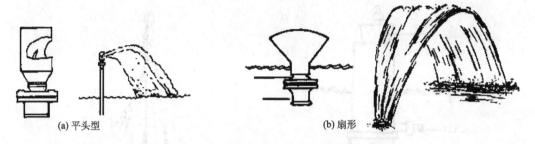

(a) 平头型

(b) 扇形

图 5-33　平头型扇形喷头及喷水型

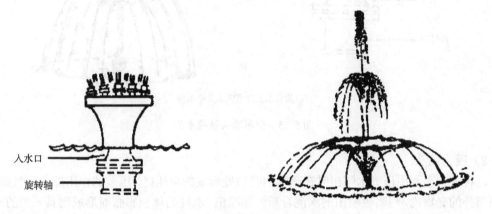

入水口

旋转轴

图 5-34　多孔喷头及喷水型

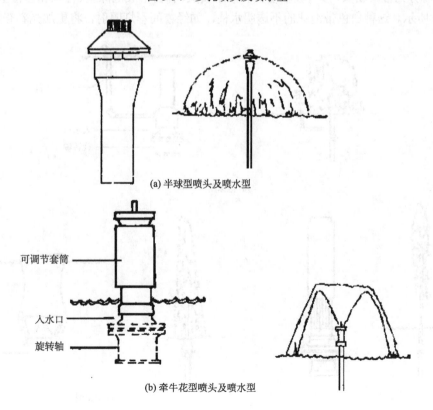

(a) 半球型喷头及喷水型

可调节套筒

入水口

旋转轴

(b) 牵牛花型喷头及喷水型

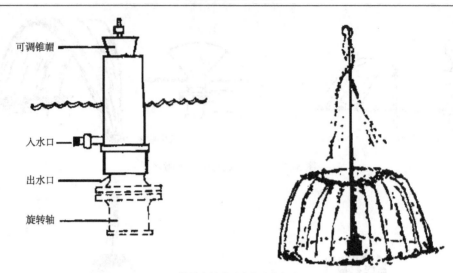

(c) 旋转水晶球型喷头及喷水型

图 5-35　变形喷头及喷水型

8）吸力喷头

这种喷头是利用压力水喷出时在喷嘴的喷口处形成的负压区，压差的作用能把空气或水吸入喷嘴外的套筒内，与喷嘴喷出的水混合后一起喷出。水柱的体积膨胀而形成别具一色的水花。吸力喷头可分为掺气喷头，掺气吸水喷头和吸水喷头，各自形成泡沫型、柱型和雪松型的喷水，如图 5-36 所示。这种白色带泡沫的不透明水柱，如经夜间彩灯照射，将更加光彩夺目。

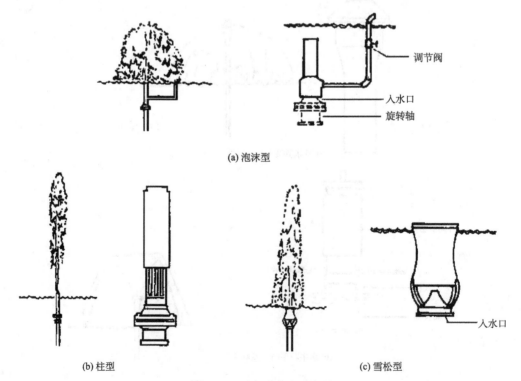

(a) 泡沫型

(b) 柱型　　　　　　　　　　　　　　　　(c) 雪松型

图 5-36　吸力喷头及喷水型

9）蒲公英形喷头

此种喷头是通过一个圆球形外壳安装多个放射状短喷管，并在每个管端安置半球形喷头，当喷水时能形成半球形或球形水花，如同蒲公英一样，美丽动人。这种喷头喷孔很小，对水质要求较高，需配备过滤设施。此种喷头可单独、对称或组合使用，在自控式大型喷泉中应用，效果较好，如图 5-37 所示。

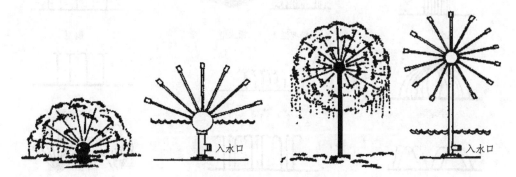

图 5-37　蒲公英喷头及喷水型

10）组合式喷头

也称复合型喷头，是由两种或两种以上喷水型各异的喷嘴经组合而形成的复合喷头，能喷出较为复杂、富于变化的水花。

4. 喷泉水型

喷泉的喷水形式是指水型的外观形态，如雪松形、牵牛花形、蒲公英形、水幕形、编织形等。图 5-38 为常见喷泉水型。随着基本装饰性要求越来越高，喷泉水型必将不断得到丰富和发展。

5. 喷泉供水形式

喷泉供水水源多为人工水源，有条件的地方也可利用天然水源。目前，最为常见的供水方式有直流式供水、水泵循环供水和潜水泵循环供水 3 种。

直流式供水：直流式供水形式如图 5-39（a）所示。直流式供水特点是自来水供水管直接接入喷水池内与喷头相接，给水喷射一次后即经溢流管排走。其优点是供水系统简单、占地小、造价低、管理简单；缺点是给水不能重复利用、耗水量大、运行费用高、水形难以保证。这种供水方式常与假山盆景结合，可做小型喷泉、孔流、涌泉、水膜、瀑布、壁流等，适合于小庭院、室内大厅和临时场所。

水泵循环供水：水泵循环供水形式如图 5-39（b）所示。水泵循环供水是另设泵房和循环管道，使水得以循环利用。其优点是耗水量小、运行费用低、操作方便、水压稳定；缺点是系统复杂、占地大、造价高、管理麻烦，水泵循环供水适合于各种规模和形式水景工程。

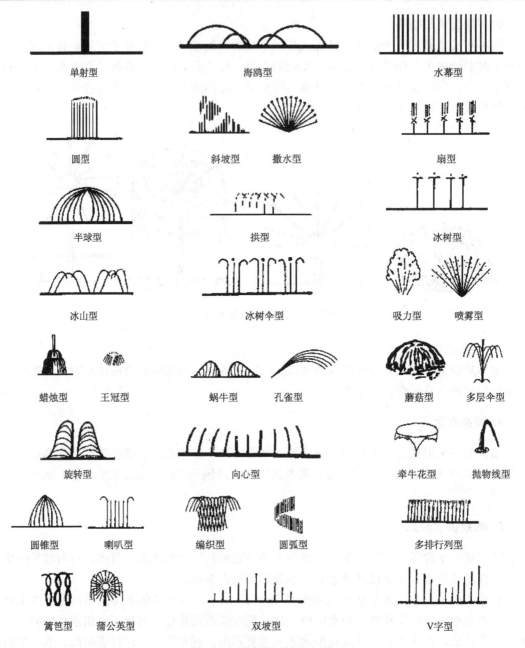

图 5-38 喷泉常见的喷水型

潜水泵供水：潜水泵供水形式如图 5-39（c）所示。潜水泵供水特点是潜水泵安装在水池内与供水管道相连，水经喷头喷射后落入地内，直接吸入泵内循环利用。其优点是布置灵活、系统简单、占地小、造价低、管理容易、耗水量小、运行费用低；缺点是水形调整困难。潜水泵循环供水适合于中小型水景工程。

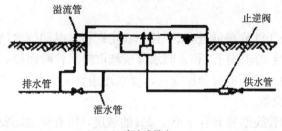

(a) 直流式供水

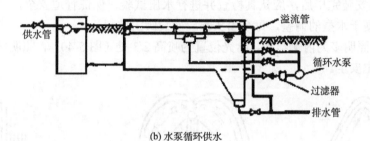

(b) 水泵循环供水

(c) 潜水泵循环供水

图 5-39　喷泉供水形式

　　随着科学技术的日益发展，大型自控喷泉不断出现，为适应喷泉造景的需要，常常采取水泵和潜水泵结合供水，充分发挥各自特点，保证供水的稳定性和灵活性，简化系统，方便管理。

6. 喷泉管理布置要点

　　当喷水池形式、喷头位置确定后，就要考虑管网的布置。喷泉管网主要由吸水管、供水管、补给水管、溢水管、泄水管及供电线路等组成。以下是管网布置时应注意的几个问题：

　　（1）喷泉管道要根据实际情况布置。小型喷泉，其管道可直接埋入土中，或用山石、矮灌木遮盖。大型喷泉，分主管和次管，主管要敷设在可通行人的地沟中，为了便于维修应设检查井；次管直接置于水池内。

　　（2）环形管道最好采用十字形供水，组合式配水管宜用分水箱供水，其目的是要获得稳定等高的喷流。

　　（3）为了保持喷水池正常水位，水池要设溢水口，要在其外侧配备拦污栅，但不得安装阀门。溢水管要有3%的顺坡，直接与泄水管连接。

　　（4）应安装补给水管，以保证水池正常水位。补给水管与城市供水管相连，并安装阀门控制。

（5）泄水口要设于池底最低处，用于检修和定期换水时的排水，管径 100 mm 或 150 mm，也可按计算确定，安装单向阀门，和公园水体或城市排水管网连接。

（6）连接喷头的水管不能有急剧变化，要求连接管至少有 20 倍其管径的长度。如果不能满足时，需安装整流器。

（7）喷泉所有的管线都要具有不小于 2% 的坡度，所有管道均要进行防腐处理；管道接头要严密，安装必须牢固。

（8）管道安装完毕后，应认真检查并进行水压试验，保证管道安全，一切正常后再安装喷头。为了便于水型的调整，每个喷头都应安装阀门控制。

（9）喷泉照明多为内侧给光，给光位置为喷高 2/3 处（图 5-40），照明线路采用防水电缆，以保证供电安全。

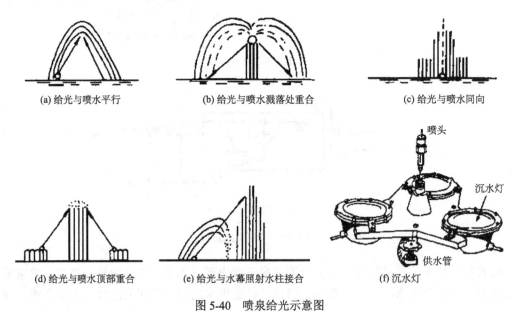

(a) 给光与喷水平行　　(b) 给光与喷水溅落处重合　　(c) 给光与喷水同向

(d) 给光与喷水顶部重合　　(e) 给光与水幕照射水柱接合　　(f) 沉水灯

图 5-40　喷泉给光示意图

（10）在大型的自控喷泉中，管线布置极为复杂，并安装功能独特的阀门和电器元件，如电磁阀、时间继电器等，并配备中心控制室，用以控制水形的变化。

7. 喷泉构筑物

喷泉除管线设备外，还需配套的构筑物，如喷水池、泵房及给、排水井等。

1）喷水池

喷水池是喷泉的重要组成部分，它既能独立成景，点缀、装饰、渲染环境，又能维持正常的水位以保证喷水，因此，可以说喷水池是集审美功能与实用功能于一体的动静（喷时动、停时静）相兼的人工水景。

（1）水池形状和大小。

园林中的喷水池分为规则式水池和自然式水池两种。规则式水池平面形状呈几何形，如圆形、椭圆形、矩形、多边形、花瓣形等。自然式水池岸线为自然曲线，如弯月形、肾形、心形、泪珠形、蝶形、云形、梅花形、葫芦形等，现代喷水池形式新颖，活泼大方，富于时代感。

水池的大小应根据周围环境和喷高而定，喷水越高，水池越大。为了防止水滴飘移而落到池外，一般水池半径为最大喷高的1~1.3倍。自然式水池宜小，平均池宽可为喷高的3倍。

（2）喷水池结构与构造。

水池由基础、防水层、池底、池壁、压顶等部分组成。

基础是水池的承重部分，由灰土和混凝土层组成。施工时先将基础底部素土夯实（密实度不得小于85%）；灰土层一般厚30 cm（3份石灰7份中性黏土）；C10混凝土垫层厚10~15 cm。

水池工程中，防水工程质量的好坏对水池安全使用及其寿命有直接影响。

目前，水池防水材料种类较多，如按材料分，主要有沥青类、塑料类、橡胶类、金属类、砂浆、混凝土及有机复合材料等；如按施工方法分，有防水卷材、防水涂料、防水嵌缝油膏和防水薄膜等。

由于池底的位置重要，结构宜坚固耐久，多用钢筋混凝土池底，一般厚度大于20 cm；如果水池容积大，要配双层钢筋网。施工时，每隔20 m选择最小断面处设变形缝（伸缩缝、防震缝），变形缝用止水带或沥青麻丝填充；每次施工必须由变形缝开始，不得在中间留施工缝，以防漏水，详见图5-41~图5-43。

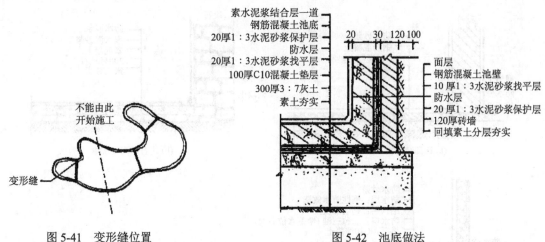

图 5-41　变形缝位置　　　　　　　　　图 5-42　池底做法

池壁是水池竖向部分，承受池水的水平压力，水池越深，压力越大。池壁一般有砖砌池壁、块石池壁和钢筋混凝土池壁3种，见图5-44。壁厚视水池大小而定，砖砌池壁一般采用标准砖，M7.5水泥砂浆砌筑，壁厚不小于240 mm。砖砌池壁虽然施工方便，但红砖多孔，砌体接缝多，易渗漏，不耐风化，使用寿命短。块石池壁自然朴素，要求垒砌严密，勾缝紧密。混凝土池壁用于厚度超过400 mm的水池，C混凝土现场浇筑。钢筋混凝土池壁厚度多小于300 mm，常用150~200 mm，宜配D8、D12钢筋，中心距多为200 mm，见图5-45。

压顶属于池壁最上部分，起保护池壁、防止污水泥沙流入池中和防止池水溅出的作用。对于下沉式水池，压顶至少要高于地面5~10 cm；而当池壁高于地面时，压顶做法必须考虑环境条件，要与景观相协调，可做成平顶、拱顶、挑伸、倾斜等多种形式。压顶材料常用混凝土和块石。

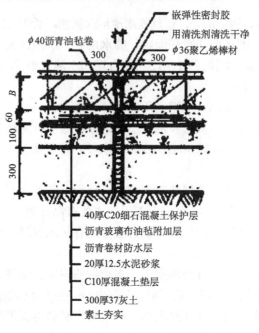

嵌弹性密封胶
用清洗剂清洗干净
φ40沥青油毡卷
φ36聚乙烯棒材
300
300

B
60
100
300

40厚C20细石混凝土保护层
沥青玻璃布油毡附加层
沥青卷材防水层
20厚12.5水泥砂浆
C10厚混凝土垫层
300厚37灰土
素土夯实

图 5-43　伸缩缝的做法

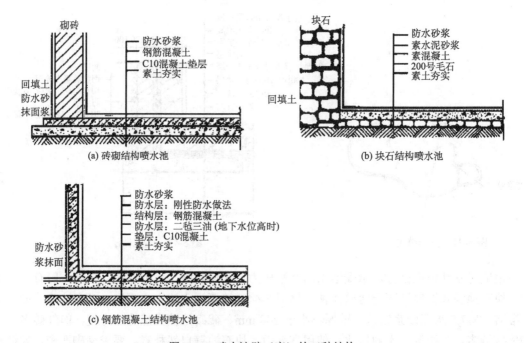

砌砖
防水砂浆
钢筋混凝土
C10混凝土垫层
素土夯实
回填土
防水砂
抹面浆

(a) 砖砌结构喷水池

块石
防水砂浆
素水泥砂浆
素混凝土
200号毛石
素土夯实
回填土

(b) 块石结构喷水池

防水砂浆
防水层：刚性防水做法
结构层：钢筋混凝土
防水层：二毡三油（地下水位高时）
垫层：C10混凝土
素土夯实
防水砂
浆抹面

(c) 钢筋混凝土结构喷水池

图 5-44　喷水池壁（底）的三种结构

　　完整的喷水池还必须设有供水管、补给水管、泄水管和溢水管及沉泥池。布置示意如图
5-46～图5-50所示。管道穿过水池时，必须安装止水环，以防漏水。供水管、补给水管安装
调节阀；泄水管配单向阀门，防止反向流水污染水池；溢水管无需安装阀门，连接于泄水管
单向阀后直接与排水管网连接（具体见管网布置部分）。沉泥池应设于水池的最低处并加过
滤网。图5-51是喷水池中集水坑的做法，图5-52是为防淤塞而设置的挡板。

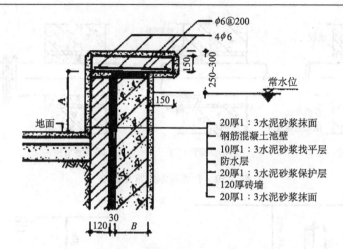

图 5-45　喷水池壁的常见做法

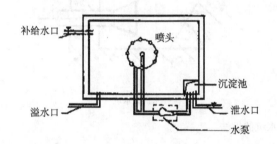

图 5-46　水泵加压喷泉管口示意图

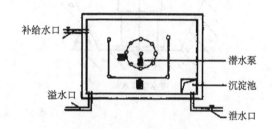

图 5-47　潜水泵加压喷泉管口示意图

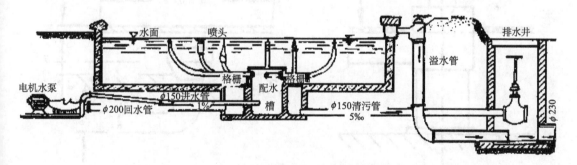

图 5-48　人工喷泉工作示意图

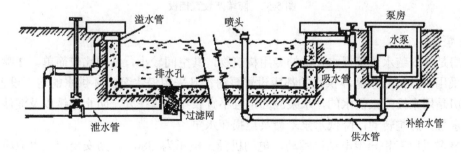

图 5-49　喷水池管线系统示意图

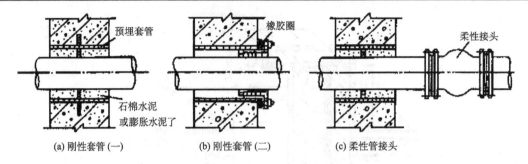

(a) 刚性套管（一）　　　　(b) 刚性套管（二）　　　　(c) 柔性管接头

图 5-50　管道穿池壁常见做法

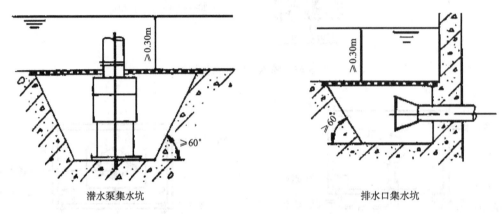

潜水泵集水坑　　　　　　　　　　排水口集水坑

图 5-51　集水坑的做法

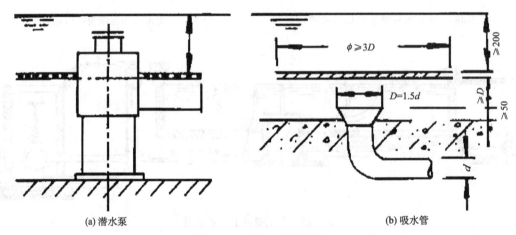

(a) 潜水泵　　　　　　　　　　　(b) 吸水管

图 5-52　防堵塞设置挡板

2）泵房

　　泵房是指安装水泵等提水设备的专用构筑物，其空间较小，结构比较简单。在喷泉工程中，凡采用清水离心泵循环供水的都应设置泵房；凡采用潜水泵循环供水的均不设置泵房。

　　泵房是用来给喷泉供水的，水泵应固定且不宜长期暴露在外，防止生锈以及泥沙、杂物等侵入水泵，影响转动，降低水泵寿命甚至损坏水泵。

　　水泵多采用三相异步电动机驱动，电动机额定电压为 380V。为安全起见也应将水泵安装在泵房内，潜水泵控制开关也要设于室内，控制箱应安装在离地面 1.6 m 以上的地方。

喷泉周围环境讲究整洁明快,各种管线不得暴露。为此,应设置泵房或以其他方法掩饰。在泵房内,各种设备可长期处于配套工作状态,便于操作和检修,给管理带来方便。

泵房的形式根据泵房与地面的相对位置可分为地上式、地下式和半地下式3种。

(1)地上式泵房:地上式泵房是指泵房主体建在地面之上,多为砖混结构。一般常与管理用房结合,便于管理。若需单独设置时,应控制体量,讲究造型和装饰,尽量与喷泉周围环境协调。地上式泵房具有结构简单、造价低、管理方便的优点,适用于中小型喷泉。

(2)地下式泵房:地下式泵房是指泵房主体建在地面之下,同地下室建筑,多为砖混结构或钢筋混凝土结构,需做防水处理,避免地下水浸入。但其结构复杂,造价高,管理操作不便,适用于大型喷泉。

(3)半地下式泵房:半地下式泵房是指泵房主体建在地上与地下之间,兼具地上式和地下式二者的特点,不再赘述。

(4)泵房管线布置

动力机械选择:目前,最常用的动力机械是电动机。电动机因其转速与水泵转速接近,且为直接传动,效率高,噪声小,管理操作方便,故障少,寿命长。

管线布置:为了保证喷泉安全可靠地运行,泵房内的各种管线应布置合理、调控有效、操作方便、易于管理。一般泵房管线系统布置如图5-53所示。从图中可见与水泵相连接的管道有吸水管和出水管。吸水管是将水从水池中吸入水泵并设闸阀控制,出水管是指水泵至分水器之间的管道,设闸阀控制。为了防止喷水池中水倒流,需在出水管上闸阀后安装逆止阀,防止倒流,保持喷水池中水位。分水器的作用是将出水管的有压水分成几路(由设计确定),通过供水管送至喷水池中供喷水用。为了调节供水的水量和水压,应在每条供水管上安装闸阀控制。由于季节所限,当喷泉停止运行时,为了防止管道冻坏,需将供水管内存水排除。一般在泵房内供水管最低处设置回水管,以截止阀控制。

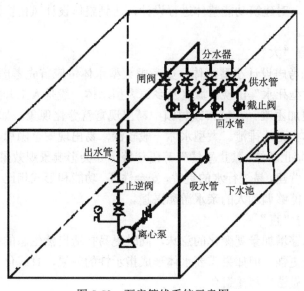

图5-53　泵房管线系统示意图

　　为了便于操作和管理，为喷水池补水的补水管（给水管）也可经过泵房以截止阀控制。为了防止泵房内地面积水，应设置地漏排除积水。

　　此外，泵房内还应设置供电及电气控制系统，保证水泵、灯具和音响的正常工作。

　　为使管线布置合理，还需注意以下几个问题。

　　（1）水泵进、出水管管径的确定。水泵在运行时，其进、出口处流速较高，可达到 3.4 m/s，如果进、出水管的管径与水泵的口径相同，则由于流速较高，势必造成较大的阻力，从而降低了供水的稳定性。为此，应将进、出水管的管径加大，一般采用渐扩形式，以降低流速、减少阻力，使水流平稳。

　　实践证明，进水管的流速不宜超过 2.0 m/s，出水管的流速不宜超过 3.0 m/s。进、出水管管径可按下式确定并进行调整：

$$进水（吸水）管径 DN \geqslant 800\sqrt{Q} \quad (mm)$$

$$出水管径 DN \geqslant 600\sqrt{Q} \quad (mm)$$

式中，Q 为水泵流量（m^3/s）。

　　当管径大于水泵口径时，需在进、出口处配置渐变管，使水泵与进出管有过渡连接。

　　（2）渐变管长度可视其大小头直径差确定，一般取差数的 7 倍可满足要求。

　　（3）泵房用电要注意安全，开关箱和控制板的安装应符合规定。地下式泵房要注意机房排水、通风，泵房内应配备灭火器等灭火设备。

8. 水景设计要点

　　在水景设计和规划项目中，应注意功能性和环境的整体要求。一般水景设计中，通过各式各样的造景形式能够给人带来艺术美感，同时满足了人们的亲水、嬉水、娱乐、游憩等功能。但对于环境的整体性，如生态考量、低碳化设计等存在不足。同时在水景设计中还应根据其所处的环境氛围，对建筑功能整体进行设计，达到整体设计风格协调统一。其设计原则可以归纳为以下几点。

　　1）宜"小"不宜"大"

　　设计水景时应先考虑设计小型水体，如考虑大型水体，应首先考虑水景的水循环体系，避免在景观中的"大型死水"出现。城区及乡镇大型水体一般是人工开挖的。大型水体养护困难，引水和排水更加困难。在城市或村镇中易出现富营养化现象，如不能形成"活水"，大型的富营养化水体将无从排泄。大型水体一般较深，易出现安全隐患，影响人的游憩。同时诸如"水深危险、禁止游泳、禁止垂钓"等语句警示亦会影响景观效果，但又不可不设置。

　　小型水体景观易营建，易进行水的更替，安全性高，功能和形式相比大型水体更加丰富，同时便于后期养护，能够调动人的亲水游憩兴趣。

　　2）宜"曲"不宜"直"

　　曲折的水体更能够增加景观变化的意味，同时更易打造自然生态的效果。直线化的水体往往一览无余的意味更强。但如果需要水体形成指示性的效果，直线化的小型水景亦可，但是直线化的大型河道做法应尽量避免。

　　3）宜"下"不宜"上"

　　在水景设计中不应设计太多的喷泉，多借助水的自然向下流动的现象进行设计，在设计中贯穿形成节能低碳的意识。水自然向下流动相比长时间开动喷泉更加节能。这样能够在一定程度上避免由于后期运行产生大量运行费用和养护费用而造成的使用频率低、反响不好的后果。

4）宜"虚"不宜"实"

在水资源缺乏的地区，可以借助石块、沙粒、草地等模拟水景，是一种意向性的"水景"表达方法，如枯山水。对于严重缺水的地区，这样的形式亦具有特殊的意义，同时这样的"水景"能够给人带来更多的思考和体验。

第三节 驳岸与护坡

园林中的各种水体需要有稳定、美观的岸线，并使陆地与水面之间保持一定的比例关系，防止水岸坍塌而影响水体，因而应进行驳岸与护坡处理。

一、驳岸工程

驳岸是一面临水的挡土墙，是支持陆地和防止岸壁坍塌的水工构筑物。

1. 驳岸的作用

驳岸用来维系陆地与水面的界限，使其保持一定的比例关系。它是正面临水的挡墙，用来支撑墙后的陆地土壤。

驳岸能保证水体岸坡不受冲刷。通常水体岸坡受水冲刷的程度取决于水面的大小、水位高低、风速及岸土的密产度等。因而，要沿岸线设计驳岸以保证水体坡岸不受冲刷。

驳岸还可强化岸线的景观层次。驳岸除支撑和防冲刷作用外，可通过不同的形式处理增加驳岸的变化，丰富水景的立面层次，增强景观的艺术效果。

2. 影响驳岸稳定的因素

图 5-54 表明驳岸与水位的关系。由图可见，驳岸可分为湖底以下部分、常水位至低水位部分、常水位到高水位之间部分和高水位以上部分。

高水位以上部分是不淹没部分，主要受风浪撞击和淘刷、日晒风化或超重荷载，造成岸坡损坏。

常水位至高水位部分（B～A）属周期性淹没部分，多受风浪拍击和周期性冲刷，使水岸土壤遭冲刷淤积于水中，损坏岸线，影响景观。

常水位至低水位部分（B～C）是常年被淹没部分，其主要发生湖水浸渗冻胀，剪力破坏，我国北方地区因冬季结冻，常造成岸壁断裂或移位。

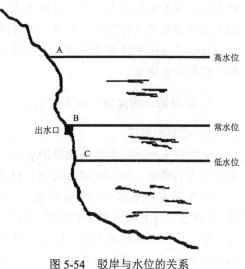

图 5-54　驳岸与水位的关系

C 以下部分是驳岸基础，影响因子主要是地基的强度。地基强度大，基础稳固；反之则易引起地基沉陷，致使驳岸变形开裂。

3. 驳岸的形式

按照驳岸的造型形式将驳岸分为规则式驳岸、自然式驳岸和混合式驳岸 3 种。

规则式驳岸指用块石、砖、混凝土砌筑的几何形式的岸壁，如常见的重力式驳岸、半重力式驳岸、扶壁式驳岸等，如图 5-55（a）和（b）所示。规则式驳岸多属永久性的，要求较好的砌筑材料和较高的施工技术。自然式驳岸是指外观无特定形状或规格的岸坡处理，这种驳岸自然亲切，景观效果好。

混合式驳岸是规则式与自然式驳岸相结合的驳岸造型[图 5-55（c）]。混合式驳岸易于施工，具有一定装饰性，适用于地形许可且有一定装饰要求的湖岸。

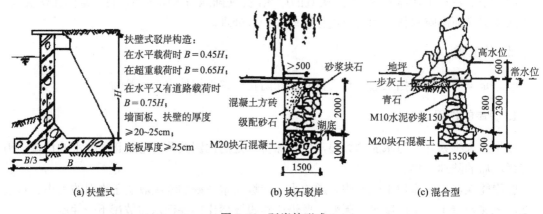

图 5-55　驳岸的形式

驳岸的设计和处理方式是亲水设计的重点。驳岸的类型多样，在设计中需要考虑水景的具体风格，形成景观的协调和效果的统一。在驳岸设计中无论采用哪种类型的驳岸，其高度和水的深浅均应满足人的亲水游憩要求，驳岸要尽可能贴近水面，以手能触及为宜。亲水环境中的其他设施（如汀步、栈桥、水上平台等）也应以人与水的尺度关系为基准进行设计。

驳岸设计应考虑安全因素，近岸处水宜浅，一般以 0.4～0.6 m 为宜。人流密集处，应考虑护栏等安全措施。

4. 驳岸的结构类型与施工

1）砌石类驳岸

是指在天然地基上直接砌筑的驳岸，特点是埋设深度不大，基址坚实稳固，如块石驳岸中的虎皮石驳岸、条石驳岸、假山石驳岸等。

图 5-56 是砌石驳岸的常见构造，它由基础、墙身和压顶三部分组成。基础是驳岸承重部分，并通过它将上部重量传给地基。因此，驳岸基础要求坚固，埋入湖底深度不得小于 50 cm，基础宽度应视土壤情况而定，砂砾土 0.35～0.40 h，砂壤土 0.45 h，湿砂土 0.50～0.60 h，饱和水壤土 0.75 h。墙身是基础与压顶之间的部分，承受压力最大，包括垂直压力、水的水平压力及墙后土壤侧压力。压顶为驳岸最上部分，宽度 30～50 cm，用混凝土或大块石做成。其作用是增强驳岸稳定，美化水岸线，阻止墙后土壤流失。图 5-57 是重力式驳岸结构尺寸图。块石驳岸迎水面常采用 1：10 边坡。

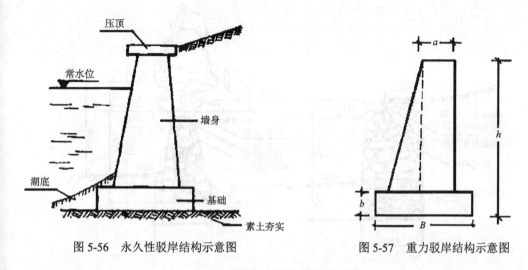

图 5-56　永久性驳岸结构示意图　　　　　图 5-57　重力驳岸结构示意图

　　如果水位变化较大，为满足景观要求，可将岸壁迎水面做成台阶状，以适应水位的升降。
图 5-58～图 5-62 是园林中砌石类驳岸结构图，供参考。

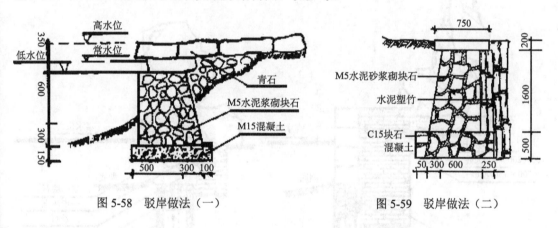

图 5-58　驳岸做法（一）　　　　　　　　图 5-59　驳岸做法（二）

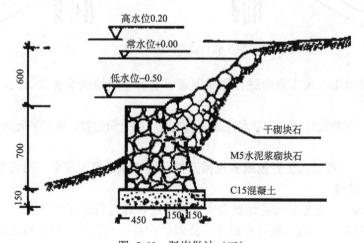

图 5-60　驳岸做法（三）

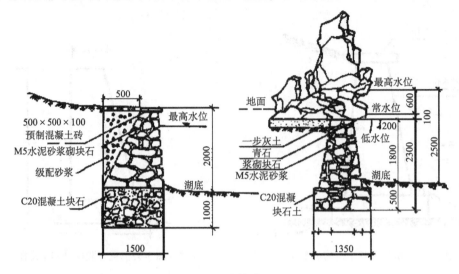

图 5-61　驳岸做法（四）

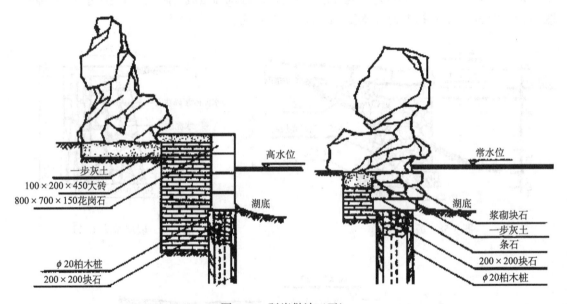

图 5-62　驳岸做法（五）

　　砌石类驳岸施工：施工前应进行现场调查，了解岸线地质及有关情况，作为施工时的参考。

　　（1）放线　依据设计图上的常水位线，确定驳岸的平面位置，并在基础两侧各加宽 20 cm 放线。

　　（2）挖槽　一般由人工开挖或者机械开挖。为了保证施工安全，对需要放坡的地段，应根据规定进行放坡。

　　（3）夯实地基　开槽后应将地基夯实，遇土层软弱时需进行加固处理。

　　（4）浇筑基础　一般为块石混凝土，浇筑时应将块石分隔，将块石之间填满混凝土，不得将块石置于边缘。

（5）砌筑岸墙 将砌块石岸墙墙面应平整、美观；砂浆饱满，勾缝严密。每隔 25～30 m 做伸缩缝，缝宽 3 cm，可用等防水材料填充。填充时应略低于砌石墙面，缝用水泥砂浆勾满。如果驳岸有高差变化，应做沉降缝，确保驳岸稳固。驳岸墙体应于水平方向 2～4 m、竖直方向 1～2 m 处预留泄水孔，口径 120 mm，便于排除墙后积水，保护墙体。也可于墙后设置暗沟、填置砂石排除积水。

（6）砌筑压顶 可采用预制混凝土板块压顶。顶石应向水中至少挑出 5～6 cm，并使顶面高出最高水位 50 cm 为宜。

2）桩基类驳岸

桩基是我国古老的水工基础做法，在水利建设中得到广泛应用。当地基表面为松土层而下层为坚实土层或基岩时最宜用桩基。基岩或坚实土层位于松土层下，桩尖打下去，通过桩尖将上部负荷传给下面的基岩或坚实土层；若桩打不到基岩，则利用摩擦桩侧表面与泥土的摩擦力将荷载传到周围的土层，以控制沉陷。

图 5-63 是桩基驳岸结构示意，它由桩基、卡当石、盖桩石、混凝土基础、墙身和压顶等几部分组成。卡当石是桩间填充的石块，起保持木桩稳定的作用。盖桩石为桩顶浆砌的条石，作用是找平桩顶以便浇灌混凝土基础。

桩基的材料有木桩、石桩、灰土桩和混凝土桩、竹桩、板桩等。木桩要求耐腐、耐湿、坚固、无虫蛀。桩木的规格取决于驳岸的要求和地基的土质情况，一般直径 10～15 cm，长 1～2 m，弯曲度（d/L）小于 1%，且只允许一次弯曲（图 5-64）。桩木的排列一般布置成梅花桩、品字桩、马牙桩。梅花桩、品字桩的桩距为桩径的 2～3 倍，即每平方米 5 个桩；马牙桩要求桩木排列紧凑，必要时可酌增排数。

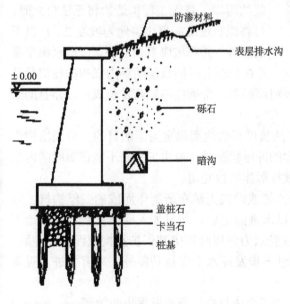

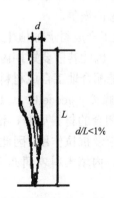

图 5-63 桩基驳岸结构示意图   图 5-64 木桩弯曲度

灰土桩是先打孔后填灰土的桩基做法，常配合混凝土用，适于岸坡水淹频繁、木桩易腐的地方。

竹桩、板桩驳岸是另一种类型的桩基驳岸。驳岸打桩后,基础上部临水面墙身由竹篱(片)或板片镶嵌而成,适于临时性驳岸。竹篱驳岸造价低廉、取材容易、施工简单、工期短。施工时,竹桩、竹篱要上一层柏油,目的是防腐。竹桩顶端由竹节处截断以防雨水积聚,竹片镶嵌直顺紧密牢固。

由于竹篱缝很难做得密实,因此竹篱驳岸不耐风浪冲击、淘刷和游船撞击,岸土很容易被风浪淘刷,造成岸篱分开,最终失去护岸功能。因此,此类驳岸适用于风浪小、岸壁要求不高、土壤较黏的临时性护岸地段。

桩基驳岸的施工,参见砌石类驳岸的施工。

3)生态驳岸

传统的护岸做法虽提供了较高的安全性,但常常破坏了原有河岸生态转换以及作为生物栖息地的功能。因此,利用天然材料作为河岸保护的素材,结合工程、生物与生态的观念进行整体整治工程,才是当下适宜的护岸做法。

图 5-65　重庆大学云湖生态驳岸一角

护岸的构造型式、材料的选择,应依照当地水理特性,单用或兼用植物、木材、石材等天然素材,以保护河岸,并运用筐、笼、抛石等材料以创造多样性的孔隙构造,在利用植生和天然材料巩固水岸边坡的基础上,创造出适合植生、昆虫、鸟类、鱼类等生存的水边环境(图 5-65)。

(1)修改陡坡,加植植栽。在坡度过陡的河岸,若无工程构造物将无法自立时,可将原有过陡的堤岸整地为坡度 2:1 以下的缓坡,并在坡脚置放石块,以透水织布覆盖坡面且延伸至坡脚的大石块,用以固持土壤;并在护坡上扦插数层萌芽力强的插枝植栽及种植耐湿的地被与草本植物。施工后即可增添河岸绿意,待插枝植栽萌发长成后,亦有助于河岸整体生态的恢复。

(2)地工合成材上加植生。使用植生工法虽可有效达到稳定河岸的目的,但因植物生长需要时间,因此若需要短期内立即抑制驳岸的冲蚀状况时,植生工法则不能在短时间内发挥作用。如能配合地工合成材料,便可立即发挥驳岸防蚀功用。

a. 地工蜂巢(geocell)　是由高密度聚乙烯或硬式无纺布所制作而成的三维构材。施工时将原本闭合的材料展开,铺设于坡面上以木桩固定后,即可加入回填材料。由于地工蜂巢具有围束及抗拉作用,因此其内填料在承受水力作用时可借其保护及拘束而免于冲刷、流失的威胁。内填土料表面亦可植生,除可进一步发挥水土保持功能外,亦有促进景观美化的效用。

b. 抗冲蚀网　除地工蜂巢外,近年来许多地工合成材料厂商亦发展出防蚀毯(erosion mat)之类的产品,是一种以自然(如稻草、麻等)或合成纤维制成的织布或不织布,其具有较高的挠曲性,可用来保护河岸土壤避免被冲蚀。此外,尚可作为回包式加劲挡土结构。其可包覆植物种子于土壤中,与土壤和水分接触而发芽、生长,重新复育原有的植被。另外,也可于每层之间填入活枝条,其具枝叶之顶端可降低流水速度、减少冲蚀能量,而填于土内根部发展时，更能提供额外的加劲功能（图 5-66）。

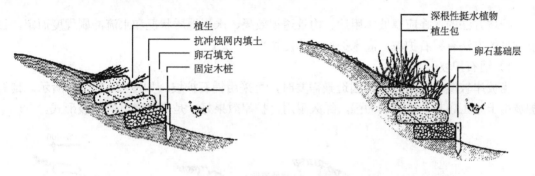

图 5-66　抗冲蚀网植生驳岸

（3）抛石护岸。抛石护岸是运用岩石置放于溪流岸上，用以保护河岸、抵抗高速水流以避免河岸材料流失的驳岸做法。适用于河床坡度较缓、河岸较广、水流较平缓的地区，具有不错的河岸稳固性。抛石方法可分为人工、倾倒及起重机等施工方式，其中倾倒（end-dumped）是最常用方法。因铺石间安息角的限制，岸坡不宜过陡，应在 1.5：1（水平：垂直）以下。可于其上方加以覆土，并以植生稳固及美化护岸。抛石与现地土壤间应铺设一层碎石级配料加以隔绝，以避免土壤受水流冲蚀而流失，造成淘空现象。而此碎石级配料可用地工合成材料或其他纤维材料加以取代，施工中及施工后必须注意此抗冲刷层是否有破裂或移位现象产生。护岸底部必须位于水面线以下，且嵌入河床中，并增加抛石厚度以抵抗流水的冲刷及侵蚀。此外，护岸的高度需足够，以期于水流量极高时提供足够的保护。

（4）石笼护岸中加植栽。在石笼中选定地点加植栽圈环，在其中回填土壤后种植树木，或于石笼间以可发芽、发根之活枝条置入。除美化景观外，植物之于水面的遮阴作用有利于某些生物的栖息；其根系的发展更可使石笼结构与背填土紧密结合，增加整体牢固程度（图 5-67）。

石笼用于驳岸处理时，坡岸应整平，且底部应铺设一层过滤材料以避免水流将河岸材料带离。施工中的每一步骤都应将石笼适当拉紧，以期完工时能有较为美观的线形。

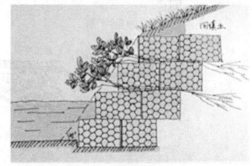

图 5-67　石笼护岸中加植栽

二、护坡工程

1. 护坡的作用

护坡是保护坡面防止雨水径流冲刷及风浪拍击的一种水工措施。护坡没有支撑土壤的直墙，而是在土壤斜坡（45°以内）上铺设护坡材料的做法。护坡的作用主要是防止滑坡、减少地面水和风浪的冲刷，保证岸坡稳定。

2. 护坡的方法

护坡方法的选择应视坡岸用途、构景透视效果、水岸地质状况和水流冲刷程度而定。目前常见的方法有铺石护坡、灌木护坡和草皮护坡。

1）铺石护坡

当坡岸较陡、风浪较大或因造景需要时，可采用铺石护坡，如图 5-68（a）所示。铺石护坡由于施工容易，抗冲刷力强，经久耐用，护岸效果好，是园林常见的护坡形式。

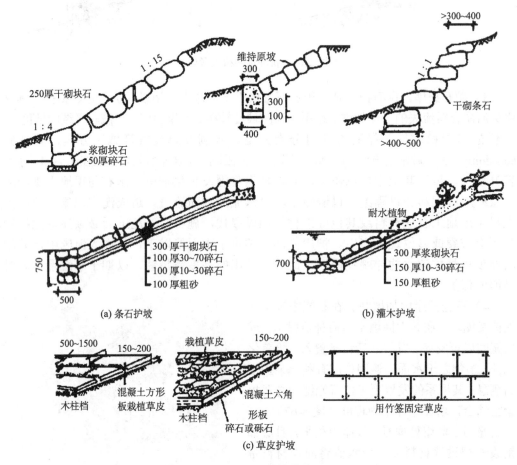

图 5-68　护坡的做法

护坡石料要求吸水率低（不超过 1%）、比重大（大于 2 t/m³）和抗冻性较强，如石灰岩、砂岩、花岗岩等岩石，以块径 18～25 cm，长宽比 1:2 的长方形石料最佳。

铺石护坡的坡面应根据水位和土壤状况确定，一般常水位以下部分坡面的坡度小于 1:4，常水位以上部分采用 1:1.5～1:5。

重要地段的护坡应保证足够的透水性，为保证坡岸稳固，可在块石下面设倒滤层。倒滤层常做成 1～3 层，第一层为粗砂，第二层为小卵石或小碎石，最上层用级配碎石，总厚度 15～25 cm。如果水体深 2 m 以上，为使铺石护岸更稳固，可考虑下部（水淹部分）用双层铺石，基础层（下层）厚 20～25 cm，上层厚 30 cm，碎石垫层厚 10～20 cm。

铺石时每隔 5～20 cm 预留泄水孔，20～25 m 做伸缩缝，并在坡脚处设挡板，座于湖底下。要求较高的块石护岸，应用 M7.5 水泥砂浆勾缝，并浆砌压顶石。

铺石护坡的施工步骤为：

（1）开槽　坡岸地基经过平整后，按设计要求挖基础梯形槽，并素土夯实。

（2）铺倒滤层，砌坡脚石　按要求分层填筑倒滤层，应沿坡分布均匀。然后在开挖的沟槽中砌坡脚石，坡脚石宜选用大石块，并灌足砂浆。

（3）铺砌块石，补缝勾缝　从坡脚石起，由下而上铺砌块石，石块呈"品"字形排列，保持与坡面平行，石间用砂浆和碎石填满、垫平，不得有虚角（可采用人在石面上行走来检验虚实），然后用 M7.5 水泥砂浆勾缝。

2）灌木护坡

灌木护坡较适于大水面平缓的坡岸。由于灌木有韧性、根系盘结、不怕水淹，能削弱风浪冲击力，减少地表冲刷，护岸效果较好。护坡灌木要具备速生、根系发达、耐水湿、株矮常绿等特点，可选择沼生植物护坡。施工时可直插、可植苗，但种植密度要大，若因景观需要，强化天际线变化，可适量植草和乔木，如图 5-68（b）所示。

3）草皮护坡

草皮护坡适于坡度在 1∶5～1∶20 的湖岸缓坡。要求草种耐水湿、根系发达、生长快、生存力强。护坡做法按坡面具体条件而定，可直接利用原有坡面的杂草护坡，也有直接在坡面上播草处加盖塑料薄膜；或如图 5-68（c）所示，先在正方砖、六角砖上种草，然后用竹签四角固定作护坡。最为常见的是块状或带状种草护坡，铺草时沿坡面自而上成网状铺草，用木方条分隔固定，稍加压踩。若要增加景观层次、丰富地貌、加强透视感，可在草地点缀山石，配以花灌木。

问题与思考

1. 水体设计应注意哪些因素？
2. 跌水及喷泉的布置要点是什么？
3. 驳岸的结构类型有哪些？各自的做法是怎样的？
4. 护坡的做法有哪些？

第六章　园林道路设计与施工

园路是园林的重要组成部分和主要景观之一，包括道路、广场、游憩场地等一切硬质铺装中的具有各类交通功能的部分。它不仅担负交通、导游、组织空间、划分景区的功能，还具有造景作用，是园林工程设计与施工的重要组成部分。

第一节　园林道路功能与分类

道路的修建铺地在我国历史悠久，如战国时代、秦朝、东汉、唐代、西夏的花纹铺地砖，西汉遗址中的卵石路面，明清时的雕砖卵石嵌花路及江南庭园中的各种花街铺地等。材料多是砖、瓦、卵石、碎石片等，施工精细，紧凑稳健，风格雅致、朴素，成为我国园林艺术的重要成就之一。近代以来，随着科技、建材工业及旅游事业的发展，园林铺地中又陆续出现了水泥混凝土、沥青混凝土以及彩色水泥混凝土、彩色沥青混凝土、透水透气性路面等，这些新材料、新工艺的应用，使园路更富于时代感，为现代园林增添了新光彩。

一、园路的功能

园路是贯穿全园的交通网路，是联系若干个景区和景点的纽带，是园林景观的要素之一。园路的走向对园林的通讯、光照、环境保护也有一定的影响。园路与其他要素一样，具有多方面的实用功能和美学功能。

1. 划分、组织空间

园林的功能分区多利用地形、建筑、植物、水体或道路。对于地形起伏不大、建筑比重小的现代园林绿地，园路则是划分空间或功能区的主要方式。同时，借助道路面貌（线形、轮廓、图案等）的变化可以暗示空间性质、景观特点的转换以及活动形式的改变，从而起到组织空间的作用。

2. 交通和导游

首先，经过铺装的园路能耐践踏、碾压和磨损，可满足各种园务运输的要求，并为游人提供舒适、安全、方便的交通条件；其次，园林景点间的联系是依托园路进行的，为动态序列的展开指明了前进的方向，引导游人从一个景区进入另一个景区；第三，园路还为欣赏园景提供了连续的不同的视点，可以取得移步换景的效果。

3. 提供活动场地和休息场所

在建筑小品周围、花间、水旁、树下等处，园路可扩展为广场（可结合材料、质地和图案的变化），为游人提供活动和休息的场所。

4. 构成园景

作为园林景观界面之一，园路与山、水、植物、建筑等共同组成空间画面，构成园林艺术的统一体。优美的园路曲线、精美的铺装图案、多变的铺地材料，有助于园林空间的塑造，丰富游人的观赏趣味。同时，通过和其他造园要素的密切配合，可深化园林意境的创造。不仅可以"因景设路"，而且能"因路得景"，路景浑然一体。

5. 组织排水

道路可以借助其路缘或边沟组织排水。一般园林绿地都高于路面，方能实现以地形排水为主的原则。道路汇集两侧绿地径流之后，利用其纵向坡度即可按预定方向将雨水排除。

二、园路的分类

1. 根据构造形式分

（1）路堑型（也称街道式）：立道牙，位于道路边缘，路面低于两侧地面，道路排水。构造如图 6-1 所示。

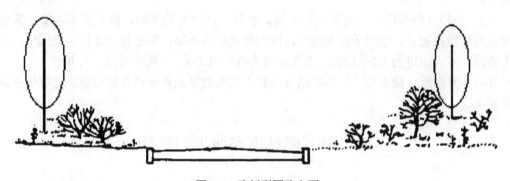

图 6-1　路堑型园路立面

（2）路堤型（也称公路式）：平道牙，位于道路靠近边缘处，路面高于两侧地面（明沟），利用明沟排水。构造如图 6-2 所示。

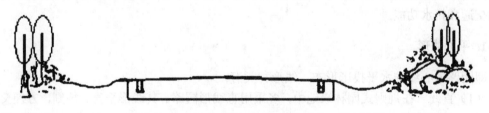

图 6-2　路堤型园路立面

（3）特殊型：包括步石、汀步、磴道、攀梯等。

2. 按面层材料分

（1）整体路面　包括现浇水泥混凝土路面和沥青混凝土路面。整体路面平整、耐压、耐磨，适用于公园主路和出入口。

（2）块料路面　包括各种天然块石、陶瓷砖及各种预制水泥混凝土块料路面等。块料路面坚固、平稳，图案纹样和色彩丰富，适用于广场、游步道和通行轻型车辆的地段。

（3）碎料路面　用各种石片、砖瓦片、卵石等碎料拼成的路面，图案精美，表现内容丰富，主要用于庭园和各种游步小路。

此外，还有由砂石、三合土（石灰、黏土、砂）等组成的简易路面，多用于临时性或过渡性路面。

3. 按使用功能划分

（1）主路（主干道）　联系景观园区的主要出入口、园内各功能分区（景区）主要建筑物和主要广场，成为全园道路系统的骨架，多呈环形布置。其宽度视公园性质和游人容量而定，一般为 4.0～6.0m 及以上。

（2）次路（次干道）　主园路联系各景区，次园路联系各景点，因此，次园路对主路起辅助作用，沟通各景点、建筑。其宽度应依照预测游人数量来考虑，如预计游人可能驻足的路段应宽些，人流较为通畅的路段可适当窄些。宽度一般为 2.0～4.0m。能单向通行轻型机动车辆。

（3）小路（游步道）　是深入到山间、水际、林中等的小路，供人漫步游赏。其铺装应尽量与环境相融合。亦用于深入细部，做细致观察的小路，多布置在各种专类园中，如花卉专类园。双人步道为1.2～1.5m，单人步道为0.5～1.2m，一般应考虑二人并行。

（4）异形路　指步石、汀步等结合园林中其他造景元素而设置的通道。宽度依据现场条件而定。

第二节　园林道路线形与结构

园路的结构与线形是园路工程设计的主要内容，与维护交通和保证正常使用有直接的关系。

一、园路的线形

园路的线形包括平面线形与纵断面线形。线形合理与否，直接关系到园林景观组合、园路的交通和排水功能。

1. 平面线形

即园路中心线的水平投影形态。线形种类有：

（1）直线　在规则式园林绿地中，多采用直线形园路。其线形平直、规则，方便交通。

（2）圆弧曲线　道路转弯或交汇时，考虑行驶机动车的要求，弯道部分应取圆弧曲线连接，并具有相应的转弯半径，降低因急转弯可能带来的交通事故。

（3）自由曲线　在以自然式布局为主的园林游步道中多采用此种线形，可随地形、景物的变化而自然弯曲，柔顺流畅且协调。

园路的设计要求有：

（1）总体规划时确定的园路平面位置应做到主次分明。在满足交通要求的情况下，道路宽度应趋于下限值，以扩大绿地面积的比例。游人及各种车辆的最小运动宽度见表 6-1。

表 6-1　游人及各种车辆的最小运动宽度

交通种类	最小宽度/m	交通种类	最小宽度/m
单人	0.75	小轿车	2.0
自行车	0.60	消防车	2.06
三轮车	1.24	卡车	2.50
手扶拖拉机	0.84～1.50	大轿车	2.66

（2）行车道路转弯半径在满足机动车最小转弯半径条件下，可根据实际情况灵活布置。

（3）园路的曲折迂回应有目的性。一方面曲折应是为了满足地形地物及功能上的要求，另一方面应避免无艺术性、功能性和目的性的过多弯曲。

平曲线最小半径：

当车辆在弯道上行驶时，为了使车体顺利转弯，保证行车安全，要求弯道上部分应为圆弧曲线，该曲线称为平曲线，其半径称为平曲线半径，平曲线最小半径一般不小于 6 m，见图 6-3（a）。

当汽车在弯道上行驶时，由于前轮的轮迹较大，后轮的轮迹较小，出现轮迹内移现象，同时，车身所占宽度也较直线行驶时为大，弯道半径越小，这一现象越严重。为了防止后轮驶出路外（掉道），车道内侧（尤其是小半径弯道）需适当加宽，称为曲线加宽，见图 6-3（b）。

曲线加宽值与车体长度的平方成正比，与弯道半径成反比。

当弯道中心线平曲线半径 $R>200$ m 时可不必加宽。

为使直线路段上的宽度逐渐过渡到弯道上的加宽值，需设置加宽缓和段。

园路的分支和交汇处，应加宽其曲线部分，使其线形圆润、流畅，形成优美的视觉效应。

2. 纵断面线形

即道路中心线在其竖向剖面上的投影形态。它随地形坡度的变化而呈连续的折线。在折线交点处，为使行车平顺，需设置一段竖曲线。

线形种类有：

（1）直线：表示路段中坡度均匀一致，坡向和坡度保持不变。

（2）曲线：两条不同坡度的路段相交时，必然存在一个变坡点。为使车辆安全平稳通过变坡点，须用一条圆弧曲线把相邻两个不同坡度线连接，这条曲线因位于竖直面内，故称竖曲线。当圆心位于竖曲线下方时，称凸形竖曲线。当圆心位于竖曲线上方时，则称凹形竖曲线。如图 6-4 所示。

设计要求有：

（1）园路要根据造景的需要，随形就势，一般随地形的起伏而起伏。

（2）在满足造景艺术要求的情况下，尽量利用原地形，以保证路基稳定，减少土方量。行车路段应避免过大的纵坡和过多的折点，使线形平顺。

（3）园路应与相连的广场、建筑物和城市道路在高程上有合理的衔接。

（4）园路应配合组织地面排水，同时注意与地下管线的位置关系。

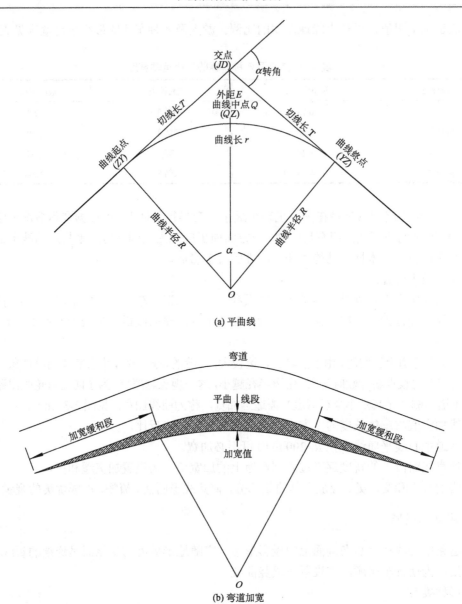

(a) 平曲线

(b) 弯道加宽

图 6-3　平曲线图与弯道加宽图

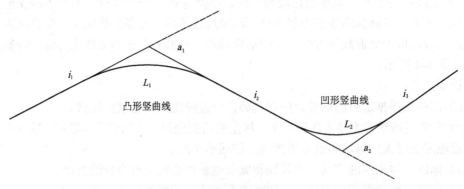

图 6-4　竖曲面线

（5）纵断面控制点应与平面控制点一并考虑，使平、竖曲线尽量错开。

（6）行车道路的竖曲线应满足车辆通行的基本要求，应考虑常见机动车辆外形尺寸对竖曲线半径及会车安全的要求。

纵横向坡度。①纵向坡度：即道路沿其中心线方向的坡度。园路中，行车道的纵坡一般为 0.3%～8%，以保证路面水的排除与行车的安全；游步道，特殊路段应不大于 12%。②横向坡度：即道路垂直于其中心线方向的坡度。为了方便排水，园路横坡一般在 1%～4%，呈两面坡。不同材料路面的排水能力不同，其所要求的纵横坡度也不同，见表6-2。

表6-2　各种类型路面的纵横坡度

路面类型	纵坡/‰				横坡/%	
	最小	最大		特殊	最小	最大
		游览大道	园路			
水泥混凝土路面	3	60	70	100	1.5	2.5
沥青混凝土路面	3	50	60	100	1.5	2.5
块石、砾石路面	4	60	80	110	2	3
拳石、卵石路面	5	70	80	70	3	4
粒料路面	5	60	80	80	2.5	3.5
改善土路面	5	60	60	80	2.5	4
游览小道	3	—	80	—	1.5	3
自行车道	3	30	—	—	1.5	2
广场、停车场	3	60	70	100	1.5	2.5
特别停车场	3	60	70	100	0.5	1

弯道超高：当汽车在弯道上行驶时，产生横向推力，即离心力。这种离心力的大小，与行车速度的平方成正比，与平曲线半径成反比。为了防止车辆向外侧滑移及倾覆，抵消离心力的作用，需将路的外侧抬高，即为弯道超高。设置超高的弯道部分（从平曲线起点至终点）形成了单一向内侧倾斜的横坡。为了便于直线路段的双向横坡与弯道超高部分的单一横坡有平顺衔接，应设置超高缓和段，见图6-5和图6-6。

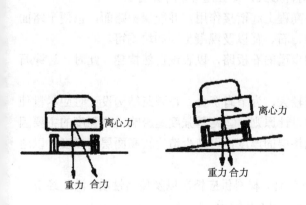

图6-5　汽车在弯道上行驶受力分析图

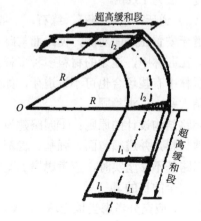

图6-6　弯道超高缓和段示意图

二、园路的结构

园路一般由路面、路基和道牙（附属工程）3 部分组成。路面又分为面层、基层、结合层和垫层等。

园路路面的结构形式具有多样性。但其路面结构都比城市道路简单，其典型的路面结构图式如图 6-7 所示。

图 6-7　园路结构示意图

路面各层的作用和设计要求如下。

（1）面层：是路面最上面的一层。它直接承受人流、车辆和大气因素的作用及破坏性影响。面层要求坚固、平稳、耐磨损、反光小，具有一定的粗糙度和少尘性，便于清扫。

（2）基层：位于面层之下，土基之上，是路面结构中主要承重部分，可增加面层的抵抗能力。能承上启下，将荷载扩散、传递给路基。因此对材料的要求比面层低，通常采用碎（砾）石、灰土或各种工业废渣作为基层。

（3）结合层：位于面层与基层之间，为了黏结和找平而设置的一层。结合层材料一般采用 3～5 cm 厚粗砂、水泥石灰混合砂浆或石灰砂浆。

（4）垫层：在路基排水不良或有冻胀、翻浆的路段上，为了排水、隔温、防冻的需要，用道渣、煤渣、石灰土等水稳定性好的材料作为垫层，设于基层之下。园林中也可用加强基层的办法，而不另设此层。

（5）路基：即土基，是路面的基础，它不仅为路面提供一个平整的基面，还承受路面传来的荷载，是保证路面强度和稳定性的重要条件。对于一般土壤，开挖后经过夯实，即可作为路基。在严寒地区，严重的过湿冻胀土或湿软土，宜采用 1∶9 或 2∶8 灰土加固路基，其厚度一般为 15 cm。

（6）道牙：也称侧石、缘石，一般分两种形式，即立道牙和平道牙。

道牙安置在路面两侧，使路面与路肩在高程上起衔接作用，并能保护路面，也便于路面排水。在园林中，道牙的材料多种多样，砖、石、瓦以及混凝土预制块均可。

园林中有些场合也可不设道牙，如作游步道的石板路，以表现自然情趣。此时，边缘石块可稍大些，以求稳固。

园路结构设计的原则：①园路建设投资较大，为节省资金，在园路结构设计时应尽量使用当地材料，并遵循薄面、强基、稳基土的设计原则。②路基强度是影响道路强度的主要因素。当路基不够坚实时，应考虑增加基层或垫层的厚度，可减少造价较高面层的厚度，以达到经济安全的目的。

总之，应充分考虑当地土壤、水文、气候条件，材料供应情况以及使用性质，满足经济、实用、美观的要求。常用园路结构图如图 6-8、图 6-9 所示。

100mm厚石板
50mm厚黄砂
素土夯实
注：石缝30~50mm嵌草

(a) 石板嵌草路

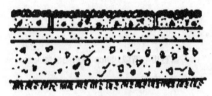

70mm厚预制混凝土嵌卵石
50mm厚M2.5混合砂浆
一步混砖
素土夯实

(b) 卵石嵌花路

500mm×500mm×100mm C15混凝土方砖
50mm厚粗砂
150~250mm厚灰土
素土夯实
注：胀缝加10mm×95mm橡皮条

(c) 预制混凝土方砖路

80~150mm厚C15混凝土
80~120mm厚碎石
素土夯实
注：基层可用二渣(水泥渣、散石灰)，
三渣(水泥渣、散石灰、道渣)

(d) 现浇混凝土路

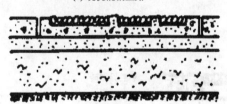

70mm厚混凝土上植小卵石
30~50mm厚M2.5混合砂浆
150~250mm厚碎砖三合土
素土夯实

(e) 卵石路

图 6-8　常用园路结构示意图（一）

10mm厚二层柏油表面处理
50mm厚结碎石
150mm厚碎砖或白灰、煤渣
素土夯实

(a) 沥青碎石路

20mm厚1∶3水泥砂浆
80mm厚1∶3∶6水泥、白灰、碎砖
素土夯实

(b) 羽毛球场铺地

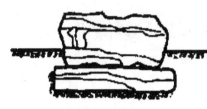

大块毛石

基石用毛石或100mm厚水泥混凝土板

素土夯实

(c) 步石

大块毛石

基石用毛石或100mm厚水泥混凝土板

素土夯实

(d) 块石汀步

钢筋混凝土现浇

(e) 荷叶汀步

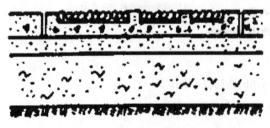

彩色异型砖

石灰砂浆

砂浆混凝土

天然级配砂砾

粗砂或中砂

素土夯实

(f) 透气透水性路面

图6-9　常用园路结构示意图（二）

第三节 园路的分布与设计

一、园路的功能与类型

园路联系着不同的分区、建筑、活动设施、景点，便于组织交通、引导游览、识别方向，同时也是公园景观、骨架、脉络、景点的纽带及构景的要素。园路类型有主要道路、次要道路、专用道、游步道等。

1. 主要道路

全园主道，通往公园各大区、主要活动建筑设施、风景点，要求应能够联系全园，引导游人以最便捷的途径游赏景色，需考虑通行、园务运输、生产、救护、消防、游览观光车辆通行等因素。主路尽可能布置成环状。路宽 4～6 m 及以上，纵坡 8%以下，横坡 1%～4%。主园路不宜设置梯道。

2. 次要道路

是公园各区内的主道，引导游人到各景点、专类园，自成体系，组织景观。次园路对主路起辅助作用，沟通各景点、建筑。其宽度应依照预测游人数量来考虑，如预计游人可能驻足的路段应宽些，人流较为通畅的路段可适当窄些。

次要园路宽度一般为 2～4 m。

3. 专用道

多为园务管理使用，在园内与游览路分开，应减少交叉，以免干扰游览。

4. 游步道

是深入到山间、水际、林中等的小路，供人漫步游赏，其铺装应尽量与环境相融合。双人步道为 1.2～1.5 m，单人步道为 0.5～1.2 m。

二、园路布局

公园道路的布局可根据公园绿地内容和游人容量大小来定。要求主次分明，因地制宜地和地形密切配合。例如，山水公园的园路要环山绕水；平地公园的园路要弯曲柔和，密度可大，但不要形成方格网状；山地公园的园路纵坡 12%以下，弯曲度大，密度应小，可形成环路，以免游人走回头路。大山园路可与等高线斜交，蜿蜒起伏；小山园路可上下回环起伏。

三、弯道的处理

园路的转折应衔接通顺，符合游人的行为规律。园路遇到建筑、山、水、树、陡坡等障碍，必然产生弯道。一般为了减少或抵消车辆转弯离心力，在设计时把道路外侧抬高，外侧（尤其是山道）应设置防护栏杆，以防发生事故，内侧设置排水沟，如图 6-10 所示。园路弯道处如视野不佳，应设置弯道镜及警示标志，避免出现交通事故。

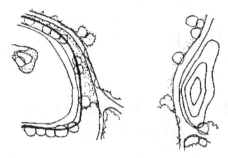

图 6-10　公园道路弯处示意图

弯道有组织景观的作用，在园路设计中合理安置弯道能够形成视觉变化，产生曲径通幽或别有洞天的效果，绵延的弯道亦可成为独特的山地景观。

四、园路交叉口处理

（1）两条主干道相交时，交叉口应做扩大处理，形成小广场，最好能够做正交处理，方便行车。

（2）局部小路亦可做园路交叉处理（正交、斜交均可），常见斜交，营造不同的游园感受。各交叉口不宜设置太近，避免杂乱。相交角度不宜太小，以便于通行。

（3）路口转折处、丁字交叉口应点缀风景。

（4）多条道路交汇到一点，易使人迷失方向，在设计中应尽量避免。如果一定要多条园路相交汇，应设置交通导视标示。在道路交汇处可以扩大或做成小广场形式，便于交通，减少拥挤。

（5）上山路既要与主干道交叉自然，藏而不显，又要吸引游人入山。纪念性园林路可正交叉。

具体可见图 6-11。

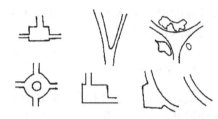

图 6-11　公园道路弯道和交叉口处理示意图

五、园路与建筑的关系

（1）园路通往大建筑时，可在建筑前设置集散广场，使景观空间形成过渡，同时利于人流集散。

（2）园路通往一般建筑时，可在建筑前适当加宽路面，以利人分流，园路一般不直接穿越建筑，从四周绕过。具体见图 6-12。

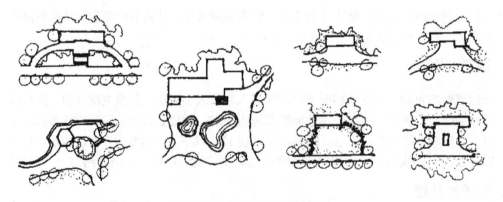

图 6-12　园路与园林建筑的联系

六、园路与桥

桥是园路跨过水面的建筑形式，其风格、体量、色彩必须与公园总体设计、环境协调一致。桥的作用是联络交通，创造景观，组织导游，分隔水面，保证游人通行和水上游船通航的安全，有利造景、观赏。但要注明承载和游人流量的最高限额。桥应设在水面较窄处，桥身应与岸垂直，创造游人视线交叉，以利观景。主干道上的桥以平桥为宜，拱度要小，桥头应设广场，以利游人集散；次路上的桥多用曲桥或拱桥，以创造桥景。汀步石步距以 60～70 cm 为宜。小水面上的桥，可偏居水面一隅，贴近水面；大水面上的桥，讲究造型、风格，丰富层次，避免水面单调，桥下要方便通船。

另外，路面上雨水口及其他井盖应与路面平齐，井盖孔洞小于 20 mm×20 mm，路边不宜设明沟排水。可供轮椅通过的园路应用国际通用的标志。视力残疾者可使用的园路，路口及交汇点、转弯处两列可设宽度不小于 0.6 m 的导向块材。

第四节　园林道路类型与施工

一、常见园路类型

由于面层材料及其铺砌形式的不同，形成了不同类型的园路。不同类型的园路因其色彩、质感和纹样的不同，所适应的环境和场合亦不同。为了达到经济、合理和美观的目的，必须掌握常见园路的类型，因地制宜、合理选用。

路面设计的综合要求是：满足功能要求；有一定的观赏价值；具有装饰性；应有柔和色彩以减少反光；与地形、植物山石配合，注意与环境相协调。

1. 整体路面

指用水泥混凝土或沥青混凝土现场浇筑进行统铺的地面。

1）水泥混凝土路面

用水泥、粗细骨料碎石、卵石、砂等与水按一定的配合比拌匀后现场浇筑的路面，整体性好，耐压强度高，养护简单，便于清扫。在园林中，多用作主干道。为增加色彩变化也可添加不溶于水的无机矿物颜料。

2）沥青混凝土路面

用热沥青、碎石和砂的拌和物现场铺筑的路面，颜色深，反光小，易于与深色的植被协调，但耐压强度和使用寿命均低于水泥混凝土路面，且夏季沥青有软化现象。在园林中，多用于主干道。

2. 块料路面

面层由各种天然或人造块状材料铺成的路面。

1）砖铺地

目前我国机制标准砖的大小为 240 mm×115 mm×53 mm，有青砖和红砖之分。园林铺地多用青砖，风格朴素淡雅，施工简便，可以拼凑成各种图案（图 6-13）。砖铺地适于庭院和古建筑物附近。因其耐磨性差，容易吸水，适用于冰冻不严重和排水良好之处；坡度较大和阴湿地段不宜采用，因易生青苔而行走不便。目前已有采用彩色水泥砖铺地的例子，效果较好。

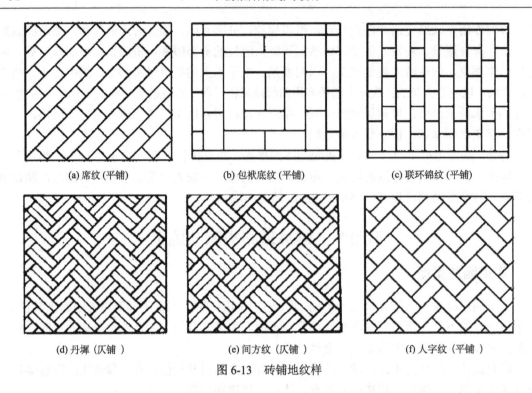

(a) 席纹 (平铺)　　　　　(b) 包袱底纹 (平铺)　　　　　(c) 联环锦纹 (平铺)

(d) 丹墀 (仄铺)　　　　　(e) 间方纹 (仄铺)　　　　　(f) 人字纹 (平铺)

图 6-13　砖铺地纹样

大青方砖规格为 500 mm×500 mm×100 mm，平整、庄重、大方，多用于古典庭园。

2）冰纹路

用边缘挺括的石板模仿冰裂纹样铺砌的路面，多为平缝和凹缝，以凹缝为佳，也可不勾缝，便于草皮长出成冰裂纹嵌草路面，见图 6-14。也可在现浇水泥混凝土路面初凝时，模印冰裂纹图案，表面拉毛，效果也较好。冰纹路适用于池畔、山谷、草地、林中之游步。

3）乱石路

是用天然块石大小相间铺筑的路面，采用水泥砂浆勾缝，表面粗糙，具粗犷、朴素、自然之感，见图 6-15。冰纹路、乱石路也可用彩色水泥勾缝，增加色彩变化。

(a) 块石冰纹　　　　　(b) 水泥仿冰纹

图 6-14　冰裂纹路面　　　　　图 6-15　乱石路面

4）条石路

是用经过加工的长方体石料铺筑的路面，平整规则，庄重大方，坚固耐久，多用于广场、殿堂和纪念性建筑物周围。

5）预制水泥混凝土方砖路

用预先模制成的水泥混凝土方砖铺砌的路面，形状多变，图案丰富（如各种几何图形、花卉、木纹、仿生图案等）。也可添加无机矿物颜料制成彩色混凝土砖，色彩艳丽，路面平整、坚固、耐久。适用于园林中的广场和规则式路段上，也可做成半铺装留缝嵌草路面（图6-16）。

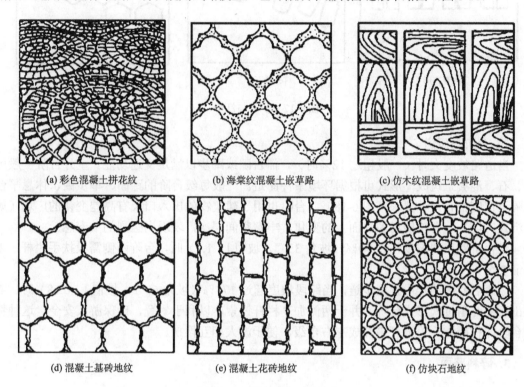

(a) 彩色混凝土拼花纹　　　(b) 海棠纹混凝土嵌草路　　　(c) 仿木纹混凝土嵌草路

(d) 混凝土基砖地纹　　　(e) 混凝土花砖地纹　　　(f) 仿块石地纹

图 6-16　预制混凝土方砖路

6）步石、汀步

步石是置于陆地上的天然或人工整形块石，多用于草坪、林间、岸边或庭院等处。汀步是设在水中的步石，可自由地布置在溪涧、滩地和浅池中。块石间距按游人步距放置（一般净距为 200～300 mm）。

步石、汀步块料可大可小，形状不同，高低不等，间距也可灵活变化，路线可直可曲，最宜自然弯曲，轻松、活泼、自然，极富野趣，如图 6-17 所示。

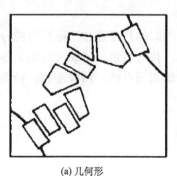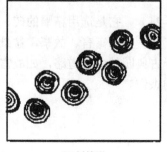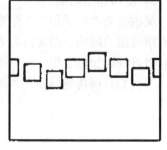

(a) 几何形　　　(b) 树桩形　　　(c) 方砖形

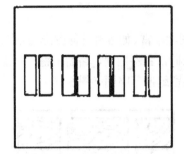
(d) 整齐形

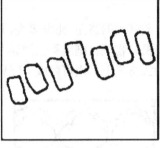
(e) 块石

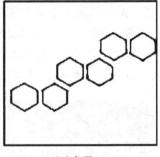
(f) 六角形

图 6-17　步石与汀步

7）台阶与磴道

当道路坡度大时（一般超过 12％时），需台隙或踏步以满足交通功能。室外台阶一般用砖、石、混凝土筑成，形式可根据环境条件而定。一般每级台阶的踏面、举步高、休息平台间隔及宽度都有尺寸要求（图 6-18）。台阶也用于建筑物的出入口及有高差变化的广场（如下沉式广场）。台阶能增加立面上的变化，丰富空间层次，表现出强烈的节奏感。

当台阶路段的坡度超过 70％（坡角 35℃，坡值 1∶1.4）时，台阶两侧需设扶手栏杆，以保证安全。

风景名胜区的爬山游览步道，当路段坡度超过 173％（坡角 60％，坡值 1∶0.58）时，需在山石上开凿坑穴形成台阶，并于两侧加高栏杆铁索，以利于攀登，确保游人安全，这种特殊台阶即称磴道。磴道可错开成左右台级，便于游人相互搀扶。

3. 碎料路面

1）花街铺地

是指用碎石、卵石、瓦片、碎瓷等碎料拼成的路面。图案精美丰富，色彩艳丽，风格或圆润细腻或朴素粗犷，具有很好的装饰作用和较高的观赏性，有助于强化园林意境，具有浓厚的民族特色和情调，多见于古典园林中，见图 6-19。

2）卵石路

是以各色卵石为主嵌成的路面，具有很强的装饰性，能起到增强景区特色、深化意境的作用。这种路面耐磨性好，防滑，富有江南园路的传统特点，但清扫困难，且卵石容易脱落。多用于花间小径、水旁亭榭周围，见图 6-20。

3）雕砖卵石路面

又被誉为"石子画"（图 6-21），它是选用精雕的砖、细磨的瓦和经过严格挑选的各色卵石拼凑成的路面。图案内容丰富，如以寓言、故事、盆景、花鸟虫鱼、传统民间图案等为题材进行铺砌加以表现。多见于古典园林中的道路，如故宫御花园甬路，精雕细刻，精美绝伦，不失为我国传统园林艺术的杰作。

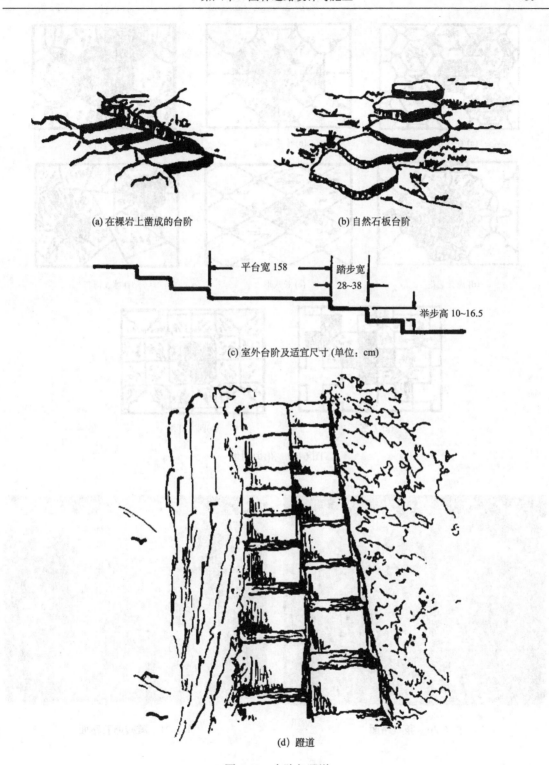

(a) 在裸岩上凿成的台阶　　　　　　　　　(b) 自然石板台阶

平台宽 158　　踏步宽 28~38　　举步高 10~16.5

(c) 室外台阶及适宜尺寸 (单位：cm)

(d) 蹬道

图 6-18　台阶与蹬道

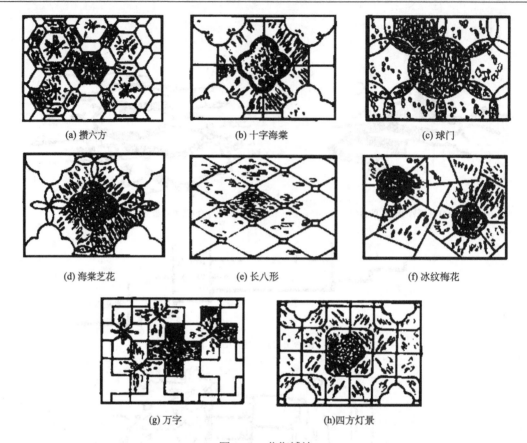

(a) 攒六方　　　　　　　(b) 十字海棠　　　　　　　(c) 球门

(d) 海棠芝花　　　　　　(e) 长八形　　　　　　　(f) 冰纹梅花

(g) 万字　　　　　　　(h) 四方灯景

图 6-19　花街铺地

图 6-20　卵石路面

图 6-21　雕砖卵石路面

二、园路的施工

不同类型、不同构造的园路，其施工的方法也不相同。因此，以下重点介绍其施工程序、方法及要点。

1. 放线

按路面设计的中心线,在地面上每隔 20～50 m 钉一中心桩;弯道平曲线上应在曲头、曲中和曲尾各钉一中心桩。园路多呈自由曲线,应加密中心桩,并在各中心桩上标明桩号,再以中心桩为准,根据路面宽度及弯道加宽值定边桩,最后放出路面的平曲线。

2. 挖路槽

按路面的设计宽度,在路基上每侧放出 20 cm 挖槽(放出的 20 cm 用于填筑路肩),路槽深度等于路面各层的厚度,槽底的横坡应与路面设计横坡一致。路槽挖好后,在槽底上洒水湿润,然后夯实。园路一般用蛙式夯夯压 2～3 遍即可,路槽整平度允许误差不大于 2 cm。

3. 铺筑基层

根据设计要求准备基层材料并掌握其可松性。对于灰土基层,一般实厚为 15 cm(即一步灰土),其虚铺厚度为 21～24 cm。炉灰土虚铺厚度 24 cm,压实厚度即为 15 cm。严寒冻胀地区基层厚度可适当增加,分层压实。

4. 结合层的铺筑

当园路采用块料路面时,需设置此层与基层结合。结合层一般用 M2.5 混合砂浆、M5 水泥砂浆或 1：3 白灰砂浆。砂浆摊铺宽度应大于铺装面 5～10 cm,砂浆厚度为 2～3 cm,便于结合和找平,也可采用 3～5 cm 厚的粗砂作为结合层,施工更为方便。

5. 面层的铺筑

块料面层铺筑时应安平放稳,注意保护边角。发现不平时,应重新拿起用砂浆找平,防止中空折断。接缝应平顺正直,遇有图案时应更加仔细。最后用 1：10 干水泥砂扫缝,再泼水沉实。

卵石路面一般分预制与现浇两种。现场浇筑方法是:在基层上先铺 M7.5 水泥砂浆 3 cm 厚,再铺水泥素浆 2 cm 厚,待素浆稍凝,即用备好的卵石,一一插入素浆内,用抹子拍平。待水泥凝固后,用清水将石子表面的水泥轻轻刷洗干净。第二天再用浓度为 30% 的草酸溶液洗刷石子表面,可使石子颜色清新鲜明。

6. 道牙的安装

有道牙的路面,道牙的基础应与路床同时挖填辗压,以保证密度均匀,具有整体性。弯道处的道牙最好事先预制成弧形。道牙的结合层常用 M5 水泥砂浆 2 cm 厚,应安装平稳牢固。道牙间缝隙为 1 cm,用 M10 水泥砂浆勾缝。道牙背后路肩用夯实白灰土 10 cm 厚、15 cm 宽保护,亦可用自然土夯实代替。

7. 附属工程:雨水口及排水明沟

对于先期的雨水口,园路施工(尤其是机具压实或车辆通行)时应注意保护,若有破坏,应及时修筑。一般雨水口进水箅子的上表面低于周围路面 2～5 cm。

土质明沟按设计挖好后，应对沟底及边坡适当夯压。

砖（或块石）砌明沟，按设计将沟槽挖好后，充分夯实。通常以 MU7.5 砖（或 80～100 厚块石）用 M2.5 水泥砂浆砌筑，砂浆应饱满，表面平整、光洁。

问题与思考

1. 如何进行园路设计？
2. 园路设计基本原则有哪些？
3. 块料路面有哪些类型？
4. 园路施工的步骤有哪些？

第七章 园林广场的设计

第一节 园林广场

一、城市广场的定义

中西方的广场随着历史的步伐不断发展，其内涵、功能、形式都在不断丰富。对于广场的定义，也就出现了多种说法。

美国学者保罗·朱克（Paul Zucker）认为：广场是使社区成为社区的场所，而不仅仅是众多单个人的集聚……使人们聚会的场所。克莱尔在《人性场所》一书中定义：广场是一个为硬质铺装的、汽车不得进入的户外公共空间。人文景观学者 Jackson 指出：广场是当地社会秩序的显示，是人与人、市民与当权者之间关系的反映。日本的芦原义信在《街道的美学》中则认为：广场是强调城市中由各类建筑围成的城市空间。

我国《城市规划原理》一书提出：城市广场通常是城市居民社会活动的中心。李泽民在《城市道路广场规划与设计》一书中把城市广场定义为：与城市道路相连接的社会公共用地部分。王柯在《城市广场设计》一书中认为：城市广场是为满足城市多种社会生活需要而建设的，以建筑、道路、山水、地形等围合，由多种软、硬质景观构成的，采用步行交通手段，具有一定的主题思想和规模的结点型城市户外公共活动空间。

上述学者分别从广场的社会学意义、政治含义、广场与建筑和道路的关系等方面定义广场，并都注重广场的公共属性。去掉繁琐晦涩的语言，斟酌其本质内涵，可将广场定义为：广场是指由建筑物、道路、山水、绿化等围合或限定形成的开阔的公共活动空间。

二、现代城市广场的类型

现代城市广场的发展呈现出多元化形式、多功能复合、多层次空间，并注重地方特色、历史文脉的继承和发扬，塑造出多种多样的广场风格。

1. 按照广场性质分类

1）市政广场

市政广场是提供广大市民集会、交流与公共信息发布的场所，多修建在市政府和城市行政中心所在地，属于城市核心，周围通常围绕各级政府行政机关、文化体育建筑及公共服务型建筑。广场平面形式规整，多呈几何中轴对称，标志性建筑位于轴线上，形成明显的主从关系。在市政广场，经常汇聚大量的人群，所以应特别注意周边道路交通组织，形成车流、人流的独立系统，并且把握好行人流动路线、视线、景观三者的关系，如图 7-1 所示。

2）纪念广场

纪念广场是为了缅怀有历史意义的事件和人物，常在城市中修建的主要用于纪念某些人物或某一事件的广场，并可用于城市举行庆典活动和纪念仪式的场所。广场中心或侧面以纪

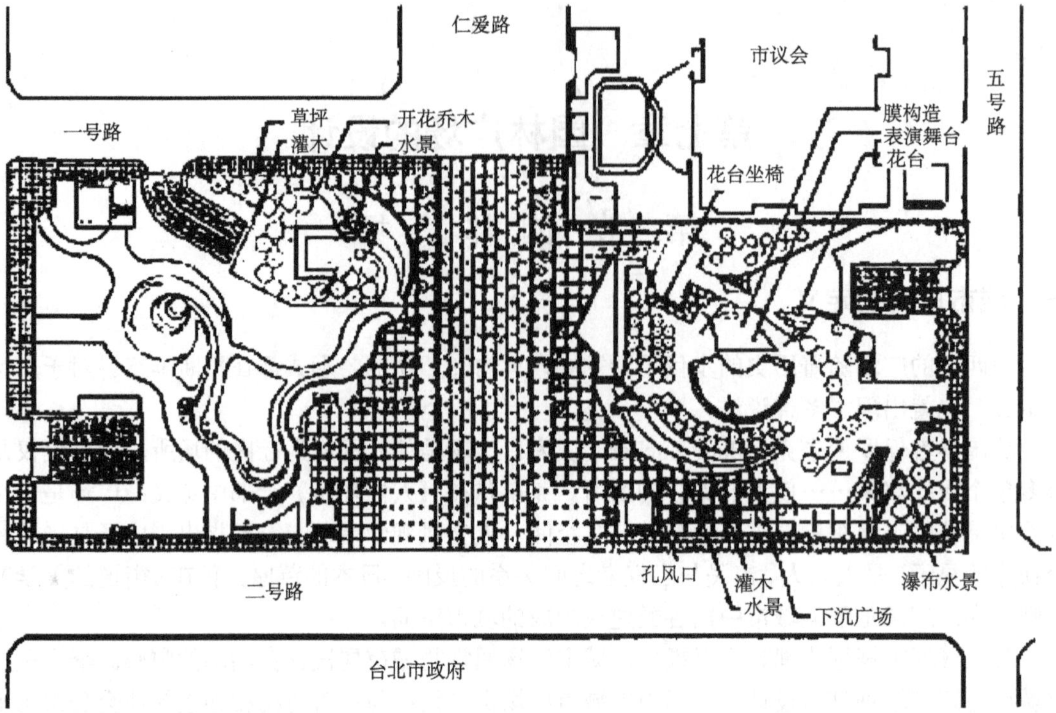

图 7-1　台北市政府广场平面

念雕塑、纪念碑、纪念物或纪念性建筑作为标志物。广场平面构图严谨，具有纪念性的标志物往往放置在构图中心，如华盛顿越战纪念碑广场、北京天安门广场，见图 7-2。

3）交通广场

交通广场是起到交通、集散、联系、过渡及停车作用的场所，是城市交通系统的重要组成部分，常见于城市道路的交叉口处或交通转换口处。另外，在街道两侧设置的广场，由于其主要承担人流疏散、过渡的功能，也属于交通广场的一种，如北京站前广场、上海新客站主广场（图 7-3）。这种广场平面形式由周边道路围合而成，广场的铺装面积很大，要注意合理地组织车流、人流、货流，尽量避免交叉；景观处理上要体现地方的“标志性”特点，无论是在城市道路的交叉口还是在车站出口，都是城市印象的重要节点，应设置具有特色的构筑物。

4）商业广场

商业广场是为人们进行购物、餐饮、休闲娱乐或者商业贸易活动往来而建成的集散广场，主要位于城市商业区，这里人群集中，为了疏散人流和满足建筑的要求而设置广场，以步行环境为主，内外建筑空间相互渗透，商业活动区应相对集中，如南京的夫子庙广场、英国的考文垂市广场。商业广场中平面形式在建筑和道路的围合下灵活多样，有规则方正的，也有不规则多变的，如上海大拇指广场等。

5）文化广场

文化广场可代表城市文化传统与风貌，体现城市特殊文化氛围，为市民提供良好的户外活动空间，多位于城市中心、区中心或特殊文化地区，如北京西单文化广场（图 7-4）、法国戴高乐广场。平面形式多样、空间灵活，地方特色突出。

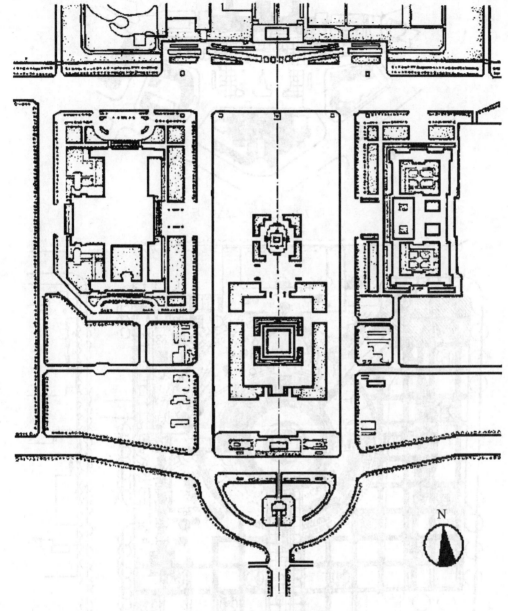

图 7-2　天安门广场平面图

6）休闲娱乐广场

休闲娱乐广场是与市民日常生活密切相关的活动广场，提供近距离的休息、锻炼身体、娱乐等，一般设置在居住区、居住小区或街坊内。广场面积相对较小，内设有健身器材、儿童活动场地、老人休息座椅、花坛、树木等，见图 7-5。

7）宗教广场

早期的宗教广场多修建于教堂、寺庙或祠堂对面，为举行宗教庆典仪式、集会、游行所用。广场上一般设有尖塔、宗教标志、坪台、台阶、敞廊等构筑设施。现在也具备了休息、商业、市政活动的功能，如威尼斯圣马可广场。

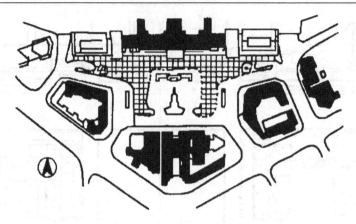

图 7-3　上海新客站主广场

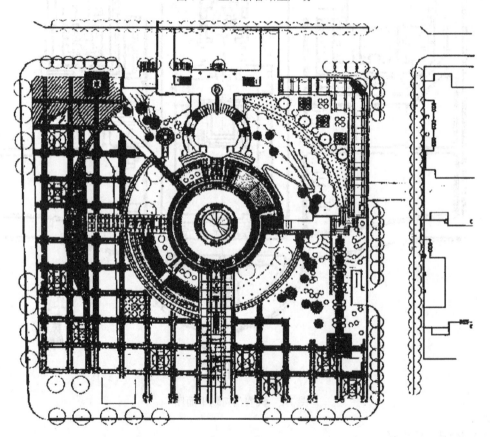

图 7-4　北京西单文化广场绿地工程平面图

2. 按照广场发展形态分类

1) 有机型广场

广场发展过程是与建筑、道路等空间要素相互渗透、融合逐渐形成外部空间，强调尊重事物的客观发展规律，如中世纪圣基米利亚诺广场。

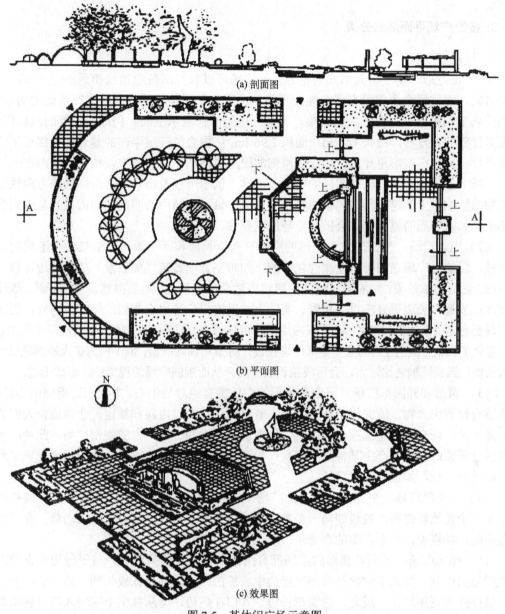

(a) 剖面图

(b) 平面图

N

(c) 效果图

图 7-5　某休闲广场示意图

2）内生型广场

广场引导建筑的生成，城市设计中城市轴线预先设定后，在城市轴线交点核心处先设计广场的形态，继而围绕广场设置建筑，再用建筑围合构成广场空间。在古罗马时期、文艺复兴时期和古典主义时期，这种形式的广场较多，如罗马圣彼得广场。

3）外生型广场

广场是建筑建成以后剩余的空间，经过后期配合建筑风格、道路交通等因素的设计而形成的广场。城市改造过程中经常会形成这类广场，如巴黎卢浮宫广场。

3. 按照广场平面形式分类

1）规则形广场

（1）正方形广场　平面形式为正方形的广场可以获得两条中轴线和两条对角线，形成四个方向，而这四个方向没有哪个能控制整体，形成了明显的无方向性或交点处的向心性。此类广场空间稳定、有利于人的聚集，也特别适用于作展示空间。例如，巴黎的沃日广场，平面是严整的正方形，边长 140 m，面积 1.96 hm²；围合了三层半高的建筑连续保证了广场的完整性，只有在东南角开口；在广场南侧的国王楼略高于周边建筑，构成广场潜在的中轴线；广场中心放置雕像，具有明显的中心。从这个例子可以看出，正方形广场的方向性受到建筑物的影响，主要建筑所在的轴线往往会形成中轴，广场中心明确，四周很容易受到交通的影响，如有明显的道路穿过会破坏广场的完整性。

（2）矩形广场　平面形式为矩形的广场有两个长边和两个短边，沿长边会形成明显的轴向性；建筑与广场之间可以互相强化空间，如将高耸的建筑（如教堂）放置短边可以加强纵深感、强化中轴效果；对应的面阔型的建筑更适合放在长边，能显得建筑更加开阔、雄伟，如市政厅放置在长边更显庄重、典雅。实际上，天安门广场也有类似的特征。另外，巴黎协和广场拥有完美的比例尺度关系，不仅应用了长短轴的中心设置国王雕像，并引出两个次中心，同时强化了长轴方向的主导地位。矩形广场在设计时虽然轴向明显，但不能为扩大轴向感而无限增大长轴，当长短轴之比过大，会形成狭长的空间，从而削弱广场的稳定性，形成街道。

（3）圆形和椭圆形广场　平面是圆形的广场拥有绝对的中心，方向永远指向中心目标，中央适合设置纪念物，能突出主体。它标志着封闭、完美、内向和稳定，非常适合人们的聚集。尤其是广场空间由建筑围合的广场，如中世纪意大利小城卢卡的集市广场。此种广场被建筑围合紧密时，也会产生某种声学混乱；当圆形广场以道路包围时，就会完全变成交通孤岛，缺乏整体性，如巴黎星形广场。

（4）三角形广场　平面是三角形的广场由三条中轴汇聚于一点，也有较强的向心性，但由于三个角比较锋利，视线朝向一个角，透视效果都会改变，拥有较强的动势。在历史上三角形的广场很少，其中巴黎的多菲尔广场则显得严密和完整。

（5）梯形广场　平面是梯形的广场拥有两条平行边和两条斜边，与平行边垂直的方向形成明显的中轴，如果主体建筑放在平行边中较短的一边、入口在较长的一边，会有欢迎之势，显得建筑更加雄伟；反之，建筑在长边、入口在短边，会从视觉上缩短入口与建筑的距离。这在文艺复兴时期的意大利有很多实例，如罗马市政广场、罗马圣彼得广场中西侧的列塔广场。

2）不规则广场

由于在城市发展过程中，受到生活、宗教等各种因素的影响，导致城市广场具有不同形态，有很多广场平面形式自由，如佛罗伦萨西格诺利亚、锡耶纳坎坡广场等。

4. 按照广场剖面形式分类

传统的广场在剖面上的地形变化较小，主要是为了满足集聚、展示、庆典等活动的需要，但随着现代生活中越来越尊重人的尺度、心理、场所感等因素，利用剖面的上升、下降分割出多种空间，继而满足各类人群的不同需求，已经成为这个时代的特征。

根据广场剖面的形式分为：平面式广场，即广场基底面平整，竖向高差无变化或少变化，呈水平状态的广场；立体式广场，即广场基底变化较大，既有水平的广场面，又可利用周围低层建筑顶部或中部设置上升广场，还可向下形成安静的下沉广场，如西单文化广场。

西单文化广场基本是一个正方形，由方、圆两种几何要素构成广场。南北向中轴贯穿了圆形地下商场入口、下沉广场、中心圆锥形标志性建筑、叠水、二层平台；东西向还有一条较弱的轴线，也跨越了一层平面、下沉广场、中心圆锥形标志性建筑、弧形坡道画廊、台阶、二层平台。广场以正方形的绿块为基底，充满了现代感，广场整体形态、层次丰富；但是四边由道路围合，建筑与广场的联系只在广场北的二层平台以天桥的形式连接了中友百货二层，广场的围合性弱；道路的全面围合也使得西单广场的功能被削弱，人们在广场上的停留有限，除了交通外，休闲、娱乐性差，多数人只会把它作为一种景观标志和必须穿越广场的建筑。

5. 广场类型复合性

广场的多种分类情况，让人真正认识到广场发展的多样化，甚至如果再从广场的构成要素分类，还可分为建筑广场、雕塑广场、滨水广场、绿化广场等。但无论何种分类都无法准确地定义某一个广场，如天安门广场既可定义为市政广场，也可列为纪念广场；西单文化广场既可定义为文化广场，也可列为商业广场；巴黎星形广场既可为交通广场，也可列为文化广场。

三、城市广场设计的原则

1. 系统性原则

城市广场是城市公共空间的重要组成部分，它与公园、道路等共同组成城市中的开敞空间，并被称为城市的"客厅"，客观地反映了一个城市的精神面貌。因此城市广场的规划设计必须要考虑到整个城市的政治、经济、历史文化、空间形态等，系统地进行设计。例如，上海在城市设计中，将人民广场建设为市政广场，静安寺广场为休闲娱乐性广场，淮海广场和大拇指广场为商业广场等，根据不同地区、不同文化设计主体功能不同的广场，系统地构建城市广场，满足市民的多种需求。

城市设计过程中的广场建设，经常作为城市的标志性空间，然而这种标志性不是孤立存在的，必然要与城市的原有历史文化、空间结构相融合，起到强化城市印象、构成城市系统景观的作用。巴黎的拉德方斯新区规划中成功地运用系统原则，在拉德方斯广场上建设大拱门（新凯旋门），它是一个边长106 m、高110 m的巨型中空立方体，体形是星型广场上凯旋门的20倍，两者从形态上形成了"传统"与"现代"的对话。城市道路形成明显的轴线，由西向东分别贯穿标志性建筑：拉德方斯广场大拱门—凯旋门—卢浮宫；对应构成一系列的广场空间：商业休闲广场—交通广场—市政广场，与南面的埃菲尔铁塔呼应，规划系统完整有序。

2. 完整性原则

传统的城市广场多是由建筑围合形成的开敞空间，现代城市广场则多是以道路围合广场，共同构成开敞空间，使得通透性增加，但广场的完整性逐渐丧失。现代广场完整性的表达主要包括功能的完整性、空间的完整性和环境的完整性。

西安的大雁塔广场的规划设计中功能的完整性和环境的完整性都有较好的表现。大雁塔广场是一个集纪念、商业、市民休闲、公园游赏、文化传播等多种功能为一体的综合型广场。广场设计尊重原有环境，整体以盛唐文化、佛教文化、丝路文化为主轴设计；以慈恩寺（大雁塔）为中心，建筑风格统一；以唐风建筑为主体，透过建筑元素与形式的解析，以及现代构造技术与材料的结合，将唐风建筑转化成具现代质感与文化特质的样式。大雁塔广场整体由北广场、慈恩寺（大雁塔）、南广场三部分组成，北广场为该广场的主体，东西宽 218 m，南北长 346 m，建设有亚洲最大的音乐喷泉。

大雁塔北广场为由水体和绿化组成的宏伟而又宁静的空间，前设有山门、佛经列柱及万佛灯柱，向南在大雁塔前面配备能够倒映出大雁塔宏伟身姿的宽阔水面，东西两侧配置古文物街及人行走廊，以形成围合式广场，构成较完整的空间效果。广场由北向南逐步拾阶而上，有 9 个不同高度平台的空间序列，在每一平台的水体底部绘制以佛教文化为题材的内容，表现佛教的特色；东西分为三等份，中央为主景水道，两侧分置唐诗园林区、莲花池区、禅区、禅修林树区等造景设计。南广场位于慈恩寺南侧，是一个主要以休闲娱乐和文化表演为主的文化广场。

3. 生态原则

生态学是探讨生命系统（包括人类）与环境相互作用规律的科学。生态城市是以现代生态学的科学理论为指导，以生态系统的科学调控为手段建立起来的人类聚集地。城市生态学强调城市区域内的生态平衡和生态循环。建设生态城市是通过人类活动，在城市自然生态系统基础上改造和营建结构完善、功能明确的城市生态系统。城市开放空间是城市地域内人与环境协调共处的空间，是改善城市结构和功能的空间调节器，也是城市建设体现生态思想、促使城市可持续状态的重要空间载体。应用城市生态学原理在开放空间的重要组成——城市广场的建设，主要是针对广场环境中人类的活动与自然环境中的光、温、风、水、绿的相互协调，以及与社会环境中当地的历史文化、传统风俗之间的互相尊重。

城市广场作为城市开敞空间的重要组成部分，有助于发挥其空气流动、舒缓城市节奏等作用，尤其在绿地率逐渐增多的很多现代广场中，其生态效果逐渐增强。但是仅仅绿地率的提高不能等同于其广场生态环境就好，要建设有良好生态效应的广场应充分考虑到自然和社会因素，全面创造宜人的大环境和小环境。

1）广场自然环境生态原则

不同地域、不同气候环境的广场对人们的体验有显著的差别，广场的设计就要随之应用不同的手法。分析人体室外环境舒适性的自然气候要素主要包括光照、温度、风、湿度、热辐射等。城市广场中活动的人们往往趋向于光照充足却不炙热、温度适宜不高温不寒冷、风速小而平稳忌大风、水分充足却湿度适中的环境。其中，光照与风是起到决定性作用的两个因素。

彼得·波赛尔曼在旧金山所作的一项舒适度与气候条件的研究表明，在大多数时间，户外活动的人都要有直接的阳光照射并避开风吹才感觉舒适。除了最热的暑天，在所有其他的日子里，风大或阴处的公园和广场实际上都无人光顾，而那些阳光充沛又能避风的地方则大受欢迎。伊娃·利伯曼开展了一项使用者对八个开放空间的反应的研究，发现使用者在选择地点时，最关心的问题包括能照到阳光（25%）、工作场所（19%）、美学和舒适（13%）、社会影响（11%）等。广场空间中遮挡阳光的主要是建筑物，旧金山的广场调查表明47%的城市广场空间在秋季的午间时分处于建筑的阴影中。1984年，旧金山市投票表决并通过了一项法律，禁止在公共开放空间新建"日出后一小时至日落前一小时投下大片新的阴影"的建筑物，保证公共空间环境阳光充足，促进更多的户外活动，同时为广场内植物的生长也提供良好的环境。

人们户外活动受"风"的影响是不容忽视的，过大的风速会使人不愿停留，尤其在广场的开阔空间中会夸大这种感受。数据表明：风速<1.78 m/s，行人没有明显感觉；风速为1.78～3.57 m/s，脸上感到有风吹过；风速为3.75～5.81 m/s，风吹动头发、撩起衣服、展开旗帜；风速为5.81～8.49 m/s，风扬起灰尘、干土和纸张，吹乱头发；风速为8.49～11.62 m/s，身体能够感觉到风的力度；风速为11.62～15.20 m/s，撑伞困难、头发被吹直、行人无法走稳。

由上述风速调查，在旧金山市1984年的设计中提出：主要供步行的区域内舒适的风速是4.90 m/s，公共休息区域是3.12 m/s。同时，当广场遇到高层建筑时，又会发生反折风进一步降低环境的舒适性。例如，城市盛行风的方向与街道走向一致，则会由于"狭管效应"，风速加大。

自然环境中除上述"阳光"和"风"对广场环境有很大的影响外，"温度"也起到重要作用。人们经常根据温度的差异，将北方的广场称为寒地城市广场，是指冬季漫长、气候严酷的寒温带和中温带（即最热月的平均气温在10℃以上，最冷月的平均气温在0℃以下的地区）的广场。寒地型城市人们的户外活动多为半年，有的甚至还要低于半年，所以要比温暖地区的广场要求更多的阳光和避风。瑞典的一项研究表明，在避风和有充足日照的条件下，人的舒适温度底限是11℃，而在阴影下则是20℃。

各种适宜的自然环境给广场带来了活动的条件，作为广场要素的"绿地"因自然条件中光照、温度、风、湿度等条件配合，植物的生长将更加茂盛，将净化环境、调节温度、创造良好的小气候等作用发挥得更为突出。克莱尔·库珀·马库斯在《人性场所中》定义广场是一个主要为硬质铺装的、汽车不能进入的户外公共空间，绿化区面积不能超过硬质铺装面积，否则该空间应称为公园；绿地面积成为了广场与公园区分标准，虽然此种定义模糊并具有一定的局限性，但却客观地反映了绿地在开放空间中重要的作用。广场的本质在于它的公共性、开敞性，不能用绿地面积与铺装面积的大小来决定。从现代广场的很多例子发现，绿地面积提高却并没有削弱广场的活动，反而有助于人们的停留、休息，如设计手法中"树阵广场"，既提高了绿地率、创造了适宜的环境，又满足了集会、休闲的功能。中关村广场设计中就应用了"银杏"形成广场空间。

2）广场社会环境生态原则

广场建设过程中的社会环境主要是指本地区的民俗文化、居民的人文素养和精神面貌状态等，对社会起到良好的、积极的引导作用。城市广场上举办的各种展览、民俗庆典表演等有助于本地社会环境生态的建立，如北京天安门广场的国庆摆花以每年的重大事件为主体设计的花坛，不仅吸引了大量的游客，也让市民感受欣欣向荣的新气象，增强了民族自豪感。

4. 尺度适配原则

城市广场的尺度在发展中起伏变化，西方古希腊的广场注重尊重人的尺度，广场规模较小；到了古罗马广场为了体现君权加大了广场的规模，注重构图；中世纪的广场形式自由，规模小、形式多样；文艺复兴时期、古典主义时期，专制色彩浓重，广场严格平面形式，注重透视，规模区域宏大。现代的广场形式更加丰富多彩，在城市中出现了小规模、广分布的现象，满足了更广泛的市民需求；与此同时，在我国某些地区也出现了很多以"人民广场"为题，具有强烈政治展示功能的、超大规模的、不符合人的尺度的广场，出现了大量空旷无人的广场，夏季的炎热和冬季的寒冷在这原本开放的空间被夸大。对比国内外广场的规模可以看出，西欧各国家的广场面积多在 5 hm² 以下，而我国部分广场面积要超过 10 hm²，空间感被削弱，人的活动显得无力。根据历史进程中城市广场的规模，有些学者认为广场用地一般都应在 5 hm² 以下，规模适当，尺度宜人。

从城市的角度看广场，广场的功能、形式、数量、规模等需要有一个综合的定位，其中广场的规模要与其服务的人群数量相对应。很多学者应用城市人口来确定广场规模，常用的标准为：城市广场用地的总规模按城市人口人均 0.07～0.62 m² 进行控制；单个广场的用地规模按市级 2～15 hm²、区级 1.5～10 hm² 控制。

从理论上讲，单个广场的规模和尺度应结合围合广场的建筑物尺度、形体、功能以及结合人的尺度来考虑。广场过大有排斥感、广场过小有压抑感，尺度要适中。据研究，人的视觉所能看清的最大距离为 1200 m，广场空间的控制性尺度不宜超过这一数值，否则会有空旷感，最好是小于建筑高度的两倍；最小尺度不宜小于周边建筑物的高度，避免压抑感。《城市设计学——理论框架应用纲要》一书指出，除绿化休闲广场外，城市广场最佳视点距离应小于 300 m（可理解为广场规模控制在 9 hm²），可以产生均衡感，空间感较好；绿化休闲广场可控制在 600 m 以内，广场越开阔越好。而适宜的广场规模，克里斯托弗·亚历山大认为，为使活动保持集中，广场尺度要小些。他认为一个大约 14 m×18 m 的广场可以使公众生活的正常节奏保持稳定。

从广场内部空间的设计来看，可以有主空间、亚空间的分类。日本芦原义信提出外部空间设计中采用 20～25 m 的模数，他认为："关于外部空间，实际走走看就清楚，每 20～25 m，或是节奏重复，或是材质的变化，或是地面高差有变化，那么即使在大空间也会打破其单调……"很多调查也表明 20 m 左右是一个舒适的人性尺度。规模超大不符合需求的广场，通过小尺度的改造也会获得宜人的效果。

5. 人本原则

城市文明的发展使得人们越来越尊重环境、生命等客观事物，以及尊重他人和自我尊重。"以人为本"的设计原则是人类探索生命价值的集中表现。以人为主体感受一个聚居地是否适宜，主要是指公共空间和当时的城市机理是否与其居民的行为习惯相符，即是否与市民在行为空间和行为轨迹中的活动和形式相符，即应用行为心理学为依据，进行广场设计实践。

根据著名心理学家亚伯拉罕·马斯洛关于人的需求层次的解释，可以把人在广场上的行为归纳为四个层次的需求。

1）生理需求

即最基本的需求，要求广场舒适、方便。人在空间中向往自然的需求是无法改变的，城市中密集的人口，使得人们的心理渴望更多的蓝天、绿树，甚至自然界中的各种动物，所以现代广场设计已不再固守传统的完全大量的硬质空间，而出现了大量的"公园式广场"。另外，广场中设置舒适、多样、大量的座椅是非常重要的，研究表明，一个广场的利用率与广场座椅的数量多少成正比。

2）安全需求

要求广场能为自身的"个体领域"提供防卫的心理保证，防止外界对身体、精神等的潜在威胁，使人的行为不受周围的影响而保证个人行动的自由，这也是人们在选择坐椅时常会选择后背有所依靠的座位。其心理的安全需求主要表现为"个人空间"、"领域性"、"私密性"。

3）交往需求

交往需求是人作为社会中一员的基本需求，也是社会生活的组成部分。每个人都有与他人交往的愿望，如在困难时希望能在与人交往中得到帮助，在孤独、悲痛时希望能在与人交往中得到安慰与分担，在快乐时希望能在交往中与人分享。每个人的选择都有可能不同，不能想当然，一定要认真地调查研究；公共空间需要多种设施，从而满足不同的需求；人们的社会属性决定了交往需求的必要性。

4）实现自我价值的需求

人们在公共场合中，总希望能引人注目，引起他人的重视与尊重，甚至产生想表现自己的即时创造欲望，这是人的一种高级精神要求。

城市广场中存在"人看人"和"边界效应"现象。所谓"人看人"是指广场中流动的人群成为一种景观，纳入休闲者的广场活动内容；"边界效应"则是由心理学家德克·德·琼治提出来的，他指出森林、海滩、树丛、林中空地等的边缘都是人们喜爱逗留的区域，开敞的旷野或滩涂则无人光顾，边界线越是曲折变化多，作用就越是明显。

6. 多样性原则

现代广场的发展趋向于多元化，展现出一种全方位的多样性。在设计中经常会涉及的有空间层次、植物造景、审美标准三方面的多样性。

广场分类中，从剖面的形式将其分为平面型和立体型（上升型和下沉型）广场，从而将规模较大的广场进行分割，创建宜人的尺度和多层次的景观。北京西单文化广场的三层广场空间、重庆人民广场下沉剧场、上海静安寺希腊式露天剧场等都应用了立体式设计。

广场立体空间的多样性也促进了植物造景的多样化。早期广场设计中多是不应用植物元素的，以集聚为中心功能的广场硬质空间占据了所有的空间。随着人们对生态环境的重视、对自然的需求本性、对景观丰富度的要求提升等，植物在广场中的应用日趋广泛。从植物类型上，设计应用包括草坪、花境、灌木丛、疏林草地、密林等；从配置形式上，设计有散点式、行列式、密集式等。丰富的植物创造了广场中多样的小空间，能充分地满足人们休闲的需求。

另外，广场的多元化还表现在人们审美标准的多样性和多变性。北京大学叶朗先生在现代美学体系中，将审美形态分为崇高、优美、荒诞、悲剧、滑稽等几个类型。所谓"崇高"，美学家康德对"崇高"进行了深入的研究，认为崇高对象的特征是无形式，即对象形式无规律、无限制，具体表现为体积和数量无限大（数量的崇高），以及力量的无比强大（力的崇高）。在广场的表达中可以看出，市政广场多为这一类型，如天安门广场、罗马圣彼得广场。所谓"优美"，古希腊的毕达哥拉斯学派认为图形中最美的是球形和圆形，中世纪意大利的托马斯·阿奎则认为优美的形象需要具有完整、和谐、鲜明三要素，法国作家雨果说美是一种和谐完整的形式，中国的姚鼐将美分为阳刚之美和阴柔之美两种风格；综合各国文化对优美的共同理解，发现完整与和谐是优美的基本表现。威尼斯圣马可广场以其悠远的海上意境、变幻的复合空间、精美的广场建筑群和标志性钟塔，被后人誉为欧洲中世纪最美的城市客厅。所谓"荒诞"，现代城市广场中也有一些广场为了刺激视觉、引起注意或有特殊的纪念意义，而建成的怪异的、离奇的空间。

7. 文化原则

世界各国经过几千年历史的发展与变革，都形成了有异于别国的文化，甚至在同一国家也会在不同地域有不同的风俗传统。城市广场的建设是立足于本地文化、体现地区特色、服务于本地居民的空间，广场的设计就应易于市民接受，并可以引起共鸣、为此自豪或感到舒适、有归属感。

南阳卧龙文化广场是国家一级文物保护单位，广场设计采用"三国地图"，"南阳"位于核心，设立一华表立柱，其上摹刻《前出师表》；还利用河流"黄河"和"长江"做成"曲水流觞"和"入海口"处的音乐喷泉；南阳西峡恐龙蛋昭示"龙的故乡"、"诸葛亮为卧龙"——取"卧虎藏龙"之意等，充分体现本地深厚的文化底蕴。此外，西安的大雁塔广场采用了唐文化；广东新会市冈州广场营造的是侨乡建筑文化。

8. 特色性原则

城市广场的地方特色既包括自然特色也包括社会特色。

自然特色是指不同的自然环境形成设计的基底，如寒地广场的"冰雪"特色、滨水城市的"水"特色或各地区的"地方性植物"特色等，都将塑造城市广场独特的景观，如济南泉城广场以齐鲁文化为背景，体现的是"山、泉、湖、河"的泉城特色。

社会特色主要是指地方社会特色，即人文特性和历史特性，具体设计应用时可包括地域性特色和时代性特色。法国卢浮宫广场鲜明的历史与现代对比协调特色，令人震惊。它位于 $2.57\ hm^2$ 的拿破仑庭院中，长 227 m、宽 113 m。卢浮宫的建设先后经历近六百年，跨越了中世纪到近现代的漫长路程，成为由不同建筑风格组成的艺术精品。1983 年法国总统密特朗委派贝聿铭进行卢浮宫的改扩建设计，他在广场中间设计了金字塔形、透明玻璃的构筑物，实体上形成了与传统建筑的极大反差；但从精神角度来看，既尊重了历史文化，又充分表达了新建筑的时代特征。从与城市融合的角度设计，卢浮宫广场向西自然融合了一个 U 形的广场，沿轴线有节奏地出现玻璃金字塔、交通转盘、小凯旋门，形成了城市的轴线。

第二节　公园中广场布局

公园中广场主要功能为游人集散、活动、演出、休息等使用，其形式有自然式、规则式两种。由于功能的不同又可分为集散广场、休息广场、生产广场。

1. 集散广场

以集中、分散人流为主。可分布在出入口前、后，大型建筑前，主干道交叉口处。

2. 休息广场

以供游人休息为主，多布局在公园的僻静之处。与道路结合，方便游人到达。与地形结合，如在山间、林间、临水，借以形成幽静的环境。与休息设施结合，如廊、架、花台、坐凳、铺装地面、草坪、树丛等，以利游人坐息赏景，如图 7-5 所示。

3. 生产广场

为园务的晒场、堆场等。公园中广场排水的坡度应大于 1%。在树池四周的广场应采用透气性铺装，范围为树冠投影区。

一、城市广场空间设计

城市广场空间设计是其总体设计的核心内容。功能主义认为城市广场的存在是为了满足城市生活需要而形成的具有展示功能、集散功能、交通功能、休闲功能的空间。从美学角度看，城市广场作为"城市的客厅"一定要有相当的审美标准；从生态学角度看，城市广场肩负着开放空间促进空气流通、增加绿色生态等任务；从人类行为角度看，要满足城市居民的多种行为需求、各类空间需求等。多重需求使得城市广场的品质较难定论，通过很多学者对人类活动和一系列的广场研究，提出共同的空间标准：良好的空间围合性和方向性能够让人获得良好的感受。

1. 广场的规模

在尺度适配原则中已详尽地描述了广场规模尺度的标准，可以总结如下：

（1）城市广场用地的总规模按城市人口人均 $0.07 \sim 0.62 \ m^2$ 进行控制；单个广场的用地规模按市级 $2 \sim 15 \ hm^2$、区级 $1.5 \sim 10 \ hm^2$ 控制。

（2）广场最大距离 1200 m。

（3）最佳视点距离应小于 300 m，休闲广场规模控制在 $9 \ hm^2$。

（4）最小尺度不宜小于周边建筑物的高度，避免压抑感。

（5）居住区周边广场宜为 14 m×18 m，可以使公众生活的正常节奏保持稳定。

（6）广场内部空间 20 m 左右要有所变化，保证空间丰富、多样、有趣等。

2. 广场的空间形态

城市广场从空间形态上根据基面（广场底面）的变化，分为平面广场、立体广场；立体广场常有上升广场、下沉广场两种表达，从而获得不同的空间感受。平面广场舒展、开阔，有扩大空间的效果；上升广场空间高、视野开阔，利于形成纪念空间；下沉广场空间围合性好，利于形成独立、安逸、休闲的场所。

广场的平面形式有规则、不规则两种。正方形、矩形、圆形、椭圆形、梯形、三角形广场都属于规则型广场。不规则的形式则多种多样，常因周边建筑、道路等要素确定遗留下的不规则空间。

规则型广场空间比较容易形成稳定的构图、明确的平面归属感，人们容易了解掌控，如苏州工业园区世纪广场由规则的方形和椭圆图形组成，但此类型广场会让人觉得单调乏味。

不规则型广场空间灵活性较大，可由多种图形共同组成广场群，常给人以不同的感受，比较容易引起人们的兴趣，如北海市北部湾广场。但过于夸张的形式变化也会引起人们焦躁不安的情绪。

无论是规则型还是不规则型，在现代城市广场中出现了"直线"与"曲线"形态的表达。研究表明由直线构成的规则型广场缺乏亲人的感受；曲线的变化更容易令以休闲为主的人群接受，给人一种自由随意、轻松愉快的感受。

从广场的立面形式上来看，组合则是多种多样的空间，多数的立体广场既包括上升广场，又包括下沉广场。在表面平面广场的基础上，还可以附加中心下沉广场、周边下沉广场、中心上升广场、周边上升广场和复合型立体广场。例如，北京西单文化广场则属于复合型立体广场，包括中心下沉广场、平面广场、周边上升广场三大部分。

3. 广场的空间围合与开口

良好的空间围合可提高空间的品质，在广场空间的营造中利用道路、建筑和植物等都能够构成围合空间。与广场空间的围合相对应的是开口，广场的开口越少则围合性越好，反之则会缺少良好的围合。

1）广场与道路

传统的城市广场是以建筑围合为主，少有道路直接包围、穿过广场。即使有道路通过，也常以骑楼式建筑保护空间的完整性。现代广场则由于现代交通的需要，广场被道路分割、围合，甚至出现了专门的交通广场。

当道路围合广场（道路指向广场），广场的围合会大于或等于开口，空间基本稳定，此种情况广场一定要注意设计上层和下层交通，即要设计天桥和地下通道，保证人流交通顺畅、舒适。当道路穿越广场，广场的围合小于开口，空间不稳定，此时广场只能做交通广场或暂时的停留空间，此时更应该注意交通组织，保证人流安全，不适合作为人流聚集场所。当广场位于道路一侧，此时广场空间最为稳定，与建筑的关系更为密切，围合性较好，人们进行聚会、休闲等活动能获得舒适无干扰的空间。

2）广场与建筑

广场的空间构成最主要的要素就是建筑。建筑所在的位置、建筑的高度、建筑到广场中心的距离等都要仔细考虑，才能够获得围合性和方向性好、空间品质优秀的广场。

建筑所在的位置可以成为广场的主体，控制广场；可以形成广场主体雕塑的背景，强化主题；可以居中帮助空间创建方向性；可以围合形成空间基底；可以介入成为主体，分割空间；可以纵深强化轴线，引人探究；可以在建筑前加长廊退隐，形成实空间、虚空间、灰空间明确的三层空间；建筑创造的空间形式丰富多样、特色各异。

建筑的高度和观赏的距离还可以用观赏角度来表达，研究表明：建筑的高度与广场的空间关系密切，当建筑实体的高度（H）：观赏距离（D）在 1：2～1：3 时，视点的垂直角度为 18°～2°是最好的观赏实体角度，高于或低于这个范围，人们的感受就变得复杂多样了，见表 7-1。

表 7-1　广场空间尺度表

$H:D$	垂直视角	视觉实体	广场空间	建筑观赏	人的感受
<1:1	<45°	清晰的细节观赏	空间封闭	无法观看建筑全貌	有压抑的感觉
1:1	45°	看清实体细部	全封闭广场最小宽度	观看建筑单体的极限角	有内聚、安定、不压抑的感受
1:2	27°	看清实体整体	空间界线封闭，广场宽度最大	完整地观赏周围建筑	有内聚、向心感，无排斥、离散感
1:3	18°	看清实体的整体和背景	最小的封闭空间	观看群体全貌的基本视角	有空间排斥、离散的感觉
1:4	14°	实体的整体和背景等分景观	无封闭感，空间开放	观看建筑轮廓	有空间排斥、离散、空旷的感觉
1:6	9°	背景天空为主要景观	空间非常开放	观看建筑轮廓，建筑渺小	有明显的空间排斥、离散、空旷感，有无法穿越、疲劳之感

3）广场与绿化

城市广场的设计中，植物也是塑造空间的重要因素。现代城市广场边界由于道路带来的干扰，完全可以用植物来缓解、阻挡。

从宏观角度来研究，绿化植物所形成的空间可以分为两种：其一，植物周边围合，形成基本完整的广场空间；其二，植物局部围合，形成良好的亲人空间。

从微观的角度来看，所指的具有围合作用的植物多是应用了乔木、灌木，很少用单纯的草坪或花坛。不同植物的组合则可以达到更好的效果，乔木草坪形成的疏林草地围合，既可以消除交通噪声，又有良好的通透性；乔灌草组合，则可以完全隔断与外界的联系，空间安静、私密。例如，苏州金鸡湖广场中用灌木围合小尺度空间，利于人们不同的休闲需求，既可以观赏周围景观，又可以不受干扰。

4. 广场的空间方向性

广场空间如果缺乏围合性，就应该增强其方向性，使广场空间有归属感。广场的方向性主要是指广场所具有的向心性和轴向性。具体的设计手法有两种：其一，应用正方形、圆形、椭圆形、三角形等具有明显向心性的广场平面形式，或者应用矩形、梯形等具有轴向性的广场平面形式；其二，应用具有意义的标志物，即应用建筑、雕塑小品、铺装、水体等要素以体量、色彩、造型等形成空间的三维中心，从而主导方向。在复合型广场中，每个亚空间都有可能有自己的三维中心。

标志物所形成的三维中心位置是多样的，主要可以分为如下几种。

1）中心标志物

位于广场的中心，可应用建筑、雕塑小品、水体等要素，也可将各要素组合成一体，有庄严、肃穆之感，如以商业楼为中心的榕城广场。

2）中轴标志物

位于广场轴线上，素组合形成序列，引导轴线，强化中轴。

3）偏心标志物

偏离广场中心，可应用建筑、雕塑小品、水体、灯、标示牌等要素，形式活泼多样。例如，剑桥屋顶广场上白色建筑小品的设计，使空间形成轻松舒适的休闲环境。

4）底面标志物

在广场平面上应用各种铺装图案强化向心性，或应用标志图案强调主题。例如，日本筑波科学城中心广场应用椭圆图形配合下沉广场形成广场的三维中心，江阴市政广场在大厦前广场用雕塑与水体的结合形成亚空间中心。

二、广场绿地规划设计

城市广场发展从早期开阔的空地，到包括建筑物、道路、山水、绿地等要素组成的开阔的公共活动空间，其内涵在不断地丰富。其中，绿地要素是在城市生态环境的逐渐恶化过程中被城市建设者作为解救城市环境的关键而备受重视的。城市广场中绿地所占比例增加的趋势明显，形成了很多公园式广场（绿地率占广场面积的 50% 以上），使得广场绿地规划设计和公园绿地规划设计的相通之处越来越多，然而由于其特定的功能和服务项目，广场绿地规划设计还有着自身的设计要求。

1. 城市广场绿地设计原则

城市广场绿地设计需要明确绿地在广场中所发挥的重要作用。首先，绿地发挥着生活必需品的作用，它是工作在广场周围混凝土空间中人们的自然、氧气补给室。其次，绿地是帮助划分广场空间、满足人行为需求的生态分隔材料。最后，绿地所贡献的氧气、湿度、温度等生态元素，帮助改善着周围的环境。其中，前两者在广场绿地中起核心作用，后者则起辅助作用，它在公园绿地设计中的作用则更为显著些。设计原则要以充分发挥绿地的作用为目标，在城市广场设计的总原则基础上总结如下。

1）和谐统一原则

广场绿地布局应与城市广场总体布局统一，成为广场的有机组成。

2）优势配合原则

绿地的功能与广场内各功能区相配合，加强该区功能的发挥。例如，在设计有微地形的场地上种植不同的植物类型，高度空间感受不同，阴坡、阳坡适合不同的植物生长，可增加植物的多样性；在休闲活动区，尤其是在设置有坐椅等休息设施的地方，选用以落叶乔木为主，冬季的阳光、夏季的遮阳有助于户外活动的开展。

3）多元空间原则

不同的绿地组合形式可以帮助组成不同的空间，较典型的是：广场周围种植乔灌草复合结构，可以帮助更好地隔离广场周围的喧嚣，创造安静、围合的空间；周围种植疏林草地则可以部分地阻挡噪声，在乔木树干部空间虚隔周围环境等。

4）突出特色原则

在城市绿地中植物的选择应多为乡土树种，提炼出抗性和耐性强、树姿优美、色彩艳丽的树种，应用于城市建设中。广场绿地树种的选择也应有此原则，但广场多位于城市的中心区或区中心等焦点地区，要求有更强的展示性，除了乡土树种的应用外，还要注意多种姿态优美的园林树种的配合应用。

5）生态发挥原则

城市广场是城市公共空间的重要组成，除了作为"城市的客厅"外，还承担着帮助空气流通、创造良好小气候的功能。在规划设计中应避免推倒原生植物而修建过多的大草坪，除了养护复杂、费用高以外，大草坪的生态效应亦低于乔灌草的组合搭配。

6）保护优先原则

对于广场原址上的树木尽量保留，尤其是大树、古树，它们将成为广场空间的重要组成，表达着对自然、人文、历史的尊重。

2. 城市广场绿地种植设计形式

城市广场绿地的植物搭配多种多样，种植形式通常可以概括为规则式和自然式。

规则式主要是指将植物整行、整列或按照几何图形均匀种植在土地或是花坛、花盆中，可以是同一树种，也可以应用多种植物进行种植，如广场中常用的树阵广场植物配置。

自然式主要包括两种种植情况，其一是将植物按照自然生态形式模拟自然种植；其二是以景观美学为标准，进行树木造景的配置。

通常在广场的绿地规划设计中，将规则式和自然式的设计形式配合应用，常用的设计手法如下。

（1）以自然式的种植包围广场，以规则式的种植配合广场中心、道路边缘等。

（2）以规则式的植物种植配合草坪包围广场，以自然式种植加以点缀。

（3）单独应用规则式或自然式植物种植。

3. 城市广场树种选择原则

城市广场中绿色植物的生命力给广场增添了无限生机，也成为广场设计、养护中重要的环节，植物的生长要注意场所的土壤、光照、温度、空气等自然条件，植物的选择与环境的配合非常重要。

广场环境中，土壤常因被碾压造成了结构破坏或者土壤中掺杂了很多的建筑垃圾；空气中掺杂了烟尘、汽车尾气等有害气体，其中包括二氧化硫、一氧化碳、氟化氢、氯气、氮气、氧化物、光化学气体、烟尘、粉尘等，植物要有较强抗性和较好的吸附能力；光照条件在高大建筑的围合下不利于植物的生长等。考虑到诸多不利条件，要应用生长健壮、无病虫害并抗病害、无机械损伤、冠幅大、枝叶密、耐旱、耐瘠薄、耐修剪、具有深根性、少落果和飞毛、发芽早、落叶晚、寿命长的植物；同时设计时还应注意避免一些有害的植物，避免出现为了设计美观而导致外来种入侵现象，或对人的游憩产生不利影响的植物。

问题与思考

1. 广场布局需要考虑的问题有哪些？
2. 如何进行城市广场设计？
3. 城市广场设计基本原则有哪些？
4. 对于目前国内出现的越来越多的"广场热"现象，谈谈自己的看法。

第八章　园林建筑及小品设计

园林建筑的种类很多，如堂与厅、楼与阁、轩与馆等。涉及的内容也很多，有古建筑学的、民俗学的、社会学的、美学的等，由于本书篇幅的限制，这里不一一详述，重点将建筑小品设计加以述说。

第一节　园　　亭

亭是我国传统的园林建筑之一，也是我国古典园林建筑中的一朵奇葩。亭的历史悠久，造型独特，是极具魅力的一种园林建筑，历来被广泛地使用在多种园林绿地中。不论在自然风景区或城市园林绿地，还是在古典或新建公园中，都可看到各种各样的亭子悠然伫立，为自然山川增色，为园林添彩，起到其他园林建筑无法替代的作用。

一、亭的特点

1. 功能

在功能上适于满足园林游赏的要求，可点缀园林景色，可作为游人休息凭眺之所，可防日晒，避雨淋，消暑纳凉，畅览园林景色，成为园林中休息览胜的好地方。

2. 造型

亭的形态丰富多彩，轻巧活泼，集中地反映了我国古典建筑的优美独特的造型，亭的造型丰富，在园林中更增加了园林景致的诗情画意，丰富了园林景物的内涵，因此，亭成为了园林中风景构图的重要内容。

3. 体量与比例

1）亭的体量

亭的体量随意，大小自立，亭在园林中既可作园林主景，也可构成园林局部小品。例如，北京景山公园五亭（辑芳亭、富览亭、万春亭、周赏亭、观妙亭）气势雄伟，构成该园主景；又如，北京颐和园的廓如亭，为八角形平面，三排柱的重檐亭，面积约 $250 \ m^2$，高约 $20 \ m$，其体量之大是国内罕见的，而苏州怡园的螺亭，面积仅为 $2.5 \ m^2$，高约 $3.5 \ m$，设在小假山之巅，其体量虽小，却与所处的环境十分协调，成为园林局部的构图中心。但在一般设计中亭的体量无论平面还是立面都不宜过大过高（当然，有特殊景观处理目的除外，如颐和园廓如亭体量庞大），一般直径为 $3\sim5 \ m$。

如果亭子的面阔（开间）为 L，各部分尺寸如下。

柱高：$H=0.8L\sim0.9L$　　　柱径：$D=（7/100）L$　　　台基高：柱高=1/100～2.5/100

2）亭的比例

在设计亭的时候要注意亭的比例关系。

一般攒尖顶的亭顶：柱子=1：1，且一般来讲，南方的亭子一般顶高略大于柱，北方亭顶高略小于柱。

在亭子的设计中，比例考量方面，还应注意柱高与开间的比例关系，不同的亭略有差异。一般而言，亭子角越多，结构越复杂。由于考虑到采光等因素，一般角数越多的亭子，柱高相对会比角数少的亭子较高。

四角亭中柱高与开间：0.8：1；

六角亭中柱高与开间：1.5：1；

八角亭中柱高与开间：1.6：1。

4. 布局

亭在园林布局中，其位置的选择极其灵活，不受格局所限，可独立设置，也可依附于其他建筑物而组成群体，更可结合山石、水体、大树等，得其天然之趣，充分利用各种奇特的地形基址创造出优美的园林意境，正是"花间隐榭，水际安亭"，"惟树只隐花间，亭胡构水际通泉竹里，按景山颠，或翠筠茂密之阿，苍松蟠郁之麓；或借濠濮之……安亭有式，基立无凭"（《园冶》）。

亭不仅适于城市园林，即使在自然界的高山大川，也能极尽其妙。例如，庐山的含鄱亭，岳麓山的爱晚亭，云南石林的望峰亭，都达到画龙点睛之妙。

5. 装饰

亭在装饰上繁简皆宜，可精雕细琢，构成花团锦簇之亭，也可不施任何装饰构成简洁质朴之亭，如北京中山公园的松柏交翠亭，斗拱彩画全身装饰，可谓富丽堂皇；而成都杜甫草堂中的茅草亭，不施装饰，朴素大方，别具一格。近年来，新建的钢筋混凝土亭，外形仿自然树皮、竹皮等，更具有淡雅之调，故亭在装饰风格上，可谓"淡妆浓抹总相宜"。

6. 结构材料

亭的结构繁简不一，但一般而言是比较简单的。即使传统的木结构亭，施工上较繁杂些，但其各部构件仍可按形预制而成，使亭的结构及施工均较为简便，造型经济。尤其是亭的建造，适于采用各种地方材料，材料有木材、竹材、石材、钢材以及玻璃钢等。

二、亭的类型与造型

1. 亭的类型

大体可分为以下几类。

1）单体式

（1）正多边形亭如三角亭、四角亭、五角亭……（图 8-1）

（2）矩形亭 即长方形凉亭（图 8-2）。

（3）造型亭（仿生造型亭） 如圆形亭、扇形亭、十字形亭、梅花形亭、睡莲形亭、蘑菇亭、伞亭、荷叶亭等（图 8-3）。

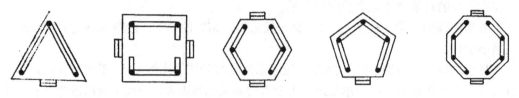

图 8-1　正多边形亭示意图

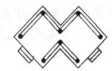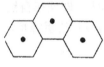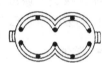

图 8-2　矩形亭示意图　　　　　　　　　　　图 8-3　造型亭示意图

2）组合式

双三角亭、双方形亭、双圆形亭等，各种形体的亭的组合（图 8-4）。

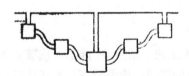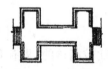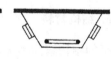

图 8-4　组合式亭示意图

3）复合式多功能亭

与墙、廊、屋、石壁、桥等相结合，如半亭、角亭、亭廊、桥亭等（图 8-5）。

图 8-5　复合式多功能亭示意图

2. 亭的立面形式类型

（1）按照亭的层数，可分为单层、二层、三层（多层）及以上亭（图 8-6）。

（2）按亭的檐数分类，可分为单檐、重檐、三重檐等亭子。

3. 按亭的屋顶形式分类

亭子作为园林中灵活多样的园林建筑，无论是传统造型的亭子还是现代造型的亭子，其屋顶形式也是多种多样的。

图 8-6　按照亭的层数分类

（1）亭的传统屋顶形式：攒尖式、歇山式、卷棚顶、盔顶、庑殿顶、曲尺顶、盝顶、组合式等（图 8-7）。

图 8-7　传统屋顶形式的亭

（2）亭的现代顶形式：常见有单支柱顶、平顶、折板顶、壳体顶、膜结构顶等类型（图 8-8）。

图 8-8　现代亭顶形式的亭

三、亭的选址

1. 山地建亭

这种亭子设计视野开阔，适于远眺。山上设亭能够突破山形的天际线，丰富山形轮廓，同时为登山游玩者提供必要的休息之所。

山的不同高度，亦可建亭来丰富景观和提供分阶段的休憩场所，如山顶亭、半山亭等。

2. 临水建亭

水面开阔舒展，明朗流动，同时人们有喜水的天性，故临水建亭是景观中恰当之选。在设计时，应考虑临水的水域面积大小和是否可以与水景互动或只是欣赏而已。

3. 平地建亭

平地建亭的意义较少，更多是为了提供人们休息、纳凉等一般活动之用。可分为道路中间建亭、小广场中建亭、特殊地貌建亭等。

四、亭的构造

亭子，体量小而集中。亭的平面形状和屋顶形式决定了亭子的造型。亭的构造与变化多样，自由灵活，绚丽多彩。现以攒尖顶亭为例介绍亭的一般构造。

亭子的立面构成分为屋顶、柱身、台基三个部分。台基，随境而异；柱身，一般空灵；屋顶，形式丰富，结构独特，而特种屋面曲线及其起翘手法——发戗，更是中华民族魂的建筑语言符号的象征模式，是亭子外形表达上较为复杂的部分。如图 8-9 所示的攒尖顶亭，由于屋顶无正脊，只由无数条垂脊交合于顶部，再覆以宝顶，其屋面曲线复杂，由纵向曲线与横向曲线结合，构成一双曲屋面。

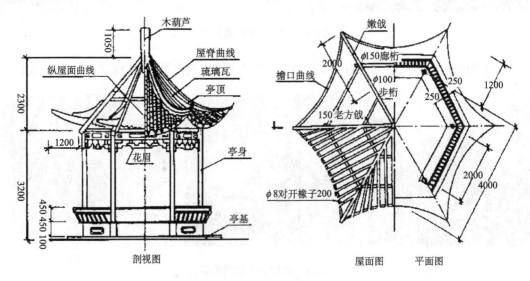

图 8-9　亭的基本构造

亭子的屋面曲线，由于力学与功能上的需要，由凹曲的屋面、向上耸起的出檐发戗和屋脊有机配合而成，且角柱以外的屋顶面积比角柱以内的面积几乎大三倍，为此在屋角外设置专用的角梁来悬挑。并在角梁之上的两个屋面相交处形成的阳角缝隙上筑脊，脊的曲线必与屋面交角的曲线形状吻合。如图8-10所示，为传统屋顶坡度设计参考曲线。

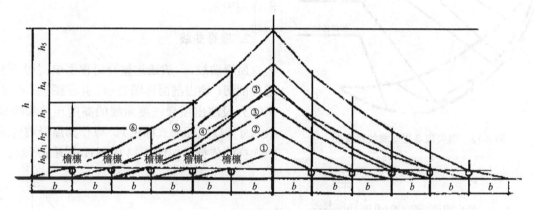

图 8-10　传统屋面坡度设计参考曲线

亭子的屋面构造，除桁椽等外一般铺瓦作脊。多用小青瓦，也有用筒瓦及琉璃瓦，并在瓦底下檐口处置下垂的尖圆形滴水瓦，使亭子的檐口部位形成了细致的花边，如图8-11（a）所示。现在，亭的屋面也有利用钢筋混凝土现浇或预制结构做成几块薄壳组成，再用水泥做成瓦垄，并将各种局部构件按传统形象作简化处理，如图8-11（b）所示。

亭的屋面坡度主要由屋面曲线决定，并与屋面所选用的覆盖材料有关。如图 8-11（a）所示，由于小青瓦做屋面使用的单块材料面积小，孔隙和搭接缝多，故坡度要大些。而图8-11（b），由于是采用现浇钢筋混凝土，其抗渗性较好，因此坡度可小些。

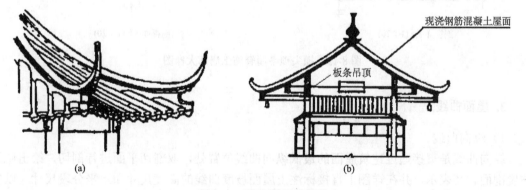

图 8-11　攒尖顶亭的屋面

屋顶曲线包括有：檐口曲线、屋脊曲线和屋面曲线，如图8-12所示，为攒尖顶亭屋顶曲线示意图。现将具体表示方法简述于下。

1. 檐口曲线

檐口曲线是由于檐柱逐渐升起和屋角起翘形成的。檐口曲线的立面形状直接取决于屋脊

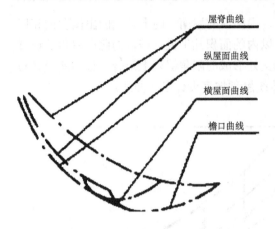

图 8-12　攒尖顶亭屋面曲线示意图

曲线和屋面曲线，而该曲线的平面投影形状，则只需在实际放样时，以建筑角部檐口和屋面最低纵向曲线位置处檐口的尺寸为极限，适当调整就可得到。故对檐口曲线一般不需单独绘出详图表示。

2. 屋脊曲线

屋脊曲线，一般通过屋脊对称面取剖切平面进行剖切、绘出剖面详图表示。并在图上水平距离等分段注出屋脊坡度曲线的高度尺寸和等分段尺寸（以坐标形式标注），以作为屋脊坡度放线大样的依据，如图 8-13 中剖视详图 a 所示。

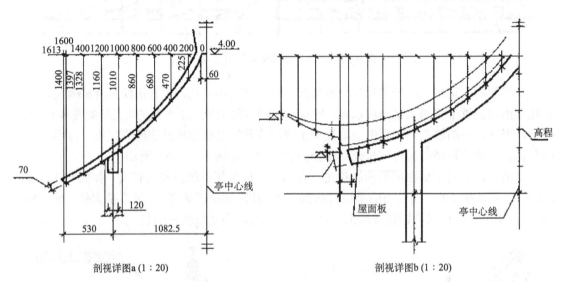

剖视详图a (1∶20)　　　　　剖视详图b (1∶20)

图 8-13　攒尖顶亭屋脊施工局部大样图

3. 屋面曲线

1）纵向曲线

纵向曲线是直接通过建筑屋面的最低纵向曲线位置处，取剖切平面进行剖切，绘出屋面坡度剖面详图表示，并在详图上直接标注出屋面坡度曲线的高度尺寸和水平分段尺寸（以坐标形式标注），以作为屋面纵向坡度放线大样的重要依据之一。具体如图 8-13 中剖视详图 b 所示。

2）横向曲线

横向曲线一般可用支承屋面板（或橼子）的桁条的高度曲线来表示，如图 8-14 中的详图 5-桁条详图所示。在该详图中，通过"7-7"剖视图表示出桁条高度曲线的最高、最低极限位置高度尺寸（图中分别表示出了桁条的前后两面的曲线最高、最低极限位置尺寸。因为桁条

的曲面是由横向曲线和纵向曲线结合组成的曲面）。然后在立面图中，用文字说明该桁条的
高度曲线的高度变化按实际放样适当调整，以此来说明和制约该曲线的形成。若屋面不是由
屋面板，而是由椽子直接承受屋面载荷，则最好将桁条上搁椽子的每一位置的中线处都标注
出高度尺寸及中线间的间距尺寸（即以坐标形式标注），以便直接作为放样的依据。

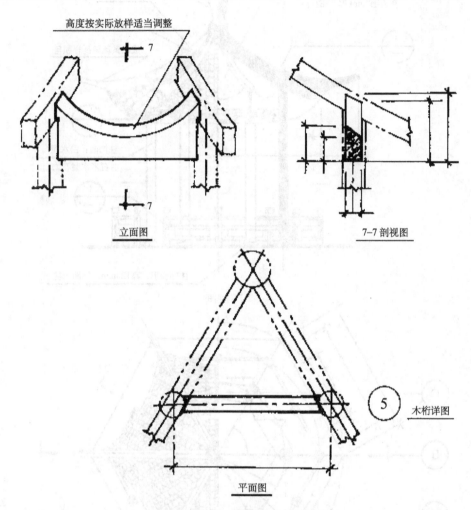

图 8-14　攒尖顶亭屋面施工局部大样图

　　上述关于屋顶曲线的表示方法，是说明如攒尖顶亭子或类似的凹曲面的建筑屋顶与其他
建筑物的表示方法不大相同。除上述外，还要注意到亭子结构和构造上的对称，对选择各种
投影图的影响，以及其他细部结构（图 8-15）。如图 8-14 中 7-7 剖视图所示的屋面斜梁断面、
挂落、栏杆、坐椅等应该画出详图清晰表示。

　　而屋面曲线的起翘方法——发戗的构造也有多种形式，如图 8-16 所示，为水戗发戗（也
称为嫩戗发戗）的构造：它由老戗，有时外加斜坐于戗端的小嫩戗插接而成，夹角较大（160°
左右），并在屋面戗脊端部上筑小脊，该脊利用铁板和筒瓦泥灰等做成假脊状，其势随戗脊
的曲度而变化，戗端逐渐起翘上弯，形如弯弓状，曲线优美，但屋檐平直。其构造如图 8-17
所示，下为戗座，上为滚筒，做两路出线，再盖筒瓦粉刷而成。

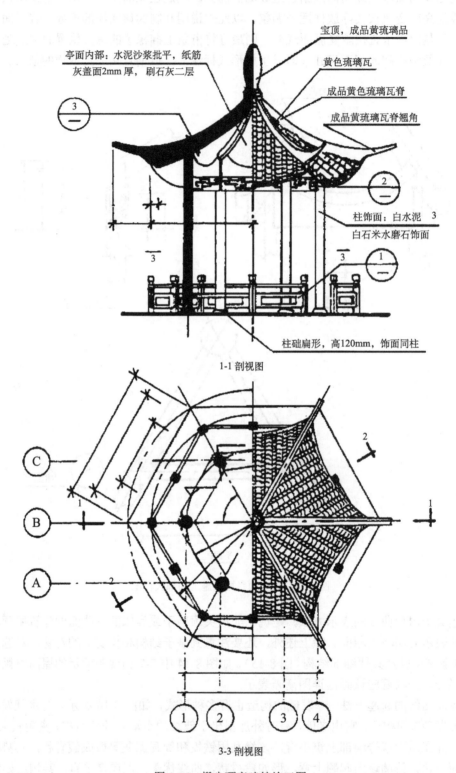

1-1 剖视图

3-3 剖视图

图 8-15　攒尖顶亭建筑施工图

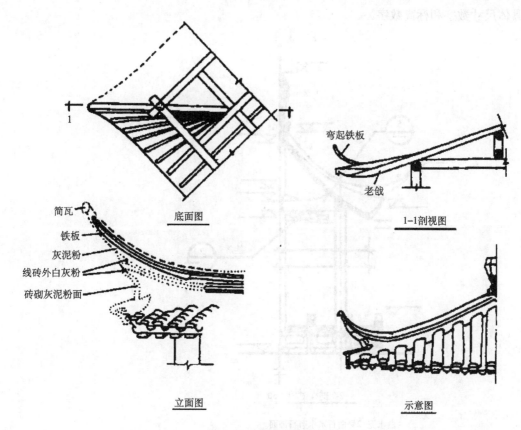

底面图

1-1剖视图

弯起铁板

老戗

简瓦
铁板
灰泥粉
线砖外白灰粉
砖砌灰泥粉面

立面图

示意图

图 8-16　水戗发戗构造

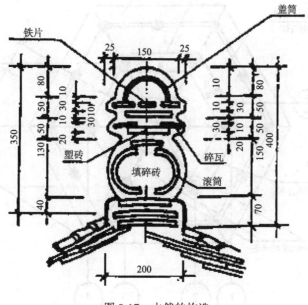

盖筒

铁片

塑砖

碎瓦

填碎砖

滚筒

图 8-17　水戗的构造

　　图 8-13～图 8-20 所示本书所引用庭园设计总平面图中的六角尖顶亭子的图样（图中未注出具体尺寸数字和标高数字）。

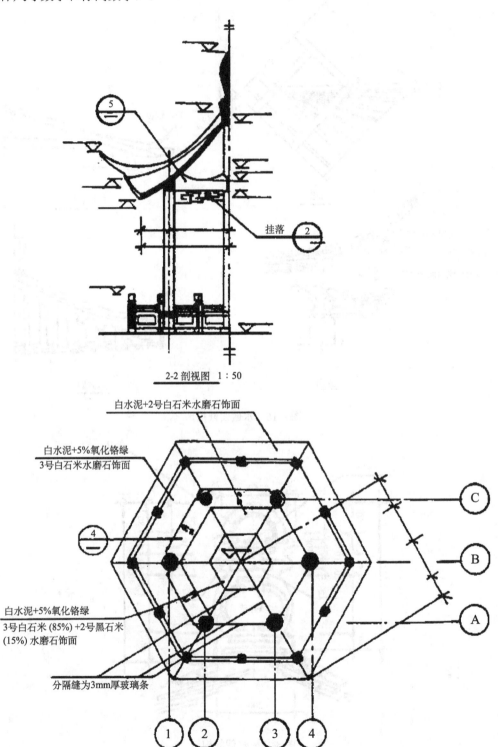

2-2 剖视图　1∶50

图 8-18　攒尖顶亭建筑施工图（一）

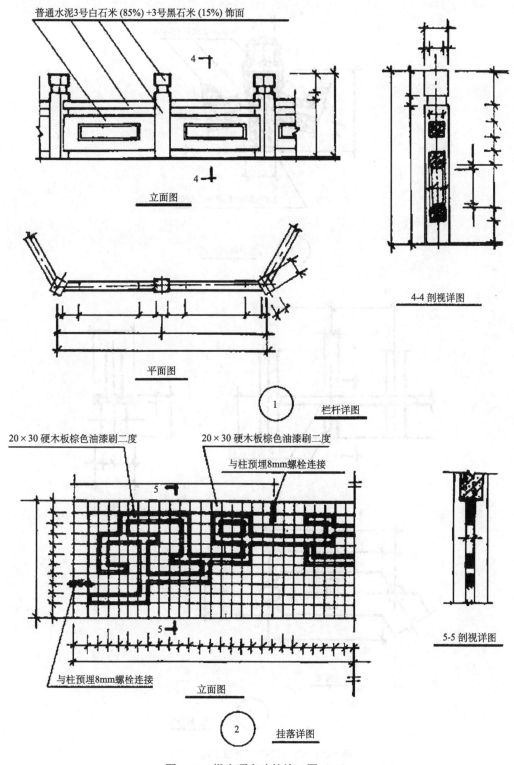

图 8-19 攒尖顶亭建筑施工图（二）

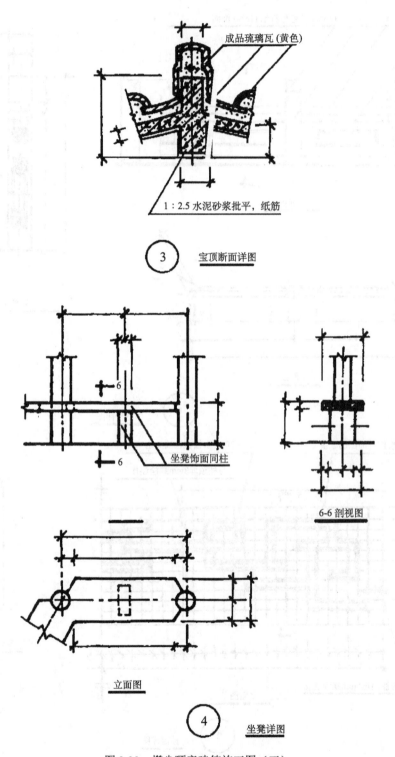

成品琉璃瓦(黄色)

1∶2.5 水泥砂浆批平,纸筋

③　宝顶断面详图

6

6

坐凳饰面同柱

6-6 剖视图

立面图

④　坐凳详图

图 8-20　攒尖顶亭建筑施工图（三）

图样中采用了 1-1 剖视图、2-2 剖视图和 3-3 剖视图。对 1-1 断面和 2-2 断面还绘出了详图，两详图中利用坐标法表示屋背梁的曲线尺寸、屋面纵向曲线尺寸。同时，采用 5 个详图：栏杆详图、挂落详图、宝顶截面详图、坐凳详图、桁条详图。为了表示亭的屋顶和地面情况，还采用了"3-3"半剖视图和"地面做法详图"。

第二节　园　　廊

一、园廊的功能

廊本是适应我国木结构建筑需要，附属于建筑周围，作为防雨的室内外过渡空间，以及作为联系建筑群体之间的连接体。而在园林中的廊，其功能及运用范围则是丰富多彩，变幻无穷的。

首先，廊具有联系功能。廊将园林中各景区、景点联成有序的整体，虽散置但不零乱。廊将单体建筑联成有机的群体，使主次分明，错落有致。廊可配合园路，构成全园交通、游览及各种活动的通道网络，以"线"联系全园。循廊而望，尽赏全园景色。

其次，廊可分隔空间并围合空间。常见在花墙的转角、尽端划分出小小的天井，以种植竹石、花草构成小景，可使空间相互渗透，隔而不断，层次丰富。廊又可将空旷开敞的空间围成封闭的空间，在开朗中有封闭，热闹中有静谧，使空间变幻的情趣倍增。

其三，组廊成景，廊的平面可自由组合，廊的体态又通透开畅，尤其是善于与地形结合，"或盘山腰，或穷水际，通花度壑，蜿蜒无尽"（《园冶》），与自然融成一体，在园林景色中体现出自然与人工结合之美。

廊也可独立成景，在园林中构成独立的景观中心，可防雨淋，蔽日晒，形成休憩、赏景的佳境。

其四，实用功能。廊具有系列长度的特点，最适于作展览用房。现代园林中各种展览廊，其展出内容与廊的形式结合得尽善尽美，如金鱼廊、花卉廊、书画廊等，极受群众欢迎。

此外，饮食服务用的小卖廊、茶水廊等，更是游人驻足之处。

二、园廊的特点

廊的特点可以概括为：具有线状分布的连续性、相邻空间互为渗透的通透性、划分空间和组织空间的分隔性、介于室内外灰空间的过渡性。

1. 廊的连续性

廊的基本单元为"间"，间指四根柱子围合成的一个空间。连续重复间组成长短不一的廊，可直可曲，形成蜿蜒的连续空间（图 8-21）。间的尺寸（约值）：间一般进深 1.2～3 m；开间 3～4 m；柱径 $d \approx 150$ mm；柱高一般为 2.5～2.8 m。

2. 廊的通透性

（1）廊身由柱子支撑，故使其形态开敞，明朗通透。

（2）由于廊具有通透性，因此能够把相邻的空间相互渗透和融合在一起。

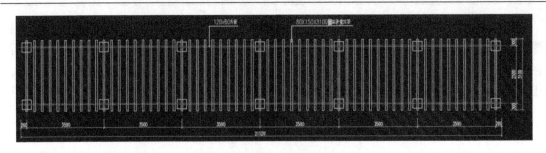

图 8-21　廊的基本结构

3. 廊的分隔性

（1）廊可以划分空间和组织空间，把一个完整的大空间分隔成几个小空间，使空间化大为小，往往成为园林建筑设计中空间组织的重要手段。

（2）廊在划分和围合空间时，自身的通透性使空间隔而不断，连续流动，丰富了景观层次。即使是半廊，许多半廊的墙体上仍有花窗等开口，使廊的通透性的特点得以保证。

4. 廊的过渡性

廊是介于室外与室内的过渡空间，有着半明半暗的灰空间的意味，廊可以丰富园林建筑的空间层次，使园林建筑空间设计具有更加活泼的意味。

可以用"黑白灰"来进行分析：黑，室内空间；白，室外空间；灰，灰空间（廊）。

三、园廊的类型

（1）按结构形式（横剖面）可分为：双面空廊、单面空廊、复廊、双层廊、暖廊以及单支柱廊（图 8-22）。

图 8-22　双面空廊、单面空廊、复廊、单支柱廊

（2）按廊的总体造型及其与地形、环境的关系可以分为：直廊、曲廊、回廊、抄手廊、爬山廊、叠落廊、水廊、廊桥等（图 8-23）。

图 8-23　直廊、曲廊、爬山廊、叠落廊

廊的种类很多，有爬山廊、叠落廊、水廊、亭廊、抄手廊、回廊等，其结构简单，施工方便，造型经济，更适于各种类型园林中使用。以现代联系廊为例介绍廊的结构，见图8-24～图8-31。

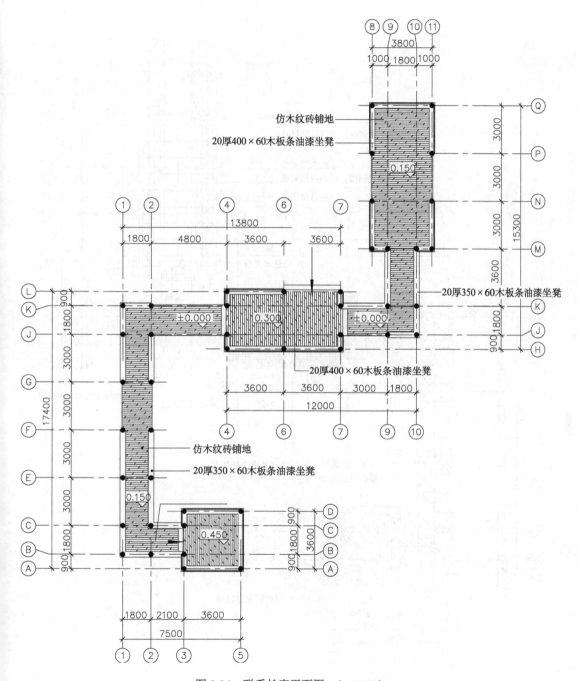

图 8-24 联系长廊平面图 （1∶100）

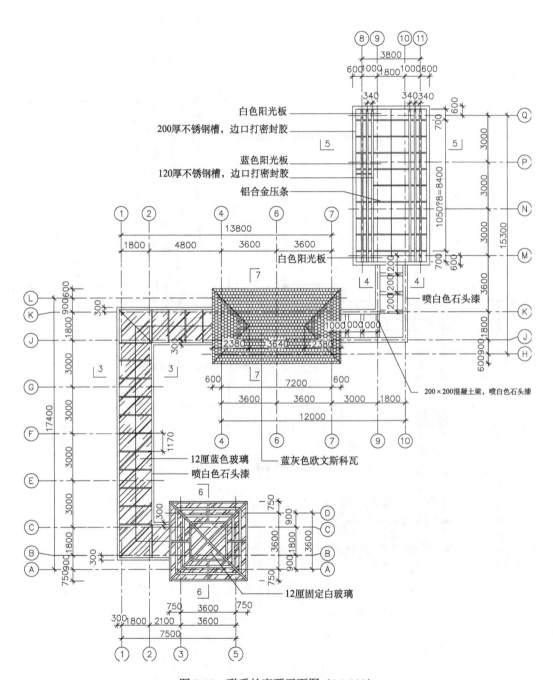

图 8-25　联系长廊顶平面图（1∶100）

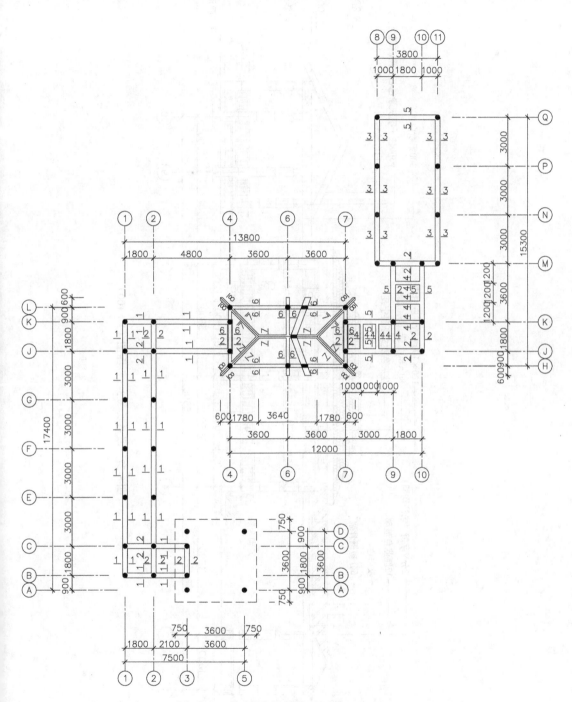

图 8-26 联系长廊梁结构平面图（1∶100）

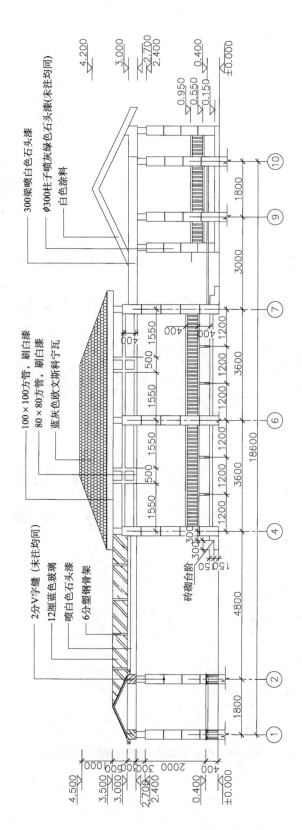

图 8-27 联系长廊 3-3 剖面图（1：100）

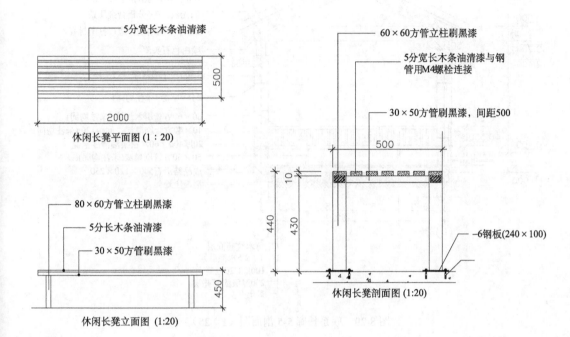

5分宽长木条油清漆

500

2000

休闲长凳平面图 (1：20)

60×60方管立柱刷黑漆

5分宽长木条油清漆与钢
管用M4螺栓连接

30×50方管刷黑漆，间距500

500

10

440

430

−6钢板(240×100)

休闲长凳剖面图 (1:20)

80×60方管立柱刷黑漆

5分长木条油清漆

30×50方管刷黑漆

450

休闲长凳立面图 (1:20)

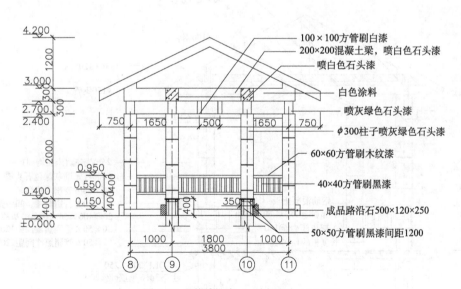

100×100方管刷白漆

200×200混凝土梁，喷白色石头漆

喷白色石头漆

白色涂料

喷灰绿色石头漆

φ300柱子喷灰绿色石头漆

60×60方管刷木纹漆

40×40方管刷黑漆

成品路沿石500×120×250

50×50方管刷黑漆间距1200

4.200
1200
3.000
300
2.700
2.400
300
2000
0.950
0.550
400
0.400
0.150
400
±0.000
400

750　1650　500　1650　750

400

350

1000　1800　1000
3800

⑧　⑨　⑩　⑪

图 8-28　联系长廊 4-4 剖面图（1：25）

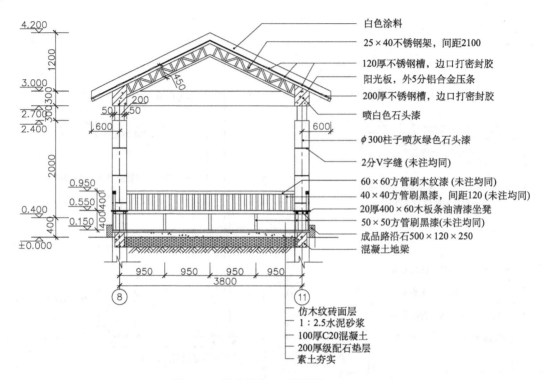

白色涂料
25×40不锈钢架，间距2100
120厚不锈钢槽，边口打密封胶
阳光板，外5分铝合金压条
200厚不锈钢槽，边口打密封胶
喷白色石头漆
φ300柱子喷灰绿色石头漆
2分V字缝（未注均同）
60×60方管刷木纹漆（未注均同）
40×40方管刷黑漆，间距120（未注均同）
20厚400×60木板条油清漆坐凳
50×50方管刷黑漆（未注均同）
成品路沿石500×120×250
混凝土地梁

仿木纹砖面层
1：2.5水泥砂浆
100厚C20混凝土
200厚级配石垫层
素土夯实

图 8-29　联系长廊 5-5 剖面图（1：25）

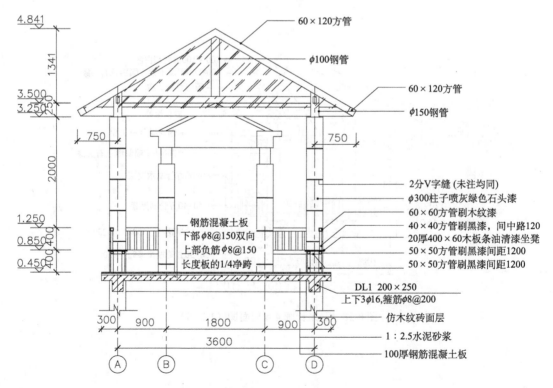

60×120方管
φ100钢管
60×120方管
φ150钢管

2分V字缝（未注均同）
φ300柱子喷灰绿色石头漆
60×60方管刷木纹漆
40×40方管刷黑漆，间中路120
20厚400×60木板条油清漆坐凳
50×50方管刷黑漆间距1200
50×50方管刷黑漆间距1200

钢筋混凝土板
下部φ8@150双向
上部负筋φ8@150
长度板的1/4净跨

DL1 200×250
上下3φ16,箍筋φ8@200
仿木纹砖面层
1：2.5水泥砂浆
100厚钢筋混凝土板

图 8-30　联系长廊 6-6 剖面图（1：25）

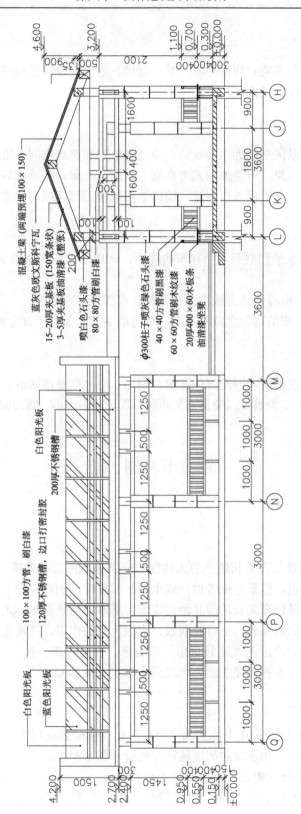

图 8-31　联系长廊 7-7 剖面图（1∶25）

四、廊的位置选择

在园林建筑设计中需要对周围环境、景观意境、建筑功能等进行综合考量，由于廊的形式多样，其位置选择比较灵活。

1. 平地建廊

平地建廊以分隔景区空间为主要目的，应结合景观和建筑空间效果进行形式或格局的变化，产生丰富多样的效果，常用的形式有直廊、曲廊、回廊、抄手廊等。平地廊常设在草坪一角、休息广场之中、大门出入口附近、园路边沿或覆盖园路或与建筑物相连。

2. 临水建廊

使园廊成为欣赏水景和联系水上建筑的场所，形成以水景为主的空间，常设在沿水边、涉水面、水陆相连处。

（1）水边建廊：沿着水边形成自由式格局，可部分挑入水面。

（2）水上建廊：廊的基础宜低不宜高，尽可能贴近水面（桥廊除外）。

3. 山地建廊

山地建廊用于连接山地不同高度的建筑或通道，可起到避雨防滑、空间联系的作用。常见有斜坡式（爬山廊）、阶梯式（叠落廊）两种。常设在沿山坡、盘山腰、踞山顶、跨山谷、高差错落地段。

第三节　榭、舫

一、榭

1. 榭的功能

榭，是因借周围景色而见长的供游人休憩、观赏风景的园林建筑，常常临水布置。榭，建于水边。"榭者借也，借景而成者也，或水边、或花畔，制亦随态"（《园治》）。说明榭是一种借助于周围景色而见长的园林游憩建筑，基本特点是临水，尤其着重于借取水面景色，除满足游人的休息需要外，还可起观景、点缀风景的作用。其常建于水边或者花畔，借以成景，榭四面敞开，平面形式比较自由，常与廊、台组合在一起，一般多开敞或设窗扇，以供人们游憩、眺望。水榭则要三面临水或四面临水（图 8-32）。

2. 水榭设计形式

（1）水榭的典型形式是在水边架起平台，平台一部分架在岸上，一部分伸入水中。水榭亦可以全部伸入水中，由水岸边架道路进行连接（图 8-33）。

（2）平台跨水部分以梁、柱凌空架设于水面之上。

（3）平台临水围绕低平的栏杆，或设鹅颈靠椅供休憩和依靠。

图 8-32　南京中山陵流徽榭

图 8-33　常见的水榭形式

（4）平台靠岸部分建有长方形的单体建筑（建筑+平台设置；或建筑整个覆盖平台），建筑的面水一侧是主要的观景朝向，常修建得开敞通透，采用落地门窗或者全部开敞。既可以在室内观景，亦可在平台上游憩眺望。

（5）榭建筑屋顶一般多为造型优美的卷棚歇山式顶。

（6）榭的建筑立面多用水平线条，以与水平面景色相协调。

3. 榭与水的结合方式

水榭与水结合的方式有多种。常见有一面临水、两面临水、三面临水、四面临水等形式。其中四面临水的榭以桥或水上架起的道路与水岸相联系。

（1）以实心土台作为挑台的基座（图 8-34），这种做法宜低不宜高，略显死板，但给人以结实的感觉。

（2）以梁柱结构作为挑台的基座，平台的一半挑出水面，另一半坐落在水岸上（图 8-35）。

图 8-34　榭的做法（一）

图 8-35　榭的做法（二）

（3）在实心土台的基座上，伸出挑梁作为平台的支撑（图 8-36）。

（4）整个建筑及平台均坐落在水中的梁柱结构基座上（图 8-37）。

（5）以梁柱结构作为挑台的基座，在岸边以实心土台作为基座（图 8-38）。

图 8-36　榭的做法（三）

图 8-37　榭的做法（四）

图 8-38　榭的做法（五）

4. 榭的设计要点

1）建筑与水面、池岸的关系

（1）水榭在保证建筑结构稳定的前提下，尽可能突出水岸，营造三面或四面临水的形式。

（2）水榭应尽可能贴近水面，宜低不宜高。

（3）在造型上以强调水平线为宜。保持建筑与水面、水岸景观的整体协调性。

2）榭与园林整体空间环境的关系

由于园林建筑对艺术效果的要求，在进行榭的建筑设计的时候，不仅要讲究比例关系良好，建筑造型美观，而且由于榭往往不是孤立存在的，也要结合所在的整体园林景观环境的特点和园林建筑群体的整体造型特点、风格综合考虑，做到与园林空间环境协调统一。

3）榭的位置选择

榭宜选在有景可借之处，并在水岸线凸出的位置为宜，方便考虑对景、借景的视线。

4）榭的朝向

榭朝向切忌向西。因榭以通透为特点，夏季西向日晒时间最长，如朝西，难免会降低榭使用的舒适程度，必然会降低其使用率。冬天亦会比较阴冷。

5）榭的建筑地坪高度

榭的建筑地坪尽量低临水面为佳，当建筑地面离水面较高时，也可将地面或平台作上下层处理，以取得低临水面的效果。

6）榭的建筑性格、视野

榭的建筑性格要求开朗、明快，视野应开阔，便于赏景。

二、舫

1. 舫的功能

舫，原意是船，一般指小船。园林景观中的舫指仿照船的造型建在园林水面上的建筑物，供游玩宴饮、观赏水景之用。舫是中国人民从现实生活中模拟、提炼出来的建筑形象，身处其中宛如乘船荡漾于水泽。舫的前半部多三面临水，船首常设有平桥与岸相连，类似跳板。舫的下部为船体，通常用石砌成，上部为船舱，多用木构建筑，其形似船。舫像船而不能动，所以又名"不系舟"。近年来，新建舫也常用钢筋混凝土结构的仿船形建筑。

2. 舫的组成

1）舫一般由三部分组成

（1）头舱（船头）　船头做成敞篷或完全开敞。其园林功能为提供赏景、谈话等的场地。

（2）中舱　中舱最矮，形长而低，其功能主要为游赏、休息和宴客。舱的两侧开长窗，坐着观赏时可以有较为宽广的视野。

（3）尾舱　后部尾舱最高，一般为两层，上实下虚，上层状似楼阁，四面开窗以便远眺，其功能为供游人眺望远景（图 8-39）。

2）舫的屋顶造型

舫的中舱舱顶一般做成船篷式样。首尾舱顶做成歇山、悬山等式样，轻盈舒展，成为园林中的重要建筑景观（图 8-40）。

图 8-39　颐和园清晏舫

图 8-40　扬州蠡园莲舫

3）特殊的舫

舫在园林里大多布置在水边，但也有不沿水而建的，称为船厅，如上海豫园的"亦舫"。

3. 舫的设计要点

（1）舫建在水边，一般两面临水或三面临水，其余面与陆地相连，在设计时，最好四面临水，其中一侧设平桥与水岸相连，有跳板之意。

（2）舫分为船头、中舱、船尾三部分。在设计中注意结合不同的使用功能区分建筑式样，以及不同位置的建筑特点。

（3）舫的选址宜在水面开阔处。力求做到视野开阔，能够体现舫的完整造型。

近年来，钢筋混凝土结构的运用常采用伸入水面的挑台取代平台，使建筑更加轻盈，低临水面，参见沿山河水榭（图 8-41～图 8-71）。

第四节　游 船 码 头

一、游船码头的功能

游船码头是园林中水陆交通的枢纽，是提供游客上船及返回上岸的服务性建筑，包括水域停泊、游客上下岸设施。在有较大水面的公园中，码头往往是比较重要的园林建筑。

码头的主要作用：组织公园中的水上交通、游览、供游人休息、造景、提供水上活动等。

码头在园中的位置往往十分显要，在整个水面中十分突出，有时甚至统帅整个水面。其以旅游客运、水上游览为主。并且可以作为园林中自然、轻松的游览场所，又是游人远眺湖光山色的好地方，因而备受游客的青睐。造型优美的游船码头，可点缀美化园林环境。因此，码头一般应选择在有较好视线、开阔平展的地方，并常与亭、廊、榭等园林建筑组合设景，有时还根据游人数量设小卖部、茶座、冷热饮食等，供游人休憩之需。码头既可得景，又可成景，对于岸处的景观起着十分重要的作用，特别是水面开阔时，整个码头都展现在一段很长的湖岸边，因此，它的体量、形象至关重要，在规划和设计时必须释心推敲。按照所停泊船只的不同，码头可分为多种：手划、脚踏船码头，碰碰船码头，摆渡码头等。按照建筑形式的不同，码头又可分为伸入式、挑台式、驳岸式、浮船式等多种。

二、游船码头的特点

由于现代景观中的游船码头应具备实用与时尚结合的特点，要求保证娱乐性、景观性和安全性。因而一般应在设计中考虑：结构轻巧、休闲便利、外观效果好、靠泊安全、波浪要求等因素。

1）结构轻巧

多采用浮码头结构设计，既轻巧，又使之随水位涨落而升降，安全便利。

2）休闲便利

交通条件便利，周边环境优美，多在海滨岸线、港湾、湖滨，风景绿化、景观配置齐全，达到相应的休闲氛围水准。

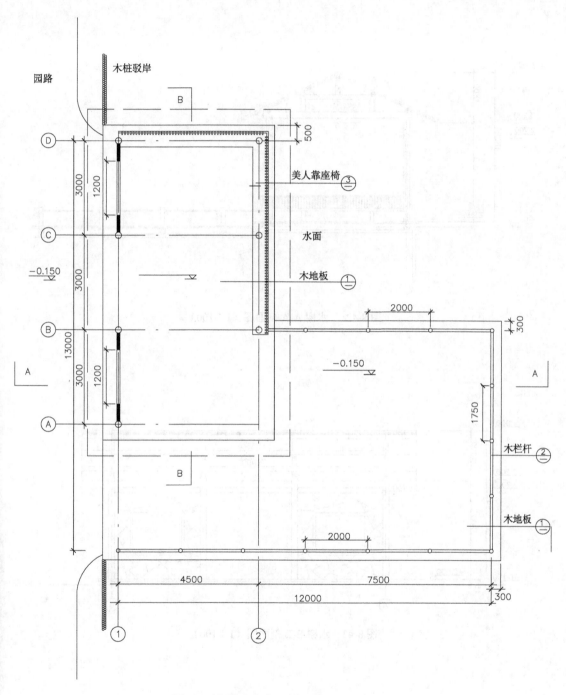

图 8-41 水榭及监水平台平面图 （1∶100）

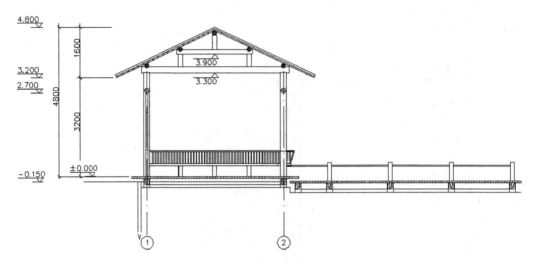

图 8-42　水榭 A-A 剖面图（1∶100）

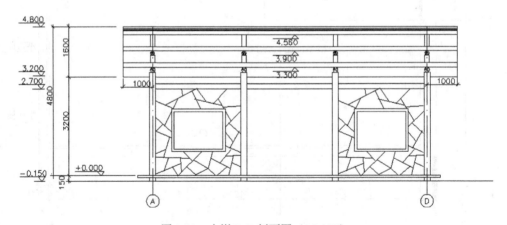

图 8-43　水榭 B-B 剖面图（1∶100）

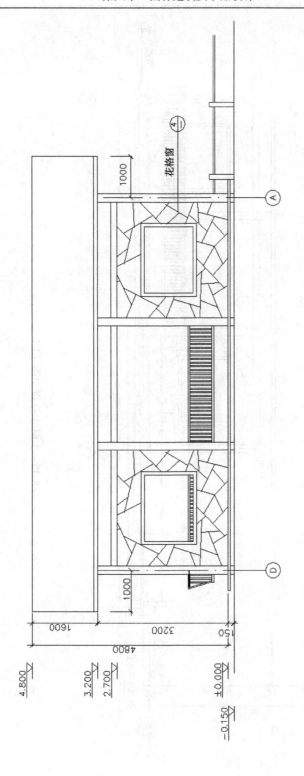

图 8-44 水榭 D-A 剖面图 (1:100)

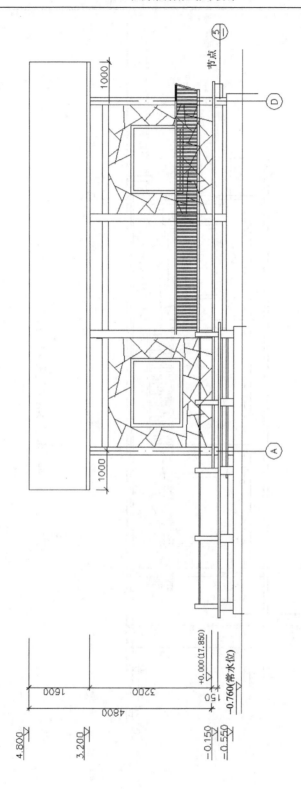

图 8-45　水榭 A-D 剖面图（1：100）

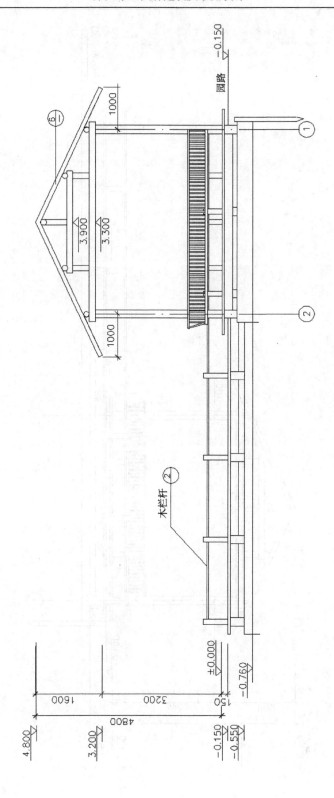

图 8-46　水榭 2-1 立面图（1∶100）

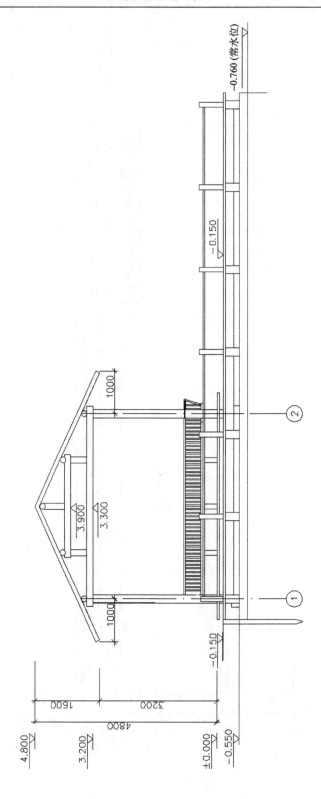

图 8-47　水榭 1-2 立面图（1∶100）

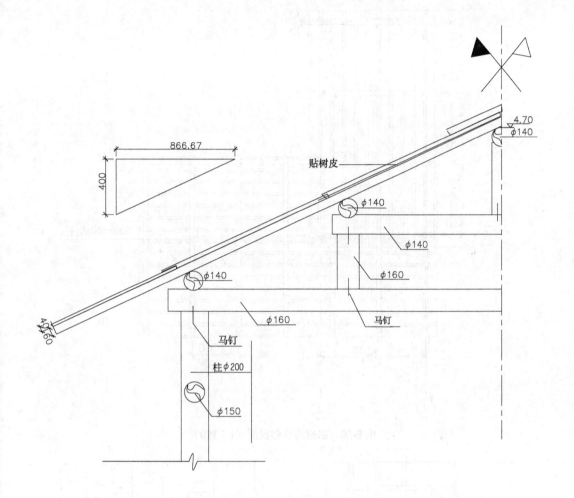

图 8-48　水榭屋架大样图（1∶100）

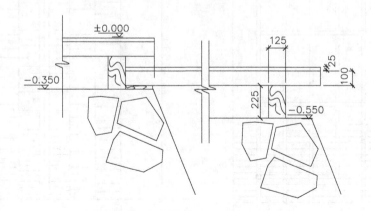

图 8-49　水榭节点大样图（1∶20）

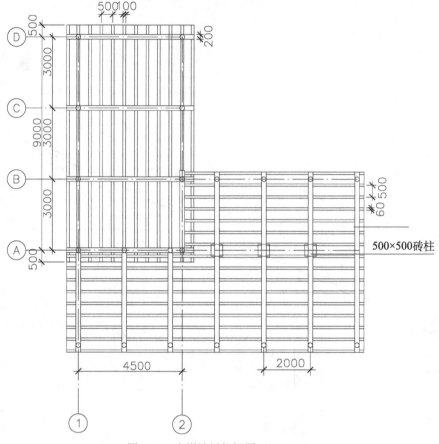

图 8-50 水榭地板仰视图（1∶100）

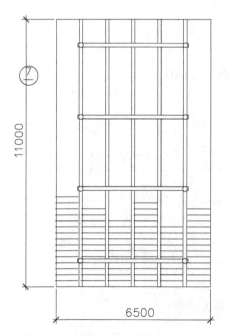

图 8-51 水榭天面仰视图（1∶100）

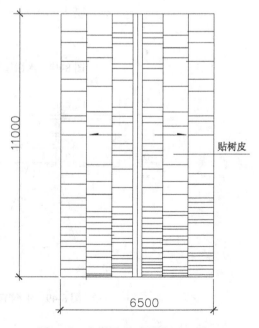

图 8-52 水榭屋面平面图（1∶100）

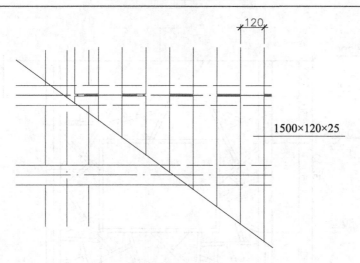

图 8-53　水榭地板大样图（1∶20）

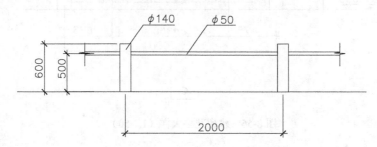

图 8-54　水榭栏杆大样图（1∶50）

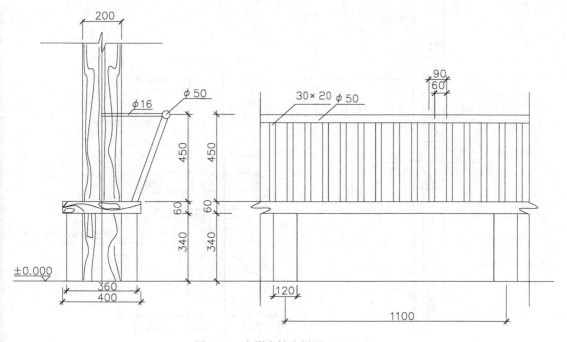

图 8-55　水榭座椅大样图（1∶50）

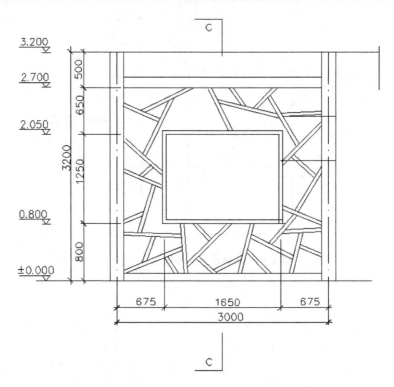

图 8-56　水榭花格大样（1∶50）

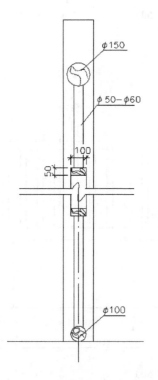

图 8-57　C-C 剖面图（1∶20）

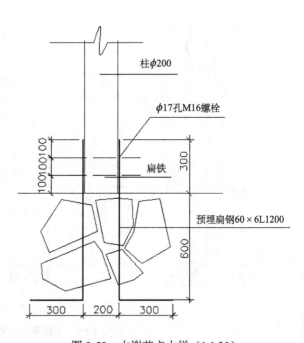

图 8-58　水榭节点大样（1∶20）

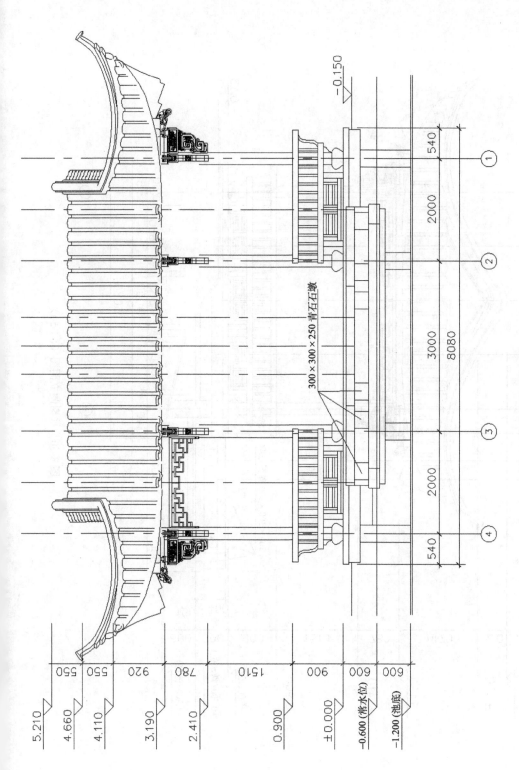

图 8-59　水榭正立面图（1∶50）

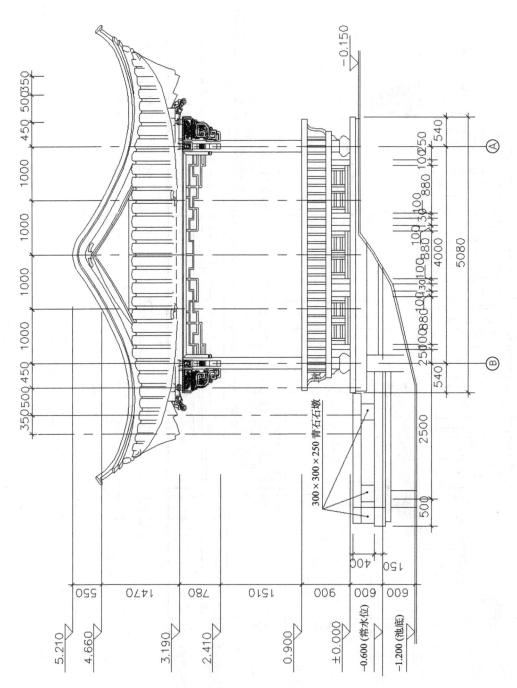

图 8-60　水榭侧立面图图（1∶50）

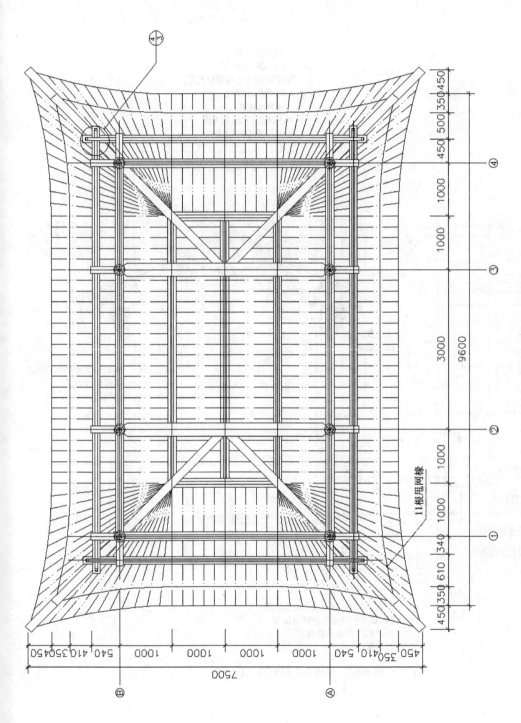

图 8-61　水榭屋面仰视图（1：50）

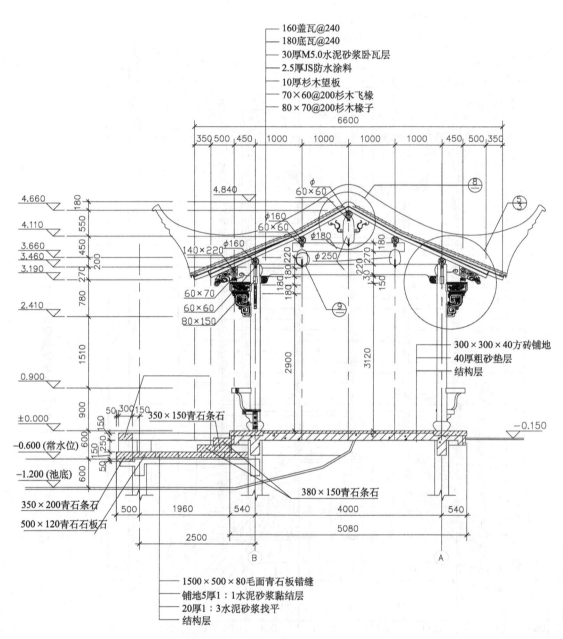

160盖瓦@240
180底瓦@240
30厚M5.0水泥砂浆卧瓦层
2.5厚JS防水涂料
10厚杉木望板
70×60@200杉木飞椽
80×70@200杉木椽子

300×300×40方砖铺地
40厚粗砂垫层
结构层

350×150青石条石

380×150青石条石

350×200青石条石
500×120青石板石

1500×500×80毛面青石板错缝
铺地5厚1:1水泥砂浆黏结层
20厚1:3水泥砂浆找平
结构层

图 8-62　水榭 1-1 剖面图（1:50）

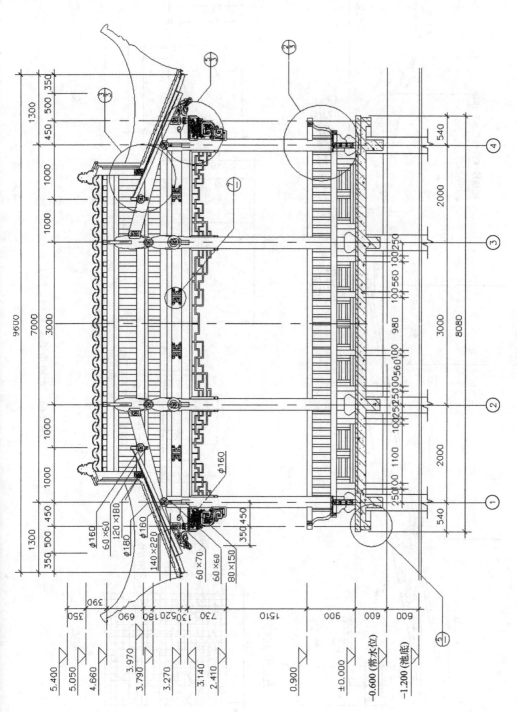

图 8-63　2-2 剖面图 （1：50）

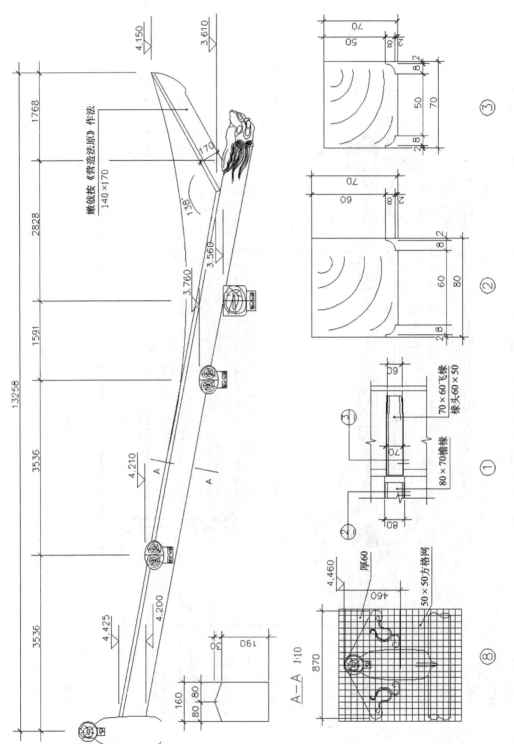

图 8-64　水榭角梁大样（1∶20）

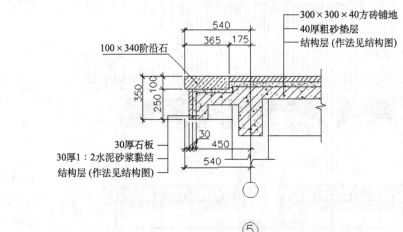

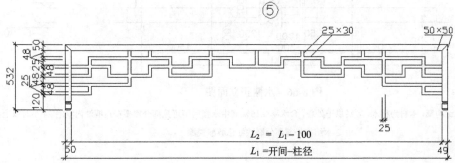

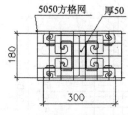

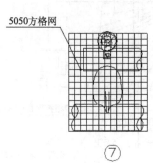

注:
1. 本工程为沿山河水榭工程,建筑面积41.05m²。
2. 本工程室内±0.000标高见总图。
3. 图中所标尺寸除标高以m计外,其余均以mm计。
4. 本工程预留预埋构件及预留孔洞,各工种在施工中均应密切配合,一并实施。
5. 本工程油漆作法如下:
   (1) 木制品均为栗色调和漆一底二面。柱、梁、檩条为深栗色,挂落、坐凳、露椽、牛腿为浅栗壳色。
   (2) 铁件均为红丹底栗壳色调和漆一底二面。
6. 其他
   (1) 本建筑为木结构、木基层、瓦层面。
   (2) 木制品均做好防火、防蚁、防腐工作。
   (3) 木构件雕刻风格采用杭州的艺术形式。
   (4) 木结构连接节点按古建筑《营造法源》施工。

图 8-65 挂落大样图(1∶20)

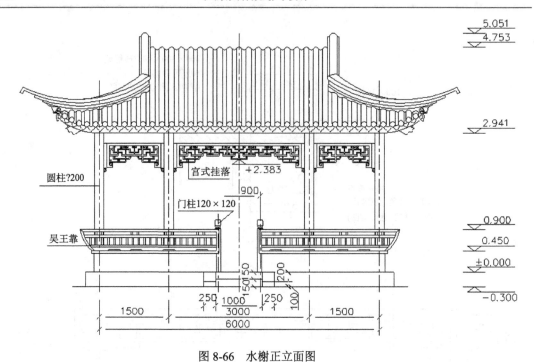

图 8-66　水榭正立面图

注：1.水榭为仿古木结构廊，木料为杉木，须经烘干处理，含水率≤15%,其中水榭内不可见部分需要在白桐油内浸泡 24 小时以上；
　　2.木结构外露部分刷铁红色醇酸瓷漆

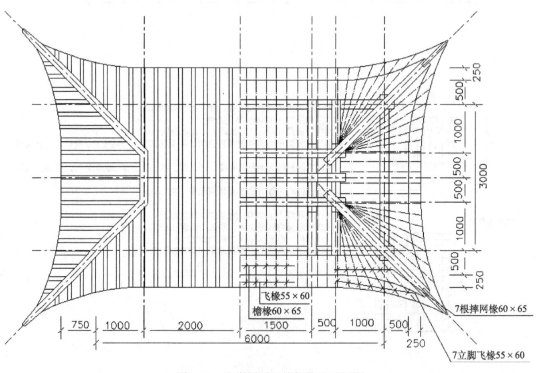

图 8-67　水榭屋顶及椽架构造平面图

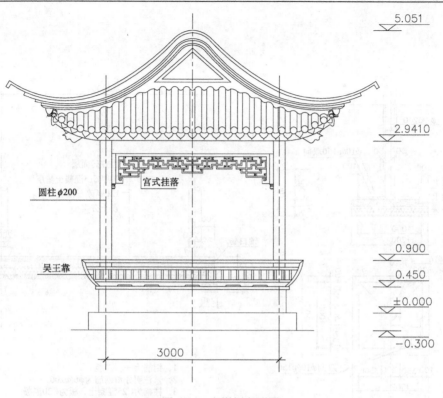

圆柱φ200

宫式挂落

吴王靠

5.051

2.9410

0.900
0.450
±0.000
−0.300

3000

图 8-68　水榭侧立面图

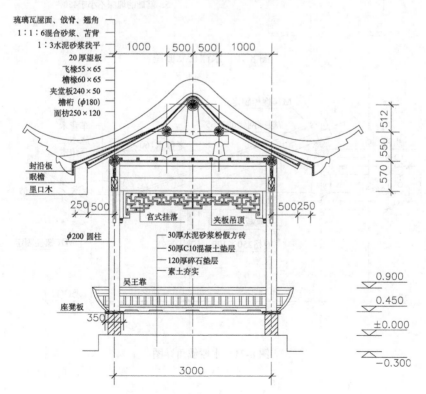

琉璃瓦屋面、战脊、翘角
1:1:6混合砂浆、苫背
1:3水泥砂浆找平
20厚望板
飞椽55×65
檐椽60×65
夹堂板240×50
檐桁（φ180）
面枋250×120

封沿板
眼檐
里口木

φ200 圆柱

座凳板

宫式挂落
夹板吊顶

30厚水泥砂浆粉假方砖
50厚C10混凝土垫层
120厚碎石垫层
素土夯实

吴王靠

1000　500　500　1000

512
550
570

250 500

500250

350

0.900
0.450
±0.000
−0.300

3000

图 8-69　水榭断面图

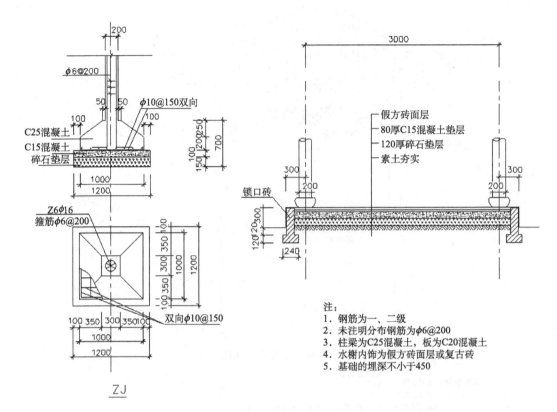

注:
1. 钢筋为一、二级
2. 未注明分布钢筋为φ6@200
3. 柱梁为C25混凝土,板为C20混凝土
4. 水榭内饰为假方砖面层或复古砖
5. 基础的埋深不小于450

图 8-70　水榭正立面图

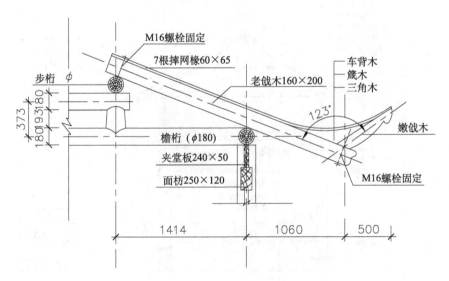

图 8-71　水榭戗角详图

3）外观效果好

选址和设计时注意与环境景观相融，与海岸或内陆水域的结合，给沿岸带来生机和色彩，提升环境质量和外观效果。

4）靠泊安全

安全问题在码头设计中必须仔细考虑。从码头结构自身强度及船舶本身抗浪能力，以及在系泊游船上休闲的人们舒适性考虑，游船码头的系缆、靠泊要求尤其突出，对水域波浪要求也更为严格。码头的护栏必须坚固，停泊处水位的深浅也应作细致的设计。码头应有救生船只停放的专用泊位，以方便救生船只的出动，还要有救生用品的存放处。全园中有多处码头的公园，在考虑码头总体布局时，要注意大船与小船、机动船与人力船码头的分别设置，避免其航线的相互交叉，以确保行驶安全。

5）波浪要求

游船码头水域应水缓浪低、水质清澈，在风浪、海浪较大的地方要求筑有防波堤，防波堤内还要求港池平静和水域宽阔。

三、游船码头的设计思路

在设计游船码头项目时，应从功能分区和人流聚散两方面入手。游船码头一般由船厅、水上平台和管理办公用房三部分组成。

一般游客检票后，在水上平台登船游湖。小规模码头可以不设候船厅（直接在水上平台区候船），但水上平台区应设置有顶的、提供休息等候的空间。大规模游船码头候船厅与水上平台应该分开设置，以避免拥挤、滞留而发生危险的情况。

码头建筑内部交通的组织十分重要，这是码头建筑内游人活动的顺序所决定的，上船游人活动的顺序是：买票、等候、验票计时、登船。下船游人活动的顺序是：上岸、计时、售票处退取押金。上下船的游客应该尽量互不干扰，这一点对于游人较多的公园尤为重要。码头还要有足够的等候和休息空间，内部路线不宜过于曲折和相互穿插，以避免游人过多发生拥挤。码头路线等候平台面临水面，要有足够的面积，以保证游客的安全。码头还要有与主要道路相联系的广场，便于游人疏散。游船码头一般由游客流线和内部办公流线两股流线组成交通，原则上应分别设置出入口。游客购票后通过检票口进入码头内部，沿指引路线到达候船厅（等候或穿戴救生衣），候船厅旁边可设小卖部（小卖部可设置成为内外联系，方便对内对外售货）、卫生间。之后游客进入水上平台准备登船。水上平台最好设置进出船路线，避免水上交通碰撞现象。

四、游船码头的组成

1）水上平台

水上平台是上船登岸的地方，要求水体稳定而平静。上下小游船不需跳板，只需高出水面 30～50 cm。专用停船码头应设置栓船环与靠岸缓冲设备，专为观景的码头可设置栏杆与坐凳。平台岸线长不少于两只船长度，进深不小于 2～3 m。朝向适宜，避免日晒或采取一定的遮阳设施，平台之上注意设计出入游人分流。

2）蹬道台级

蹬道台级为游船码头平台与不同标高的陆路联系而设。

台阶高度：每级高度≤130 mm ，有时高度只有 20～30 mm。

踏面宽度：≥330 mm，有时踏面宽度有 500～600 mm。

每 7～10 级台阶应设休息平台，为游客提供不同高度远眺。蹬道台级根据湖岸宽度、坡度、水面大小安排，可布置成垂直岸线或平行岸线的直线形或弧线形。设置栏杆、灯具等，在岸壁的垂直面结合挡土墙，在石壁上可设雕塑等装饰，以增加码头的景观效果。

3）售票室与检票口

供售票兼回船计时退押金等用。在大中型游船码头上，若游客较多，可按号的先后顺序经检票口进入码头平台等候登船。

4）管理室（储藏室）

供播音、存桨、存救生衣、工作人员休息等用。

5）靠平台工作间

为平台上下船工作人员管理船只，或游客换救生衣、临时休息等用。

6）游客休息候船室间（候船厅）

游客等候及临时观景用。

7）卫生间

大型游船码头应考虑游客与工作人员各设卫生间，小型码头可合并设计。

8）集船桩或简易船坞

供夜间收集船只或雨天保管船只用的设施，应与游船水面有所隔离。

9）其他设施

北方冬季冰期，游船需上岸保养，码头可设置便于船只搬运的坡道。电瓶船码头还要考虑设置充电设施。

五、常见的游船码头形式

1）驳岸式

一般城市公园水体不大，结合岸壁修建码头，经济、实用又可以灯饰雕刻加以点缀成景，是最常用的形式（图 8-72）。

2）伸入式

用在水面大的风景区、水体，不修驳岸，而停的船又吃水深。这种码头可以减少岸边湖底的处理，直接把码头伸入水位较深位置，便于停靠（图 8-73）。

图 8-72　驳岸式码头　　　图 8-73　伸入式码头　　　图 8-74　浮船式码头

3）浮船式

这种码头适用于水位变化大的水库风景区。浮船码头可以适应高低不同的水位，总能与水面保持合用的高度。为了停船晚间不需要管理人员，利用浮船码头可以漂动位置的特点，停止使用时，将码头与停靠的船只一起锚定在水中，以保护船只（图 8-74）。

六、游船码头位置选择

1）周围环境

交通要求：公园出入口附近。朝向要求：忌西晒。

2）水体条件

大水面，宜设在水面凹入处，可避免大水面风浪的袭击；小水面宜设在凸出、开阔处，便于游船出入。

3）观景效果

有景可对，环境优美，宜于休息等候。

第五节 公 园 大 门

公园大门是各类园林建筑中最突出、最醒目的部分，也是游客进出园区的主要出入口，公园大门往往能够体现出园区或景区的风格、气势、特点等，可以为游客制造良好的第一印象。

一、公园大门的功能

公园大门是联系园内与园外的交通枢纽和关节点，是由街道空间过渡到园林空间的转折和强调，是园内景观和空间序列的起始，因此在整个园林中有着十分重要的作用。其主要功能可以概括为以下几点。

1）集散交通（进出公园）

集散交通是公园大门最主要的功能。一方面，使得大量游人能迅速、方便地分散到各个景区、景点进行活动，在有紧急情况时能快捷、有序地疏散人流，保证游人的安全。

2）门卫、管理（售票、问询等）

公园大门亦包含了门卫、管理（售票、问询等）等功能。在有些规模较大的公园大门，往往还设有小卖部、冷热饮等。

3）组织园林出入口的空间及景观

公园大门往往与入口广场、入口大道等景观空间相结合，通常包含了广场、景观大道、照壁、粉墙、水池、假山、花坛等内容。公园大门的位置、体量、造型不同，所组织出的空间和景观效果亦有差异，从而形成园林出入口空间的特色和个性。

4）大门形象具有美化园内外环境的作用

大门是通向园林空间的枢纽，在整个园林空间中处于"起景"的位置，在形象上要能引人注目，力求给游人以深刻的印象，精心组织的入口空间，能起到"引人入胜"的作用。公园大门建筑还要力求美观，并与全园的风格协调一致。

二、公园大门的组成

公园大门的组成因园林的性质、规模、内容及使用要求的不同而有所区别，按目前最普遍的公园类型，其公园大门组成大致有以下内容：

出入口、售票室（收票室或检票口）、门卫、管理及内部使用的厕所，公园出入口内外广场及游人等候空间、车辆存放处、小型服务设施（小卖部、电话亭、物品寄存、导游服务问询点）等。

三、公园大门的类型

公园大门造型各异，要求能够突出公园特点，常见的公园大门类型有：

1）对称式

常见于纪念性公园，有明显的中轴线，大门轴线亦多与公园轴线一致，给人以庄严、肃穆的感觉。游览性公园也有采用对称式的，但造型和格调有别于一般的纪念性公园大门。

2）非对称式

常见于游览性公园，大多采用非对称的自由布局，不强调大门和公园轴线的对应关系，以达到轻松活泼的效果。非对称式大门亦常用于次入口。

3）综合式

大门位置一般均和公园的总平面轴线有密切关系，或有一定关系，常用于专业性公园。从广义上而言，专业性公园包括动物园、植物园、儿童公园、盆景园和花圃等。公园大门尽量与公园专业特性结合考虑，则更具个性和特色，其手法一般以寓意而非写实为佳。

四、大门的位置选择

公园大门位置的选择，要充分考虑到人流的疏散、城市交通的需求，还要结合公园自身的规划以及公园内部水体、地形等具体情况，此外，服务对象、活动内容乃至文化背景等诸多的因素都影响着公园大门的选址。

（1）城市公园大门要便于游人进园。

（2）考虑与城市总体布局有密切关系。公园绿地是城市绿地系统规划（公园绿地、生产绿地、防护绿地、附属绿地、其他绿地）中的重要内容，公园大门的位置要结合公园绿地分布和干道交通。

（3）一般城市公园的主要入口位于城市主干道的一侧。

（4）主次入口的设置考量。较大的公园在其他不同位置的道路设置若干次要入口，以方便游人入园。

（5）大门位置能够组织游览路线，至少应组织进出园路线。

（6）要考虑公园总体规划。公园大门应按各景区的布局、规模、环境、游览路线及主要客流方向、客流量来确定公园大门的位置。

五、大门的空间处理

公园大门的平面主要由大门、售票房、围墙、橱窗、前场或内院等部分组成。公园大门的空间处理包括门外广场空间和门内序幕空间两大部分（图8-75）。

图 8-75　昆明世博会门外广场空间和门内序幕空间（开敞性序幕空间）

1）门外广场空间

门外广场是游人首先接触的地方。一般由大门、售票房、围墙、橱窗等围合成广场，广场内部配合服务设施及园林花木作为绿化。门外广场具有缓冲交通的作用，广场空间的组织要有利于展示大门的完整艺术形象。

2）门内序幕空间

门内序幕空间根据平面形式可分为约束性序幕空间和开敞性序幕空间。

（1）约束性序幕空间。入园后由照壁、土丘、水池、粉墙和大门等所组成的序幕空间。特点是缓冲和组织人流、丰富空间变化、增加游览程序。

（2）开敞性序幕空间。进入公园大门后，没有形成围合空间，直接由一条很深很长的道路引导到公园内部，特点是纵深较大。

六、大门出入口设计

1. 出入口的类型

设计出入口类型应考虑出入口的人流量和节假日人流变化。一般应设计平时出入口和节假日出入口。具体如下。

（1）平时与假日出入口合一。适用于人流量不大的小型公园或大型公园的次入口、专用门等。

（2）平时与假日出入口分开。售票管理用房设置在小出入口一侧，适用于一般公园大门。

（3）平时与假日出入口分开，在大小出入口之间设置收票室，可以兼顾两侧售票，便于平时或假日人流量较大时使用。

（4）出入口分开设置，使入口人流紧连游览路线起点，出口人流在游览路线终点。适合大型公园使用，尤其是游览顺序性较强的景观园区，如植物园、花卉专类园、动物园等。

（5）出入口对称布置，大小出入口分开，中轴两侧设置同样内容，适合大型公园主入口。一般从功能管理上并没有对称需要，主要从形式上服从对称要求，营造入口体量和气势。

2. 出入口尺度

主要考虑人流、自行车和机动车流通行宽度（此处所列值为最小值）：

（1）单股人流：600～650 mm；

（2）双股人流：1200～1300 mm；

（3）三股人流：1800～1900 mm；

（4）自行车和小推车：1200～1800 mm；

（5）两股机动车并行：7000～8000 mm。

3. 公园大门的门墩

门墩是公园大门悬挂、固定门扇的部件，其造型是大门艺术形象的重要内容，其形式、体量、质感等均应与大门总体造型协调统一。常见形式有柱墩、实墙面、高花台、花格墙、花架廊等。

4. 公园大门的门扇

门扇是大门的围护构件，又是艺术装饰的细部，对大门形象起着一定的作用。

（1）门扇的花格、图案的纹样形式，应与大门形象协调统一，互相呼应，并结合园林性质考虑整体效果。

（2）门扇高度一般不低于 2 m（要求不易翻越）。

（3）从防卫功能上，以竖向条纹为宜，且条纹间距不大于 14 cm。

（4）目前最常见的门扇以金属材料为多，如金属栅栏门扇、金属花格门扇、钢板门扇、铁丝网门扇、合金伸缩门等。但也有木板门扇、木栅门扇等其他材料。

（5）按照常见开启方式分类有平开门、折叠门、推拉门、伸缩门。

a. 平开门　一般公园中最常用，其构造简单，开启方便，但开启时占用空间较大。门扇尺寸不宜过大，一般宽度 2～3 m，因此门洞宽度在 4～6 m 为宜。

b. 折叠门　是目前园林中常用门扇之一，门扇分成几折，开启时折叠起来，占地比较小，对警卫人员视线遮挡少，折叠门每扇宽度为 1～1.5 m，可按需作成 4～6 折，甚至更多。因此，门洞宽度可做成 10 m 以上，折叠门可分为有轨折叠门和无轨折叠门两种做法，以有轨折叠门更适用。

c. 推拉门　推拉门开启时门扇藏在墙的后面，警卫人员视线遮挡少，便于安装电动装置。门扇可以做得很讲究，但需要大门一侧有一段长度大于门宽的围墙，使门扇可以推入墙后。

d. 伸缩门　由合金材料制成，电动管理，占用空间小，开启方便，美观大方。许多现代园林采用这种伸缩门。

5. 公园大门的立面形式

公园大门按照立面形式主要可以分为门式、牌坊式、墩柱式三种。每种类型按照各自特点可以继续细分。

1）门式

（1）屋宇式　为传统大门建筑形式之一，门有进深，如河南南阳内乡县衙大门。

（2）门楼式　二层屋宇式大门建筑形式，如中南海新华门。

（3）门廊式　由屋宇式门演变而来。为了与大门开阔的面宽相协调，大门建筑形成廊式建筑，一般屋顶多为平顶、拱顶、折板、悬索等结构。

（4）墙门式 常在院落隔墙上开随便小门，很灵活简洁，也可用在园林住宅的出入口大门。在高墙上开门洞，再安上两扇屏门显得较为素雅。

（5）山门式 常见于宗教建筑入口，起到宗教建筑群序幕性空间的营造以及一定的导向作用。

2）牌坊式

牌坊式大门有牌坊和牌楼两种形式。

3）墩柱式

（1）阙式（墩式） 阙式公园大门坚固、浑厚、庄严、肃穆。现代的阙式公园大门一般在阙门座两侧连以园墙，门座之间设铁栏门，（现代）阙门座之间常不设水平结构构件，故大门宽度不受限制。

（2）柱式 柱式大门主要由独立柱和铁门组成。柱式大门一般对称构图，个别不对称。门座一般独立，上方没有横向构件，门宽不受限制。柱式门的门座比阙式细长、简化。

6. 公园出入口的设立

根据城市规划和公园本身功能分区的具体要求与方便游览出入、有利对外交通和对内方便管理的原则，设立公园出入口。公园出入口有主要出入口（大门）、次要出入口或专用出入口（侧门）。主要出入口，要能供全市游人出入；次要出入口要能方便本区游人出入；专用出入口，要有利于本园管理工作运输方便。

出入口的主要设施有：大门建筑、出入口内外广场等。

大门建筑要求集中、多用途。造型风格要与公园及附近城市建筑风格相协调一致。

出入口内外广场。入口前广场要满足游人进园前集散需要，设置标牌，介绍公园与季节性特别活动。入口内广场要满足游人入园后需要，设导游图牌、立亭廊等休息设施。广场布置形式有对称式和自然式，要与公园布局和大门环境相协调一致。

公园出入口总宽度计算式为

$$D = \frac{Q \cdot t \cdot d}{q}$$

式中，D 为出入口总宽度（m）；Q 为公园容量（人）；t 为最高进园人数／最高在园人数（转换系数 0.5～1.5）；d 为单股游人进入宽度（m）（1.5m）；q 为单股游人高峰小时通过量（人）（900 人）。

第六节 园 椅

一、园椅的功能

人们在园林中休憩歇坐，促膝畅谈，无不与园椅相伴。园椅是园林中供游人休息的桌椅用品，常见于公园、小区、大型游乐场、购物广场等公共场合。随着城市景观的发展，园椅已经成为城市景观中的一道亮丽风景线。为人们带来了便利，使环境更加和谐。

因此，园椅是园林环境中不可缺少的园林建筑小品。其为人们在园林景观中休息、赏景提供了便利和空间。其具体功能可分为实用功能和观赏功能。

1）实用功能

实用功能是园椅的首要功能，在景色秀丽的水滨、植物掩映中，在山巅上、广场中等地设置园椅，给游人提供欣赏美丽景观的地方。尤其在需要不时等待的场所或高体能消耗的景区地段，园椅的存在更是不可或缺。其供游人就座休息，欣赏周围景物；在景色秀丽的湖滨、高山之巅、花间林下，设置园椅，可供人欣赏湖光山色，观赏奇花异卉。尤其在街头绿地或小型游园，人们需要更长的时间就座休息，园椅成为不可缺少的设施。

2）观赏功能

在园林中，园椅不仅作为休息、赏景的设施，而且作为园林装饰小品，以其优美精巧的造型，点缀园林环境，成为园林景物之一。在园林中恰当地设置园椅，将会加深园林意境的表现，例如，在苍松古槐之下，设以自然山石的桌椅，可以使环境更为优雅古朴；在园林广场的一侧，花坛四周，设数把长条形长椅，众人相聚，欢乐的气氛油然而生。在园林大片自然林地，有时给人以荒漠之感，倘若在林间树下，置以适当的园椅，则使人顿感亲切，人迹所到也给大自然增添生活情趣，所以小小园椅衬托园林气氛，加深体现园林意境。

二、园椅的类型

园林中的园椅大致分为两类。

1）显性园椅

显性园椅是传统意义上的桌椅，它们在园林景观中造型丰富、功能明确，时常独立存在，为游客提供休憩和娱乐空间，是园林景观中的主要休息设施。

2）隐形园椅

隐形园椅是在近代园林景观设计中兴起的，其往往和其他园林建筑小品相结合，节省空间并具有一定的整体感，如与花坛相结合的花池、树池以及台阶相结合的座椅。这些隐形园椅不仅可以提供游客休息，也能和环境融合，亦具有一定的装饰功能（图 8-76）。

图 8-76　显性园椅和树池型隐形园椅

三、园椅的设计要点

1. 舒适感

为了取得景观效果，园椅在设计中往往要做一定的艺术处理，但在艺术造型处理中，必须要求符合使用功能，满足尺度、人体工学和造型方面的要求。

园椅尺寸要求：园椅一般要求坐板高度为32～45 cm；靠背与水平夹角为98°～105°；靠背高度35～65 cm；椅面的深度40～60 cm；椅面宽度单人60～70 cm，双人120 cm，三人180 cm。

园桌尺寸要求：桌面高度70～80 cm；桌面宽度70～80 cm（四人方桌）或直径75～80 cm（四人圆桌）。

这些尺寸要求能够使游客坐着感觉相对舒适，增加园椅的实用性（图8-77）。

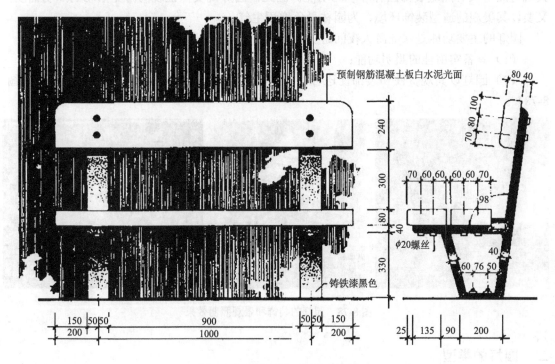

图 8-77　圆椅设计尺寸举例示意

2. 园椅的位置选择

人们坐在园椅上主要体现在五种行为：谈、听、想、看、歇。在设计中，应根据游客的这些心理或行为来布置园椅。

常见在湖边池畔、花间林下、广场周围、园路两侧、山腰台地、游憩及服务性建筑旁等位置布置园椅。

应注意在布置园椅时，尤其是在广场中或广场周边的园椅应布置一定的遮阳设施配套，以免夏季暴晒导致园椅设施形同虚设无人问津。

3. 园椅的布置方式

园椅在园林景观中可单独布置，也可成组布置；既可自由分散布置，又可有规律地连续布置或阵列布置，在设计中，应因地制宜，与环境相融合布置。在设计中应注意的是绿地公园对于游客而言是休闲场所，园椅不应布置得太过拥挤。同时应考虑不同人群的需求，或开敞方便观景，或具有一定的私密性或个性主题。

第七节　园　灯

一、园灯的功能

　　园灯即在园林景观中，既有照明功能，又能够点缀和装饰园林景观的这一类灯具的总称。其既有照明又有点缀装饰园林环境的功能。因此，园灯既要保证晚间游览活动的照明需要，又要以其美观的造型装饰环境，为园林景色增添生气。

　　园灯的主要功能是保证游人夜间游览活动的照明需要。

　　（1）具备实用性的照明功能；

　　（2）园灯以其观赏性和装饰性还可以成为园林绿地装饰景观的一个重要组成部分（图8-78）。

图 8-78　园灯的装饰和景观照明效果

二、园灯的类型

　　灯光照明小品主要包括城市园林绿地中的路灯、庭院灯、灯笼、地灯、投射灯、装饰灯等。同时，还有为了突出园中的主要景物的园灯，包括建筑照明、桥梁照明、告示牌照明、水体照明、山石草木等自然景物的照明。其中，在园林景观中最为重要和常见的照明类型是道路照明、建筑照明和景观环境照明。而在景观中运用最多的是路灯和装饰灯。

1. 路灯

　　主要用于园林景观内或城市景观和道路的照明，同时应具备美化景观、点缀环境的作用。路灯是城市环境中反映道路特征的照明装置，它排列于广场、街道、高速公路、住宅区和园林路径中，为夜晚提供照明之便，也是景观设计中应特别关注的内容。路灯主要由光源、灯具、灯柱、基座和基础5部分组成。光源有 LED 灯、白炽灯、卤钨灯、高压水银灯、高压钠灯和金属卤化物灯等。

　　路灯的分类：

　　（1）低位置　园林地面、建筑物入口等；

　　（2）步行街路灯　高度3～6 m，中、近距离感受，含装饰护栏灯；

　　（3）停车场和干道路灯　高度4～15m；

（4）专用灯和高杆灯　工厂、仓库、操场、展览场；高杆灯为 20～40m，用于车站广场等。

2. 装饰灯

利用装饰灯明暗对比产生出深远的夜景与显示出气氛的照明，常见有各种装饰照明灯具，如灯带、霓虹灯、地灯等。绚丽明亮的灯光，可使园林环境气氛更为热烈、生动、欣欣向荣、富有生机，而柔和、轻微的灯光又会使园林环境更加宁静、舒适、亲切宜人。因此，灯光将衬托各种园林气氛，使园林环境更富有诗意。装饰灯常用于公园照明、广场照明、绿化照明、水景照明等内容。

因此，灯光造型要精美，要与环境相协调，要结合环境的主题，赋予一定的寓意，成为富有情趣并具有一定寓意的园林建筑装饰小品，例如，北京全国农业展览馆庭院中设麦穗状园灯象征丰收的景象；而广州园林中水罐形园灯设在草地一角，可引起人们对绿草鲜花的珍惜和喜爱，树皮雕塑园灯立于密林之中，使人工与自然融成一体，相得益彰，别具风韵。

装饰灯常见光源类型有卤素灯、金卤灯、LED 灯、荧光灯等类型，如白光（金卤灯）、绿光（金卤灯）和黄光（高压钠灯）。在选用装饰灯的时候除考虑装饰灯造型外，灯光源色彩亦十分重要，如运用不当，会产生如鬼屋、死树等不良效果。

三、园灯的设计要点

1）实用性与美观性相结合

对于照明性园灯而言，照明是首先要考虑的内容，在满足照明和安全的前提下，考虑与环境的结合。装饰性园灯，应主要考虑光色与被照射物体的色彩搭配，形成美感。

2）灯光的应用

灯光的应用对园林景观的意境营造有着重要作用，时常在景观中通过人工光营造气氛。但在设计和施工中应注意避免眩光，考虑灯光的散射效果（如添加遮光罩等方法），避免造成由于眩光出现的安全问题、影响游憩感受或对城市景观造成光污染。

3）体量适宜

在广阔的广场、水面等人流集中的活动场所，灯光要有足够的亮度（表 8-1），造型宜简洁大方。园灯灯杆的高度视具体情况而定，园路两侧应避免行道树遮挡路灯，一般照明性园灯多为 4～6 m，常设置灯罩避免眩光。在较为封闭和狭小的空间则应该以地灯、草坪灯（高度一般在 90 cm 以内）、石灯笼的形式设计园灯，灯光设计也应柔和。

表 8-1　景观照明照度值参考

场地名称	推荐照度（lx）
住宅小区道路	0.2～1
公共建筑的庭院道路	2～5
大型停车场	3～10
广场	5～15
隧道（长度在 100 m 以内）的直线隧道（白天）	100～200
傍晚和夜间	37～75

4）位置得体

园灯的位置选择应在草坪、园路、喷泉水体、桥梁、广场（活动场地）、园椅、展栏、花坛、台阶、雕塑。

第八节　园　　墙

园墙是园林景观中用于分隔和围合园林空间、丰富及组织园林景观、引导游览路线、点明景观局部主题、自身亦可起到点景作用的园林建筑小品。

一、园墙的功能

园林墙垣有围墙与景墙之分，园林围墙作为维护构筑，其主要功能是防卫作用，同时具有装饰环境的作用，而园林景墙的主要功能是造景，以其精巧的造型点缀园林之中，成为景物之一。

1. 围护、限定范围的作用

在使用功能上主要能起到防卫、分隔的安全作用，并且兼具景观美化作用。常见形式如各种形式的院墙。

2. 美化装饰园林环境

园墙注重其美化和装饰环境的功能，突出其在视觉上的艺术效果，能够起到改善整体景观外貌的作用。景墙也可独立成景，与周围的山石、花木、灯具、水体等构成一组独立的景物。规模化运用园墙造景手法能够起到改善城市整体景观的作用。

园林墙垣上的门洞、漏窗，在造景上有着特殊的地位与作用，不仅装饰各种墙面使墙垣造型生动优美，更使园林空间通透，流动多姿，孤立的门洞和漏窗的欣赏效果是有限的，但如果能与园林环境配合，构成一定的意境则情趣倍增，可利用门洞、漏窗外的景物，构成"框景""对景"，则另有一番天地。因此，门洞、漏窗后的蕉叶、山石、修竹都构成优美画幅的因素，"步移景异"正是对这些园林门洞、漏窗所组成的一幅幅立体图画的概括，若漏窗与盆景布置相结合，更是锦上添花，虚实相衬，使画意更浓。

3. 划分和组织空间，导引游览路线

园墙是在园林景观中限定空间的要素之一，是划分空间、隔断人流、遮挡视线的重要手段。同时，由于园墙的阻隔作用，多组园墙组合可以形成一定的引导作用，形成路线开口或利用园墙围合来引导人流。我国园林空间变化丰富，层次分明，各种园林墙垣穿插园叶中，既分隔空间，又围合空间；既通透，又遮障，形成园林空间。有的开敞，有的封闭，各有风韵。园林墙垣可分隔大空间，化大为小，又可将小空间串通迂回，小中见大，层次深邃。

4. 视觉中心或点景作用

园墙以其独特的建筑造型工艺和形态可以形成景观中的视觉中心，引导游人目光，点明景观主题，如照壁等园墙形式。园林墙垣本身是界定空间范围的构筑物，但在园林中以其优

美的造型与装饰强烈地吸引游人视线，使其成为引导游人的导游小筑，在出入口处更是以其鲜明的形象，成为出入口的标志物。

5. 遮挡劣景和遮挡视线的作用

由于园墙的遮挡作用，可以利用园墙遮挡劣景或遮挡视线。

二、园墙的类型

1. 按照园墙材料和构造区分

常见有石墙、砖瓦墙、清水墙、白粉墙等。各类型的园墙形式运用均十分广泛（图 8-79）。

图 8-79　石墙、砖瓦墙、清水墙、白粉墙

1）石墙

具有古朴、生态的特点，其具备的石材肌理和缝隙可以起到一定的排水作用并允许植物生长。常见有文化石墙、砌石墙、石笼墙等。浆砌石墙主要作为挡墙比较常见。

2）砖瓦墙

砖瓦墙可以通过不同的色彩及砌筑方式产生新颖和丰富的肌理及图案效果，同时红砖黄瓦能够形成具有中国皇室文化符号的景观效果。

3）清水墙

清水墙就是砖墙外墙面砌成后，只需要勾缝，即成为成品。其不需要外墙面装饰，砌砖质量要求高，灰浆饱满，砖缝规范美观。相对混水墙而言，其外观质量要高很多，而强度要求则是一样的。因此清水墙具有外形朴质的特点，能给人自然清新的感受。

4）白粉墙

白粉墙的应用广泛，具有朴实、典雅的视觉效果，是用作背景衬托的良好选择，与青砖、青瓦配合显得清爽明快，如徽派民居的院墙。

2. 按照园墙的功能区分

1）围墙

主要起到围护、限定范围作用，在园内围合成园中园，以及分割组织和引导游览路线的作用（图 8-80）。

2）屏壁

即独立式的园墙——景墙。主要起组景、造景作用，有时还起到划分空间和作视线屏障作用的景观性、纪念性或观赏性墙体（图 8-80）。

图 8-80　围墙（左）和景墙（右）

三、园墙的设计要点

1. 位置选择

1）围墙

围墙主要设于园林或各种空间（功能空间）的周边（园中园），景物或建筑物发生变化的交界处，地形、地貌变化的交界处，空间形状、空间大小起变化的交界处。

2）景墙

结合造景"俗则屏之，佳则收之"。在入口、路交叉口或作为园中独立景点设置景墙。园墙在位置选择时，要考虑到能够产生"框景"、"对景"、"障景"的效果，要与游人、视线、景物结合起来进行统一考虑。

2. 材料质感

不同的材料组成的景墙带来的效果和心理感受是不同的。就地取材，能体现地方特色，又具有经济的效果，应给予充分考虑。各种石料、砖、木材、竹材、钢材均可选用，并可组合使用。常见如下材料：

（1）石墙　虎皮墙、规则砌缝石墙、不规则直缝石墙。

（2）土筑园墙　古典园林常做成白粉墙。

（3）砖园墙　朴实无华。

（4）钢管立柱园墙。

（5）混凝土立柱铸铁园墙　实用美观，造型多样，结构合理，应用广泛，耐腐蚀性弱。

（6）混凝土板园墙。

（7）木栅园墙　同竹篱笆一样自然质朴，有原木也有仿木，缺点是原木不耐腐，但可以防腐木或者木塑复合材料做替代。

（8）玻璃景墙　视线通透，具有现代艺术感。

3. 韵律感

园墙随着纹理与走向的差异，能够带来不同的韵律。水平的线条带来舒展的感觉；垂直的线条带来雄伟挺拔的感觉；斜线和折线表达动感和轻快活泼的感觉。配以园墙的高矮、曲直、虚实、光滑与粗糙、有檐与无檐的变化，塑造独特的韵律。

4. 与其他功能和元素相结合

园墙的形式多样,可与亭、廊、建筑等相结合(图 8-81),亦可借助周围的花草、树木、山石、水池等作为衬托。园墙设置很灵活,可爬山,又可涉水,可高低错落,但要与周围环境相统一。

图 8-81　园墙与亭廊结合形成半亭、半廊

5. 园墙的安全性考虑

园墙必须有一定的稳固性,影响稳固性的要素有砌体特性、高厚比、墙面接缝、地基沉降、水的侵蚀、墙体的材料及组合方式等。墙垣设置要注意坚固与安全,尤其是孤立片直墙,要适当增加其厚度,加设柱墩等,设置曲折连续的墙垣,也可增加稳定性。

6. 园墙的构造设计

1) 墙高

园墙高度从地面升起 0.3 m,就能起到划分景观范围的作用,并能保持视觉的连续性。如果升高到 1.2 m 时,则人的身体大部分看不到,这种高度除了能区分空间,还能给人以某种心理上的安全感。到 1.8 m 时,空间的封闭感就很强,可以达到完全分割的效果。围护性园墙一般不小于 2.2m。起装饰作用的园墙,高度要根据环境和景物所需而定。

2) 基础

一般墙垣基础务必设在冰冻线以下,以防冻胀损坏,如华北地区冰冻线一般在 1 m 深左右,东北地区冰冻线在 1~2 m 深左右。当基础过深时,可选用砖拱、基础梁等结构形式。基础防潮层可用 20 mm 厚 1：2 水泥砂浆(可加 3% 防水剂)。

3) 墙厚

墙厚与选用材料及墙高度等有关,例如,一般砖围墙为 240~370 mm,毛石墙厚度应大于 500 mm。墙垣应设置排水孔,其间距应按当地降雨量及地形特点确定,一般排水孔尺寸应大于 120 mm×120 mm。一般墙垣直线距离每隔 4~5 m 应作柱墩加以支撑,以增加墙的稳定性。增加墙厚度或做曲折墙亦可增加墙体的稳定性。

4）墙与门窗及其他构件的组合

墙顶应作防水压顶，可用小青瓦、简瓦、水泥砂浆及预制钢筋混凝土压顶板等。墙面开设门洞、漏窗及设置花格、装饰等，一般宜用预制构件，施工过程应事先加以考虑，作预留孔或构件。植物种植池或墙面种植盆，其大小尺寸应符合植物生长要求及管理上的可能性。

5）景墙在现代建筑中的运用——镂空墙

镂空墙可以营造丰富的室内光影效果，其比景窗的透光面积更大，光影变化效果更加丰满（图8-82）。

图 8-82　镂空墙景观效果

6）建筑材料

尽量就地取材，能体现地方特色，又具有良好的经济效果，应给予充分的考虑。各种石料、砖、木材、竹材、钢材、混凝土等均可选用，并可组合使用。

第九节　园林展示小品

园林展示性小品是园林中极为活跃、引人注目的文化宣教设施，它的类型包括展览栏、阅报栏、展示台、园林导游图、园林布局图、说明牌、警示牌、布告板以及指路牌等各种形式。内容涉及国家基本法规的宣传教育、时事形势、科技普及、文艺体育、生活知识、娱乐活动等多个领域的知识性宣传，是园林中群众性的开放的宣传教育场地，其内容广泛，形式活泼，群众易于接受，因此深受广大群众的欢迎。

一、园林展示小品的功能

园林展示小品在景观园区中具有引导、说明、警示、展示、宣传、公示等作用。作为园林建筑小品，展示性设施应具有造型美观及实用功能并重的特点。从布局上到造型上均应与园林环境协调统一，使其富有园林特色。

二、园林展示小品的设计要点

1. 注重布局

在布局上要形成优美的空间环境，使其既宜于参观欣赏展品，又宜于休息，要有良好的尺度感，要考虑游人停留、人流通行、就座休息等必要的尺度要求，以及其他景物、小品设置的要求，在路旁的展牌、标牌等一定要退出过往人流的用地，以免互相干扰。为使环境生动活泼，展示小品可结合园椅、园灯、山石、花木等统一布局，使其融为一体，背景的布置是衬托展示小品的有力手段，应给以充分考虑。

2. 良好的视觉条件

良好的视觉条件是观展、阅览活动的重要保证，室外光线充足适于观展，但应避免阳光直射展面。环境亮度、地面光反射强度与展览栏相差不可过大，以免造成玻璃面的反光，影响观展效果。巧妙利用绿化可改善不利的光照条件。

3. 尺度设计

设计上展示小品的尺寸要合理，体量适宜，大小高低应与环境协调，一般小型展面的画面中心离地面高度为 1.4～1.5 m，要考虑夜间的照明要求，随之而来的展栏内的通风、降温等问题应充分考虑，要防渗漏以免损坏展品。

4. 位置选择

园林展示性小品的位置选择：园路、园林出入口、休息广场、游人集散停留空间、护墙界墙、公共建筑近旁、需遮障地段，结合园林要素（山石、花坛等）、结合游憩建筑。

5. 形式活泼突出特色

园林展示小品在设计中应避免干巴巴地传递信息，应将要传达的信息内容与当地的景观环境和人的感受结合起来（图 8-83），突出特色，使人印象深刻。尤其是对于警示性标识，尽可能用图像表示（图 8-84），相比传统的"禁止向动物喂食"、"禁止垂钓"、"水深危险"等简单标语要好得多。

图 8-83　简单的路牌与结合景观环境特色的路牌对比

图 8-84　图像表示和文字表示的警示牌对比

第十节　园 林 雕 塑

　　雕塑是具有三维空间的艺术，在人类文明发展的历史长河中，雕塑常作为建筑或环境的表意物而相伴发展。无论任何建筑或环境一旦与雕塑结合则倍增他们的思想性和艺术性，取得良好的效果。

　　随着社会的发展和时代的进步，雕塑已从王权和宗教的桎梏超脱出来，走向生活，走向大众，既反映了时代的精神面貌又装饰了环境，并陶冶了人们的心灵，起到激励人们思想和生活的积极作用。

　　园林中设置雕塑历史悠久，我国早在汉代园林，建皇宫的太液池畔，就有石鱼、石牛及织女等雕塑。现存的古典园林如颐和园、北海公园等均留存有动物及人物等雕塑。西方园林中，在文艺复兴时期，雕塑已成为意大利园林中的主要景物。在现代国内外园林中，雕塑更被广泛应用并占有重要地位。

一、雕塑的设置

　　园林环境优美，地形、地貌丰富，有水体、平地及山冈丘壑，并有花草树木等构成各种不同的环境景观，雕塑的题材应与环境协调，互相衬托，相辅相成，才能加强雕塑的感染力，切不可将雕塑变成形单影孤、与环境毫不相关的摆设。因此，恰当地选择环境或设计好环境，是设置园林雕塑的首要工作。

二、视线距离

　　人们观察雕塑首先是观察其大轮廓及远观气势，要有一定的远观距离。进而是细查细部、质地等，故还应有近视的距离。所以在整个观察过程中应有远、中、近三种良好的距离，才能保证良好的观察效果。因此，还要考虑到三维空间多向观察的最佳方位与距离。

三、空间尺度

雕塑体的大小与所处的空间应有良好的比例与尺度关系，空间过于拥挤或过于空旷都会减弱其艺术效果，并要考虑观赏折减和透视消逝的关系，对形象的上下、前后应作一定的修正和调整。

四、雕塑基座

基座是雕塑的一个组成部分，在造型上烘托主体，并渲染气氛。雕塑的表现力与基座的体型相得益彰，但基座又不能喧宾夺主。因此，不能将基座孤立设计，在最后加上一个体块而已，而是从设计一开始就将基座纳入总体的构想之中，除应考虑基座的形象、体量外，对其质地、粗细、轻重、亮度等均应做仔细的推敲。

五、材料和色彩

适宜的雕塑材料和色彩将使雕塑形象更为鲜明、突出。雕塑的材料和色彩与主题形象有关，同时与环境及背景的色彩密切相关。

材料方面：反映历史题材、故事、传记的往往以汉白玉、锻铜、砂岩等作为雕塑的材料（图 8-85），而保持材料原本的色彩；反映现代朝气、快节奏的雕塑则常见于玻璃、耐候钢、不锈钢、玻璃钢、亚克力等材料结合照明材料做雕塑，其色彩也是活泼丰富的。

图 8-85 不同材料的景观雕塑

色彩方面：白色的雕塑与浓绿色的植物形成鲜明的对比，而古铜色的雕塑与蓝天、碧水互成美好的衬托。现代雕塑的色彩，材料均比以往大为丰富，而园林环境亦绝非仅是植物，故应认真考虑其色彩的互相呼应。

六、雕塑分布

在园林景观设计中，雕塑作为园林小品可起到画龙点睛的作用，亦可丰富园林景观效果，在雕塑设计中应注意雕塑分布情况。一般在景观中雕塑不宜太密集，否则会显得杂乱，甚至是如同在贩卖雕塑。对于纪念性景园，雕塑应简洁大气，可居中布置主体雕塑，周围对称布置小雕塑衬托。对于雕塑专类园或普通景观雕塑，其视野应尽量开敞，不宜出现某一小区域雕塑扎堆的现象。

第十一节　园　桥

园桥在园林中的地位很重要，是联系园林之中水陆交通的重要设施。园桥以其优美多变的造型，起到共同景区或景点、组织游览路线的作用，同时结合当地一些传说或故事，亦能成为地域文化的重要载体，引起人的美好联想和共鸣。桥在园林中以其优美的造型点缀山川，塑造园林美景。桥联系水陆交通，联系建筑物，联系风景点，组织游览路线，还可划分水面空间，增加景色层次。因此，园桥是园林中重要的造景要素之一。

一、园桥的功能

园桥相对于一般的桥而言，在满足交通功能的前提下，更具有较高的艺术性。可以说，在园林景观中园桥在造园艺术上的价值，往往超过交通功能。其功能在园林景观中，可以概括为以下几点：

（1）联系水面的风景点。

（2）引导游览路线，如曲桥。一般路程长，相当于游路的作用。

（3）点缀水面景色。通常要有优美的造型（图8-86）。园林水面或聚或分，自由灵活，多姿多彩，其形状、大小、水量等都与桥的布局及造型有关。宽广的大水面，或水势急湍者，则宜建体量较大、较高的桥；水面较小且水势平静，宜建低桥、小桥，有凌波微步之感；涓涓细流，宜建紧贴水面的汀步。在平静的水面建桥更应取其倒影，或拱桥或平桥，均应与倒影效果联系起来。桥的造型、体量还与两岸的地形、地貌有关，平坦的地面、溪涧山谷、悬崖峭壁或岸边巨石、大树等都是建桥的基础环境，桥的造型体量应与其相协调。

图8-86　造型优美的园桥

（4）增加风景层次，如折桥。多重弯折，可以形成层次的递进关系。从而增加景观的层次感。

二、园桥的类型

在景观中常见的园桥有梁桥、拱桥、浮桥、吊桥、亭桥与廊桥、汀步几种类型（图8-87，图8-88）。

图 8-87　木板梁桥、拱桥、浮桥效果

图 8-88　吊桥、廊桥、汀步效果

1）梁桥

以梁板跨于水面之上。在宽而不深的水面上，可设桥墩形成多跨的梁桥。梁桥要求平坦，便于行走与通车。梁桥外形简单，有直线形和曲折形，结构有梁式和板式。一般梁桥据材料常分为木梁（板）桥、石梁（板）桥、钢筋混凝土梁（板）桥。

2）拱桥

拱桥一般跨度较大，满足上面通行、下面通航的要求。拱桥的形式多样，常见有单拱、三拱到连续多拱。按照材料，拱桥常见有木拱桥、石拱桥、混凝土拱桥、钢拱桥等。

3）浮桥

浮桥是在较宽水面通行的简单或临时性园桥。其可以免去做桥墩基础等工程措施，常用船只或浮筒代替桥墩，上架梁板用绳索拉固形成浮桥。在水景设计中，浮桥可以给人以独特的步行体验，因其往往属于临时性措施，重点不在于交通组织。

4）吊桥

在急流深涧、高山峡谷，桥下没有修建桥墩的条件下，宜建吊桥。吊桥可以大跨度地横卧水面，钢索悬而不落。吊桥往往具有优美的曲线，常给人以轻巧之感。

5）亭桥与廊桥

使亭、廊和桥的功能结合在一起，形态优美，亦可遮阳避雨，又增加了桥的形体变化。亭桥、廊桥既有交通作用，又有游憩功能。在园林中起着点景、造景的效果，可以丰富水面构图、增加景观层次等。

6）汀步

汀步，又称步石、飞石、跳墩子，浅水中按照一定间距布设块石，微露水面，有着质朴自然的特点。汀步是有情趣的跨水小景，使人走在其上，脚下清泉，鱼群可见，从而产生亲水之感。汀步适合布置在浅滩、小溪以及跨度不大的水面。汀步布设应注意安全。汀步横向宽度在 400～500 mm，相邻两汀步之间的间隔为 200～250 mm 比较合适。

汀步形式主要分为自然式和规则式两种：

自然式：用天然石材自然布置，宜设在自然石岸或假山石驳岸处，可以获得景观协调效果。规则式：常见有圆形、方形或者模仿荷叶等水生植物造型，将步石美化成荷叶形，称为"莲步"，可用石材切割或混凝土砌筑等形式。

三、园桥的设计要点

1. 园桥的位置选择

（1）桥应该与园林道路系统相配合，方便交通；联系游览路线与观景点；组织景区分割与联系。

（2）桥设置应使环境增加空间层次、扩大空间效果（如水面较大时，应选择窄处架桥；水面小时，要注意水面的分割，使水体分而不断）。窄处通桥，是既经济又合理的首选的建桥基址。此外，还要考虑行人交通的需要，人流量的大小、桥上是否通车、桥下是否通船，都会影响桥的承载能力与净空高度。目前新技术的发展与利用，为丰富桥的造型，创造既新颖美观又结构合理的园林小桥提供了有力的技术保证。

（3）园桥的设置要和景观相协调。①大水面架桥，又位于主要建筑附近时，造型应宏伟壮丽，重视桥的体量和细节的表现。②小水面架桥，则宜轻盈质朴，简化其体型和细部。③水面宽广、水深或水势湍急的，桥宜较高并加栏杆防护。④水面狭窄、水浅或水流平缓的，桥面可以低设，亦可不加栏杆。⑤水陆高差相近的，可以平桥贴水布设，过桥如履水面，凌波微步。⑥沟壑断崖上"危桥"高架，能显示山势的险峻。⑦水体清澈明净，桥的轮廓需考虑倒影（桥体造型必须整体美观）。⑧当地形平坦时，桥的轮廓宜有起伏，以增加景观的变化。

2. 园桥栏杆设计

桥体上的栏杆，是丰富桥造型的重要因素，应与桥体的大小、轻重相协调，栏杆高度既要符合安全要求，又要符合桥的造型要求。如苏州园林小桥，一般设低栏杆或单面栏杆，轻巧、简洁，甚至不设栏杆以突出桥的轻快造型。

3. 园桥与驳岸关系处理

桥头的岸壁的衔接要恰当，忌生硬呆板，常以园灯、雕塑、山石、花台树池等点缀，可丰富环境，也有显示桥位、增强安全的效果。

4. 园桥桥体照明

桥体照明，既为交通需要，更为突出桥体造型。灯具可结合桥的周边设计，勾画出整个体型，也可用照射灯照亮全桥，突出夜间的造型效果。

第十二节　园 林 栏 杆

栏杆，中国古称阑干，也称勾栏，是常见于桥梁和建筑上的安全设施，亦是园林中的建筑小品。栏杆在园林景观中可起到安全防护、分隔、导向、组景的作用，使被分割区域边界明确清晰。园林栏杆点缀装饰园林环境，以其简洁、明快的造型，丰富园林景致。

一、园林栏杆的功能

1. 防护功能

防护是栏杆的主要功能，在设计时应注意栏杆高度及护栏间隙。

2. 分隔空间、组织人流的功能

园林栏杆是围范园林空间的要素之一，因此具有分隔园林空间、组织疏导人流及划分活动范围的作用。园林栏杆多用于开敞性空间的分隔，在开阔的大空间中，常给人空旷之感，若设置栏杆，人们可凭栏赏景，给人以依附和安全感，在空旷中获得亲切感。园林中各种活动范围和功能区分，常以栏杆为界。因此，园林栏杆常作为组织、疏导人流的交通设施。

3. 装饰功能

栏杆虽不是主要的园林景观构成，但其是常用的园林建筑小品，若运用得当，可以形成落笔生辉的效果（图8-89）。园林栏杆，具有较强的装饰性和确切的功能性，因此，首先要有优美的造型，其形象风格应与园林环境协调一致，以其优美的造型来衬托环境，加强气氛，加强静止态的表现力。例如，北京颐和园为皇家园林，采用汉白玉栏杆，其持重的体量、粗壮的构件，构成稳重、端庄的气氛。而自然风景区的栏杆，常采用自然本色材料，尽量少留人工痕迹，造型上则力求简洁、朴素，以使其与自然环境融成一体。

图 8-89　园林栏杆的装饰效果

4. 游憩功能

园林栏杆还是为游人提供就座休憩之所，尤其在风景优美、有景可赏之处，设以栏杆代替坐凳，既有维护作用，又可就座赏景。园林中的坐凳栏杆、美人靠凳均为此例。

二、园林栏杆的类型

1. 按高度分

栏杆按照其高度不同一般常分为高、矮两种。前者统称为栏杆，后者习惯上称为半栏或矮栏。高栏强调对人的防护功能，矮栏可以对地被植物形成保护，亦可作坐凳栏杆使用。

木结构高栏一般有三道横档（图 8-90），一、二道横档之间距离较短，称夹堂，常镶有花雕。二、三道横档上下距离较大，称总宕，也叫芯子，有各种图案。

图 8-90　木结构高栏分析

2. 按照传统分

1）寻杖栏杆
也被称为"巡杖栏杆"，是常见的栏杆式样，由寻杖、望柱、华板、地栿等构件组成（图 8-91）。

2）栏板式栏杆
栏杆中只有望柱及柱间的栏板，没有寻杖之类的构件，称为"栏板栏杆"，栏板上常见有精美雕刻，增加了栏杆的艺术性和观赏性（图 8-92）。

3）直棂栏杆
直棂栏杆造型简单，在其寻杖和地栿之间没有华板等构件，而置以若干直立的木条（图 8-93）。

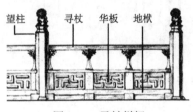

图 8-91　寻杖栏杆

图 8-92　栏板式栏杆

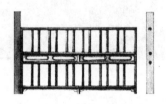

图 8-93　直棂栏杆

直棍条穿过上部的寻杖，则这种栏杆被称为"櫈子栏杆"，是直棍栏杆的一种。棍条上部削成尖形，防护的意味更强。

4）罗汉栏板

罗汉栏板只用栏板不用望柱，比栏板栏杆更为简洁，栏板两头常以抱鼓石结束（图8-94）。

5）坐凳栏杆

坐凳栏杆一般较矮，在矮栏之上放置平整的木板，使矮栏看起来像是一个条凳，人们可在之上闲坐休息（图8-95）。

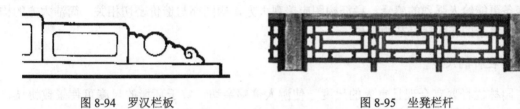

图8-94　罗汉栏板　　　　　　　　　图8-95　坐凳栏杆

6）花式栏杆

花式栏杆简称"花栏杆"，以拥有大面积的雕花棍格著称。构件主要有望柱和花格棍条，多不用寻杖。花格棍条花样丰富，变化多端，雍容华贵（图8-96）。

图8-96　花式栏杆

三、栏杆的设计要点

1. 栏杆的设置

栏杆在园林中不宜普遍设置，尤其是浅水池、平桥、小路两侧和高差不明显的地方，尽量先不考虑设置栏杆。在必须设计栏杆的地方，应强调将栏杆的防护、分隔等作用与美化、装饰等功能有机结合。在栏杆设计时，应力求栏杆与园林景观的大环境统一、协调。栏杆的高度设计应因地制宜，与功能需要相结合，不能简单以高度衡量栏杆设计。

2. 栏杆的造型

园林栏杆的造型，一般以"简洁为雅"，切忌繁琐。造型上的简繁、轻重、曲直、实透等均须与园林环境协调一致。栏杆的花格纹样应新颖，并应具有民族特色，色彩一般宜轻松、明快。

栏杆是连续的构筑物，常按单元划分制作，各单元对接成为连续的长栏杆。要求栏杆的构图单元应美观，在长距离内连续重复，应产生韵律和美感。一般具体的图案、标志不如几何线条更能给人强烈的感受。栏杆构图应美观大方，构图亦与造价密切相关，简洁大方的构图要比复杂的花式栏杆节约造价。

3. 栏杆的尺度

园林栏杆要有合理且宜人的尺度，使游人倍感亲切，宜于环境的尺度可使景致协调，更便于功能的发挥，栏杆的高度为：低栏 0.2～0.3 m，中栏 0.8～0.9 m，高栏 1.1～1.3 m。高度选择应因地制宜，切不要以栏杆的高度来代替管理，使绿地空间截然被分开。在能用自然的、空间的办法达到分隔的目的时，少用栏杆，如用绿篱、水面、山石、自然地形变化等。

草坪、花坛边缘用低栏，明确边界，也是一种很好的装饰和点缀。花坛与草地边缘的装饰性栏杆的高度为 20～40 cm。坐凳式栏杆的高度为 40～45 cm。

在限制入内的空间、人流拥挤的大门、游乐场等用中栏，强调导向。

在高低悬殊的地面、动物笼舍、外围墙等，用高栏，起防护和分隔作用。

4. 栏杆的设计要求

（1）低栏：应防坐防踏。如有"坐"的需求，应设计为坐凳栏杆。不提供"坐"功能的栏杆，可设计成波浪造型，有时杆件朝上，应构造牢固，造型优美。

（2）中栏：应考虑"防钻"，尤其是在临空的地方应注意儿童的安全，杆件净间距不得大于 14 cm。如无需考虑防钻，构图优美是其关键。

（3）高栏：主要考虑防止攀爬，在栏杆下部不要涉及太多的横向杆件造型。

（4）牢固要求：栏杆最基本的使用功能为安全围护，若栏杆本身不坚固，就失去重复使用的意义，而且更增加隐患，在工程中常有重美观、轻坚固的现象。栏杆的立柱要保证有足够的深埋基础和坚实的地基。立柱间距离不可过大，一般在 2～3m，应按材料确定。受力的栏杆应有足够的强度要求，衔接应牢固。

5. 栏杆的用料

栏杆选择材料，宜就地取材，体现不同风格特色，栏杆用料常用石、木、竹、砼、金属、玻璃等。现代景观栏杆常用玻璃、铸铁、不锈钢、汉白玉等。在实际设计中，亦会出现多种材料交叉运用的情况。

竹木栏杆自然质朴，在设计时应做防腐处理。

铸铁栏杆造型多样，美观通透，但特性较脆，如有损不易修复。

玻璃栏杆造型现代、通透，但特种玻璃造价较高。

混凝土栏杆造型较为笨拙，一般做栏杆构件或基础较多。

钢栏杆（钢管、型钢、钢筋等）造型简洁、通透，加工工艺方便，造型丰富多样，纹样和图案多变，便于表现时代感，耐久性好，但易受腐蚀。

问题与思考

1. 园林建筑小品功能与特点有哪些？
2. 进行园林建筑小品设计时应注意哪些问题？
3. 亭与廊在选址上有何异同？
4. 园桥的设计有哪些要点？

第九章　风景园林中的种植设计

第一节　植物的观赏特性

依照各区功能上的特殊要求，根据公园面积大小、周围环境情况、公园的性质、活动内容、设施安排等进行种植设计。

综合性文化公园的功能一般有：文化娱乐区，体育活动区，儿童活动区，游览区（安静休息区），公园管理区等。

一、植物的大小

图 9-1　大乔木能在小花园中作主景树

在选择植物的时候，首先要考虑它的大小。按照其形态大小，可将植物分为六类。

1. 大中型乔木

从大小以及景观的结构和空间来看，最重要的植物便是大中型乔木。大乔木在成熟期高度可超过 12m，中乔木最大高度可达 9～12m。这类植物因其高度和面积，而成为显著的观赏要素（图 9-1）。一般来说，大中型乔木作为结构要素，在设计的时候要首先确定。

2. 小乔木

最大高度为 4.5～6m 的植物为小乔木和装饰植物。小乔木能从垂直面和顶平面两方面限制空间，它们也可以作为焦点和构图中心。

3. 高灌木

高灌木最大高度一般为 3～4.5m，与小乔木相比，灌木叶丛几乎贴地而长。在景观中，高灌木犹如一堵围墙，能在垂直面上构成空间闭合。高灌木可以被用来作视线屏障和私密控制。在对比作用方面，高灌木还能作为天然背景，以突出放置其前的景物（图 9-2）。

4. 中灌木

这类植物包括高度在 1～2m 的植物，叶丛通常贴于地面或稍高于地面。其作用与矮小灌木基本相同，只是围合空间范围稍大。此外中灌木还能在构图中起到高灌木或小乔木与矮小灌木之间的视线过渡作用。

图 9-2 高灌木作为突出主景物的背景

5. 矮小灌木

成熟的矮小灌木最高仅 1m，但最低必须高于 30cm。矮灌木能不在遮挡视线的情况下限制或分隔空间。在构图上，矮灌木也具有视觉上连接其他不相关因素的作用（图 9-3、图 9-4）。

图 9-3 原布局分裂呈现两个分隔的群体

图 9-4 矮灌木从视觉上将两部分连接成统一整体

6. 地被植物

指低矮、爬蔓的植物，其高度不超过 15～30cm。地被植物在设计中可以暗示空间边缘，形成不同的图案。地被植物因具有独特的色彩或质地，而能提供观赏情趣，可以作为背景，也可以在视觉上将其他孤立因素统一成整体。地被植物的实用功能还在于为不宜种植草皮或其他植物的地方提供下层植被，相较于草坪更节省养护资金与精力。

　　总之，作为植物最为引人注目的特征之一，一个布局中的植物大小和高度要尽量具有统一性和多样性（图9-5、图9-6），为其提供细节和情趣。

图9-5　形态各异，但大小相同，观赏效果较差

图9-6　形态各异，大小不同，增强了观赏效果

二、植物的外形

　　单株或群体植物的外形是指植物从整体形态与生长习性来考虑大致轮廓。植物的外形基本分为：纺锤形、圆柱形、水平展开形、圆球形、尖塔形、垂枝形和特殊形（图9-7）。

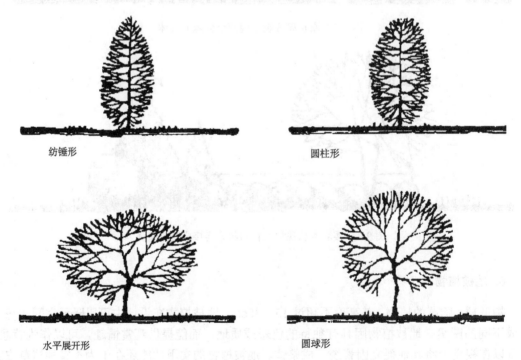

纺锤形　　　　　　　　　　　　　圆柱形

水平展开形　　　　　　　　　　　圆球形

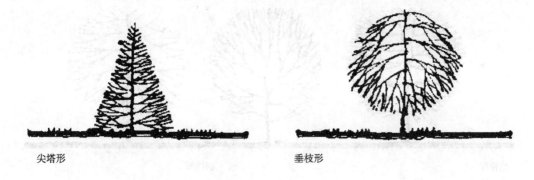

尖塔形　　　　　　　　　　　垂枝形

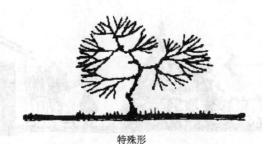

特殊形

图 9-7　植物外形的基本类型

　　在植物因其形状而自成一景或作为设计的焦点时尤为突出，当植物以群体出现时，植物群体的外观就成了更重要的方面。

　　与春、夏、秋三季比起来，树木的色彩在冬季是比较单调的，其冬态条件下枝干的线条结构就构成了景观效果的重要部分。

三、植物的色彩

　　植物的色彩应在设计中起到突出植物的尺度和形态的作用，它直接影响着一个室外空间的气氛和情感。在处理设计所需色彩时，应以中间绿色为主，其他色调为辅。

四、树叶的类型

　　在温带地区，基本的树叶类型有三种：落叶型、针叶常绿型、落叶常绿型。每一种类型又有各自的特征。

1. 落叶型

　　落叶型植物是温带主要的植物，其最显著的功能之一，便是突出强调了季节的变化。它们的枝干在冬季凋零光秃后呈现出独特的形象（图 9-8）。

2. 针叶常绿型

　　这类植物颜色相对暗绿，显得较为端庄厚重。一般作群植，用作浅色物体的背景。针叶常绿植物树叶密度大且无明显变化，色彩相对常绿，因而在屏障视线（图 9-9）、阻挡风力（图 9-10）等方面非常有效。

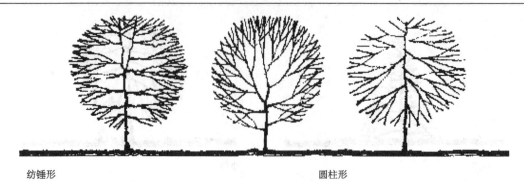

纺锤形   圆柱形

图 9-8   由落叶树木的生长习性而形成的不同形态，在冬季表现出的形象

图 9-9   常绿植物作屏障，遮挡视线

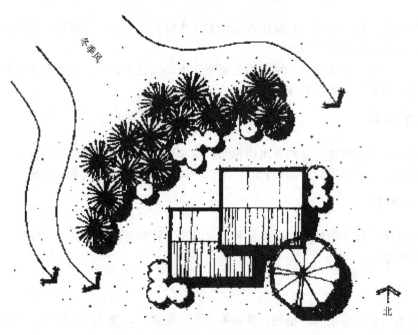

图 9-10   常绿植物作屏障，遮挡冬季寒冷的气流

3. 阔叶常绿型

该种植物叶形与落叶植物相似，但叶片终年不落。该种植物一般不耐寒，适合较温暖的地区。其叶色也较暗绿，春季常有艳丽的花朵，设计中可做视觉焦点来使用。

五、植物的质地

　　植物的质地是指植物直观的粗糙感和光滑感。它受植物叶片的大小、枝条的长短、树皮的外形、植物的综合生长习性，以及观赏植物的距离等因素的影响。通常将植物的质地分为三种：粗壮型、中粗型及细小型（图 9-11）。一般来说，越粗壮，给人的感觉越粗犷、疏松、模糊，越细小，给人的感觉越柔软、纤细、优雅。

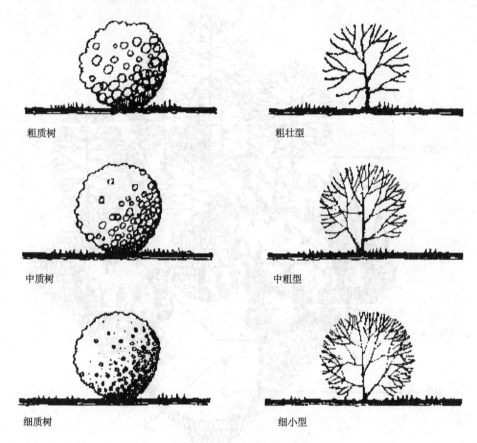

粗质树　　　　　　　　　　　　　　　粗壮型

中质树　　　　　　　　　　　　　　　中粗型

细质树　　　　　　　　　　　　　　　细小型

图 9-11　植物质地的分类

第二节　植物的功能特性

一、构成空间

　　（1）开敞空间　仅用低矮植物作为空间的主要因素。这种空间四周开敞，外向，无私密性，并暴露于天空和阳光之下。

　　（2）半开敞空间　与开敞空间相似，但半开敞空间的一面或多面部分受到较高植物的封闭，限制了视线的穿透，增加向心和焦点作用。

　　（3）覆盖空间　是指利用具有浓密树冠的遮阴树，构成一顶部覆盖、四周开敞的空间。一般说来，该空间为夹在树冠和地面之间的宽阔空间，人能穿行或行走于树干之间。

（4）完全封闭空间　不仅顶界面被覆盖，四周均被中小型植物所封闭，这种空间常见于森林中。

（5）垂直空间　运用高而细的植物能构成方向直立、朝天开敞的室外空间。

简而言之，风景园林设计师仅借助于植物材料作为空间限制因素，就能建造出许多类型不同的空间（图9-12）。植物也能构成相互联系的各种空间序列（图9-13），植物就像一扇扇门，一堵堵墙，引导游人进出和穿越一个个空间。

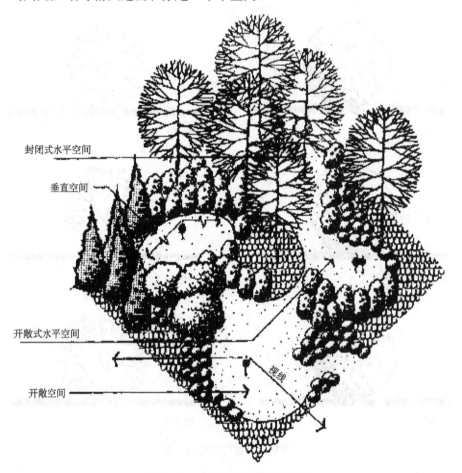

图9-12　各种空间类型的轴测图

二、引导视线

植物材料如同直立的屏障，能控制人们的视线，将所需的美景收于眼中，而将俗物障之于视线之外（图9-14）。利用阻挡人们视线高度的植物，对明确的所限区域进行围合，还可以达到控制私密（图9-15）的目的。

三、完善和统一

植物可将其他孤立的因素在视觉上连接成一个整体（图9-16、图9-17），或将建筑等人工材料延伸到周围的环境中（图9-18）。

图 9-13　植物构成和连接空间序列

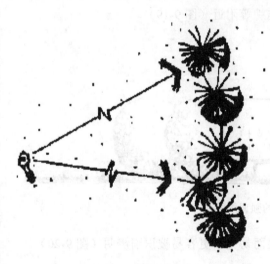

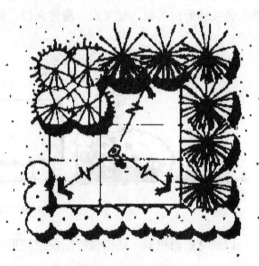

图 9-14　障景示意图　　　　　　　　　图 9-15　私密控制示意图

图 9-16　无树木时街景杂乱，协调性差

图 9-17　有树木时街景和谐统一

图 9-18　植物延长建筑的轮廓线，使建筑与周围相融合

四、强调和识别

植物可以在一个户外环境中突出或者强调某些特殊景物，由于这一特点，它非常适合放置在公共场所出入口、交叉点、房屋入口、标志牌等附近（图 9-19）。

图 9-19　植物的强调作用

识别与强调相似，是指植物能使空间更加显而易见，更容易被识别辨明（图 9-20）。

图 9-20　植物的识别作用

五、软化

植物可以在户外空间中软化或减弱形态粗糙及僵硬的构筑物，使空间更具人情味。

六、框景

植物围绕在景物周围，形成一个景框，将风景装入其中（图 9-21）。

图 9-21　植物的框景作用

第三节　乔木的种植类型

一、孤植

孤植树置于山冈上或者山脚下，既有良好的观赏效果，又能起到改造地形的作用。在道路的转弯处配置姿态优美、成色艳丽的孤植树将形成视觉焦点（图 9-22）。

二、对植和列植

对植是指两株相同的乔木对称栽植（图 9-23）。列植一般用于园林的入口，给人以对称均衡的感觉（图 9-24）。

图 9-22　孤植

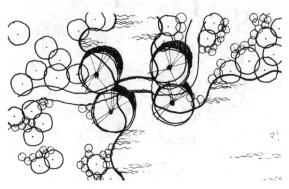

图 9-23　对植

三、丛植

丛植是城市绿地内植物作为视线焦点的常见形式，常常由十几株至几十株的树种较紧密地种植在一起，其林冠线彼此紧密衔接形成一个整体的外轮廓线（图9-25）。

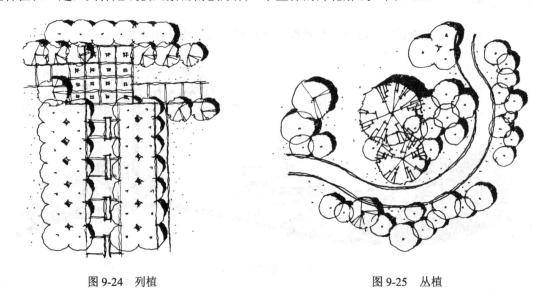

图9-24　列植　　　　　　　　　　　　　图9-25　丛植

四、林地

林地就是由几十株甚至几百株的乔灌木成群配置在一起（图9-26）。

五、疏林

疏林是指在空旷的场地上松散地栽植乔木的种植方式，覆盖率在30%～60%，在绿地中经常使用（图9-27）。

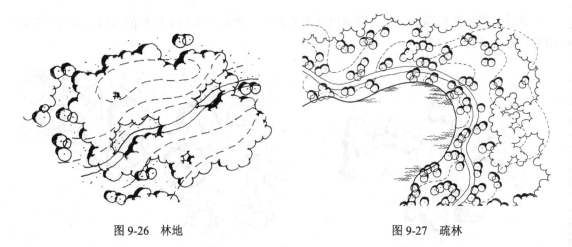

图9-26　林地　　　　　　　　　　　　　图9-27　疏林

第四节 种植设计的程序与要点

一、种植设计的程序

一般来说，进行种植设计，首先要对园址进行分析，认清问题，发现潜力，以及审阅工程委托人的要求。其次，运用一些图、表、符号在图纸上进行布局的大致构思。此时，重要的是植物种植区域的位置和相对面积，细节暂不考虑，为了估价和选择最佳设计方案，往往需要拟出几种不同的、可供选择的功能分区（图9-28）。

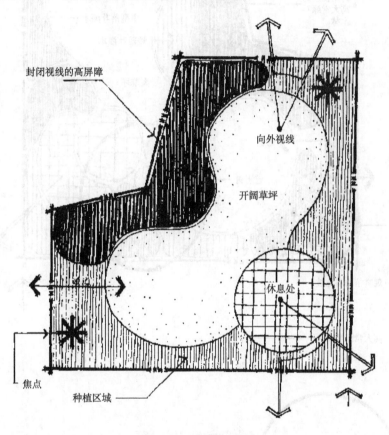

图9-28 功能分区图

对功能分区加入更多的细节，这种更详细深入的功能图，可称为"种植规划图"（图9-29）。此时设计师应将种植区域划分成更小的，象征着各种植物类型、大小和形态的区域。

分析一个种植区域内的高度关系时，理想的方法就是做出立面组合图（图9-30）。该图可以概括地分析出各种不同的植物区域的相对高度。

接下来，设计师可以进行各基本部分的设计，并在其间排列单株植物（图9-31）。此时的植物仍然以群体为主。

种植设计的最后一步，是选择植物种类，并确定其规格及数量（图9-32）。为了便于区分树种、计算株数，应将不同树种统一编号，标注在树冠图例内（采用阿拉伯数字），也可

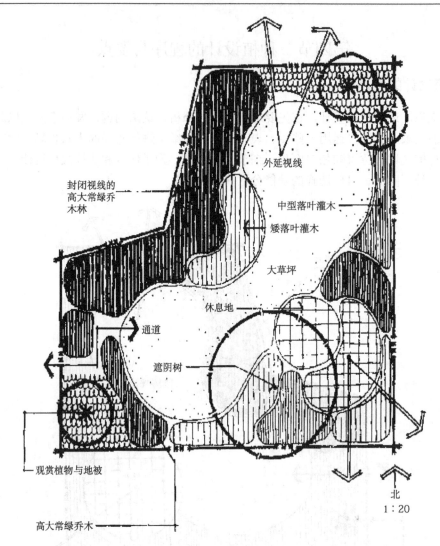

封闭视线的
高大常绿乔
木林

外延视线

中型落叶灌木

矮落叶灌木

大草坪

休息地

通道

遮阴树

观赏植物与地被

高大常绿乔木

北
1 : 20

图 9-29　种植规划图

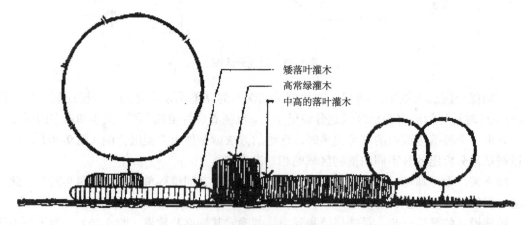

矮落叶灌木
高常绿灌木
中高的落叶灌木

图 9-30　立面组合图

将植物名称直接写在树冠内或附近。同一种树可用中实线，从树干中心将它们连接在一起注写植物名称或统一编号。树林、树群在种植范围内写明树种（编号或名称）并标注种植数量。草坪用小圆点表示，小圆点应绘得有疏有密。凡在道路、建筑、山石、水体等边缘处应密集，然后逐渐稀疏。为了更清晰明了地看到植物的种类、规格、数量等信息，在图的周围还会有相应表格。

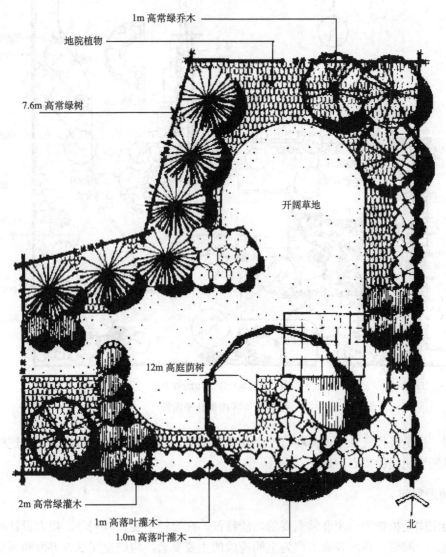

图 9-31　总体平面构思图

二、种植设计的要点

1. 明确目标

种植设计需首先明确设计的目标。要明确希望通过植物的栽植实现什么样的目的，达到什么样的效果。是一个开阔的环境，还是一个幽闭的氛围；是繁花似锦，还是绿树浓荫；是

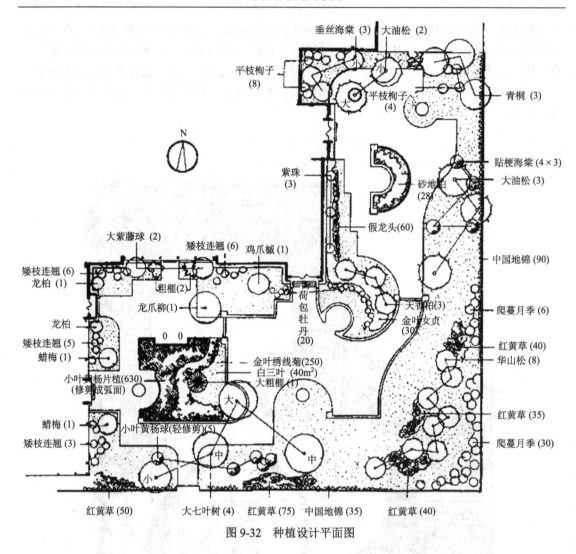

垂丝海棠 (3)　大油松 (2)

平枝栒子
(8)

平枝栒子
(4)

青桐 (3)

紫珠
(3)

贴梗海棠 (4×3)

砂地柏
(28)

大油松 (3)

假龙头(60)

中国地锦 (90)

大紫藤球 (2)

矮枝连翘 (6)　鸡爪槭 (1)

矮枝连翘 (6)
龙柏 (1)

粗榧(2)

龙爪柳(1)

荷包
牡丹
(20)

天香柏(3)
金叶女贞
(30)

爬蔓月季 (6)

龙柏

金叶绣线菊(250)
白三叶 (40m²)
大粗榧 (1)

红黄草 (40)
华山松 (8)

矮枝连翘 (5)
蜡梅 (1)

小叶黄杨片植(630)
(修剪成弧面)

0　0

大

红黄草 (35)

蜡梅 (1)
矮枝连翘 (3)

小叶黄杨球(轻修剪)(5)

中

爬蔓月季 (30)

小

中

红黄草 (50)　　　大七叶树 (4)　　红黄草 (75)　中国地锦 (35)　　红黄草 (40)

图 9-32　种植设计平面图

传统格调，还是现代气息⋯⋯需要有一个总体的构想，即一个大概的植被规划，这些都是在初始阶段需要明确的核心问题。

2. 塑造空间

塑造空间是植物的一个非常重要的功能特征，在设计中要加以利用。我们设计的大部分户外环境，一般都以乔木和灌木作为空间构成的主要要素，构成空间垂直界面和顶界面。草坪和地被则可以构成底界面。

在应用植物塑造空间时，头脑中对利用植物将要塑造的空间需先有一个设想或规划，做到心中有数，如空间的尺度、开合、视线关系等。全园植物空间要求多样丰富、种植需有疏密变化，做到"疏可走马、密不透风"。

3. 巧用乔木的不同栽植类型

前面讲过乔木的栽植类型有孤植、对植、列植、丛植、疏林草地、林地六种类型。此外，再加上不栽乔木的开阔草坪区域，构成了整个绿色环境。在设计过程中，应根据具体的设计需要选择恰当的栽植类型，以形成空间结构清晰、栽植类型多样的效果。

4. 创造优美的林冠线和林缘线

种植时需控制好这两条线。尤其是林缘线（图 9-33），林缘线一般形成植物空间的边界，即空间的界面。林缘线对于空间的尺度、景深、封闭程度和视线控制等起到了重要作用。林冠线也要有起伏变化，注意结合地形。

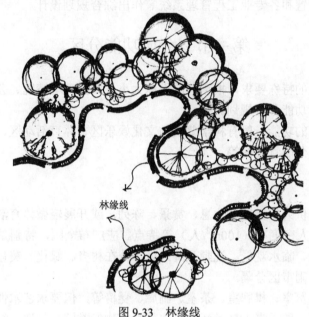

林缘线

图 9-33　林缘线

5. 与其他要素相配合

特别是与场地、地形、建筑和道路相协调、相配合，形成统一有机的空间系统。例如，在山水骨架基础上，运用植物进一步划分和组织空间，使空间更加丰富。

问题与思考

1. 园林植物的功能特性有哪些？
2. 园林植物中乔木的种植类型有哪些？
3. 园林植物种植设计的程序与设计要点有哪些？

第十章 综合性公园规划设计

综合性公园的规划设计就是根据城市总体规划和绿地系统规划的要求，对景区的划分、景点的设置、出入口位置、竖向及地貌设计、园路系统、河湖水系、植物配置、主要建筑物及其风格、规模、位置和各专业工程管理系统等作出综合规划设计。

第一节 公园功能分区

依照各区功能上的特殊要求，根据公园面积大小、周围环境情况、公园的性质、活动内容、设施安排等进行功能分区规划。

综合性文化公园的功能一般有科学普及与文化娱乐区、体育活动区、儿童活动区、游览区（安静休息区）、公园管理区等。

一、游览休息区

该区主要功能是供人们游览、休息、赏景、陈列，或开展轻微体育活动。具有占地面积大（大于 5%）、游人密度小（100m²/人）等特点。应广布全园，特别是设在距出入口较远之处，或在地形起伏、临水观景、视野开阔之处，或在树多、绿化、美化之处。应与体育活动区、儿童活动区、闹市区分隔。

其中适当设立阅览室、棋牌室、茶室、画廊、凳椅等，但要求艺术性高。特别是在林间可设立简易运动场所，便于老人轻微活动。也可设植物专类园，创造山清水秀、鸟语花香的环境，为游者服务。

二、科学普及与文化娱乐区

该区的功能是向广大人民群众开展科学及文化教育，使广大游人在游乐中受到文化科学、生产技能等教育。具有活动场所多、活动形式多、人流多等特点，可以说是全园的中心。主要设施有展览馆、画廊、文艺宫、阅览室、剧场、舞场、青少年活动室、动物角等。该区应设在靠近主要出入口处，地形较为平坦。

在地形平坦、面积较大的地方，可采用规划式进行布局，要求方向明确，有利于游人集散。在地形起伏平地面积较小的地方，可采用自然式进行布局，用园路进行联系，与风景园林相应。为了保持公园的风景特色，建筑物不宜过于集中，尽量利用绿化环境开展各种文艺活动。

三、体育活动区

该区主要功能是供广大青少年开展各项体育活动，具有游人多、集散时间短、对其他各项干扰大等特点。布局上要尽量靠近城市主要干道，或专门设置出入口，因地制宜地设立各种活动场地。在凹地水面设立游泳池，在高处设立看台、更衣室等辅助设施；开阔水面上可开展划船活动，但码头要设在集散方便之处，并便于停船。游泳的水面要和划船的水面严格分开，以免互相干扰。

天然或人工溜冰场要按年龄或溜冰技术进行分类设置。

另外，结合林间空地，开设简易活动场地，亦可结合树阵广场布置，以便进行武术、太极拳等简单的休闲运动。

对于如羽毛球、乒乓球、网球、排球、篮球等对场地要求较高的运动项目，宜结合地形进行专门的场地规划，不相互干涉，避免球类砸伤游人的现象发生，并能达到更好的运动游憩效果。

四、儿童活动区

为促进儿童身心健康而设立的专门活动区。具有占地面积小（一般 5%左右）、各种设施复杂的特点。其中设施要符合儿童心理，造型设计应色彩明快、尺度小。例如，儿童游戏场有秋千、滑梯、滚筒、游船、跷跷板和电动设施；儿童体育场有涉水、汀步、攀梯、吊绳、圆筒、障碍跑、爬山等；科学园地有农田、蔬菜园、果园、花卉等；少年之家有阅览室、游戏室、展览厅等。

以城市人口的3%，每人活动面积为50m²来规划该区，该区多布置在公园出入口附近或景色开朗处。在出入口常设有塑像，布置规划和分区道路便于识别。按不同年龄划分活动区。可用绿篱、栏杆与假山、水溪隔离，防止人流互串干扰活动。

五、公园管理区

1. 公园管理用房

1）公园管理用房的类型

主要是指公园内的办公管理类用房，以及其各种设施用房，其主要功能是管理公园各项活动，具有内务活动多的特点。多布设在专用出入口内部、内外交通联系方便处，周围用绿色树木与各区分隔，其主要设施有办公室、工作室、医务室、员工餐厅、广播站、治安保卫及员工宿舍等，要方便对内管理和对外服务。

（1）附属型公园管理用房。公园规模不大时，办公管理用房可以依附于其他园林建筑共同组成。若公园规模庞大，办公管理用房亦常在园内分散设置。办公管理用房也常见于与其他建筑合并组成，最常见是办公管理用房依附于公园大门进行组合。

（2）分离型公园管理用房。公园规模不大时，办公管理建筑可以建在其他园林建筑的旁边，配合其他建筑共同使用。大型公园同样适用。

（3）独立型公园管理用房。办公管理建筑独立于其他建筑，单独设置在公园内。根据公园的规模、性质，选择适当的位置，按一定比例合理配置。

2）公园管理用房的功能分析

（1）对外用房区。对外用房区的房间应位于门厅入口附近，方便游客来访，以及便于管理、维护公园秩序。广播室负责播送、传递公园的重要信息及宣传。治安、保卫室起到维护公园治安的作用。医疗室处理游客及工作人员简单的医疗事项。管理室负责收集、解决游客的纠纷及处理特殊事件、协助公园的各项管理。

（2）对内用房区。对内用房区的房间应位于公园办公管理建筑相对内部的位置，仅服务于内部工作人员。变电室应位于建筑的一层外侧，或独立放置。变电室、洗衣房等与宿舍（尤其是一层宿舍）要保持必要安全距离；办公室、员工宿舍可以放在建筑的二层以上楼层；食堂因不对外营业，可放在建筑的两侧或内侧，但应保证交通方便，便于货物运送。

2. 公园分区功能规划

根据公园的性质、服务对象不同还可进行特殊功能分区。例如，用历史名人典故来分区，有李时珍园、中山陵园、岳飞墓；以景色感受分区，有开朗景区（水面、大草坪）、雄伟景区（树木高大挺拔、陡峭、大石阶）、幽深景区（曲折多变）；以空间组合划分景区，有园中园、水中水、岛中岛等；用季相景观分区，有春园、夏园、秋园、冬园；以造园材料分区，有假山园、岩石园、树木园等；以地形分区，有河、湖、溪、瀑、池、喷泉、山水等区。

第二节　公园地形处理

公园地形处理，以公园绿地需要为主题，充分利用原地形、景观，创造出自然和谐的景观骨架。公园中的地形有平地、山丘、水体等。

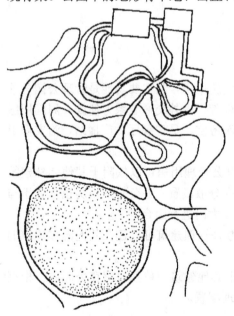

图 10-1　公园土山、土丘的处理

一、平地

平地为公园中平缓地段，适宜开展娱乐活动。例如，草坪使游人视野开阔，适宜坐卧休息观景；林中空地为闭锁空间，适宜夏季活动；集散广场、交通广场等处平地，适宜节日活动。平地处理应注意高处上面接山坡，低处下面接水体，联系自然，形成"冲积平原景观"，利于游人观景和群体娱乐活动。如果山地较多，可削高填低，改成平地；若平地面积较大，不可用同一级坡度延续过渡，以免雨水冲刷。坡度要稍有起伏，不得小于1%。

二、山丘

公园内的山丘可分为主景山、配景山两种。其主要功能是供游人登高眺望，或阻挡视线、分隔空间、组织交通等，如图10-1所示。

1. 主景山

南方公园常利用原有山丘改造，北方公园常由人工创造。一般高达 10~30 m，体量大小适中，要保证足够的游憩功能。山体要自然稳定，其坡度超过该地土壤自然安息角时，应采取护坡工程措施。设计时应将山形优美的一面朝向游人，山体应有起伏陡缓之分，山峰应有主次之别，建筑设计应与环境完美结合。

2. 配景山

主要功能是分隔空间，组织导游，组织交通，创造景观。其大小、高低以遮挡视线为宜（1.5~20 m）。配景山的造型应与环境协调统一，形成带状，蜿蜒起伏，有断有续。其上以植被覆盖，护坡可用挡土墙及小道排水，形成山林气氛。

三、水体

公园内的水体起着蓄洪、排涝、卫生、改良气候等作用，大水面可开展划船、游泳、滑冰等水上运动，也可养鱼、种植水生植物，创造明净、爽朗、秀丽的景观，供游人观赏。

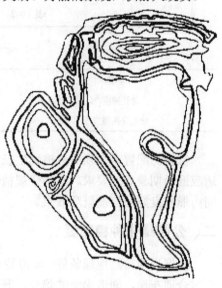

水体处理首先要因地制宜地选好位置。其次，要有明确的来源和去脉。大水面应辽阔、开放，以利开展群众活动；小水面应迂回曲折，引人入胜，有收有放，层次丰富，增强趣味性。水体与环境配合，创造出山谷、溪流；与建筑结合，造成园中园、水中水等层次丰富的景观（图 10-2）。

另外，水体驳岸，多以常水位为依据，岸顶距离常水位差不宜过大，应兼顾景观、安全与游人近水心理。从功能需要出发，定竖向起伏，如划船码头宜平直；游览观赏宜曲折蜿蜒、临水；还应设防止水流冲刷驳岸的工程措施。水深据原地形和功能要求而定，无栏杆的人工水池、河湖近岸的水深应为 0.5~1 m，汀步附近的水深应为 0.3~0.6 m，以保证安全和到达当地最高水位时，其公园各种设施不受水淹。水池的进水口、排水口、溢水口及附近河湖间闸门的标高应能保证适宜的水面高度，应利于洪水宣泄和清塘。

图 10-2　公园水体处理示意图

第三节　公园种植设计

一、公园绿化树种选择

由于公园面积大，立地条件及生态环境复杂，活动项目多，选择绿化树种应以乡土树种为主，以外地珍贵的驯化后生长稳定的树种为辅。充分利用原有树和苗木，以大苗为主，适当密植。选择具有观赏价值，又有较强抗逆性、病虫害少的树种，易于管理。

为了保证园林植物有适宜的生态环境，在低洼积水地段应选用耐水湿的植物，或采用相应排水措施后可生长的植物。在陡坡上应有固土和防冲刷措施。土层下有大面积漏水或不透水层时，要分别采取保水或排水措施；不宜植物生长的土壤，必须经过改良；客土栽植时，必须经机械碾压、人工沉降（表 10-1、表 10-2）。

表 10-1　　园林植物种植土层厚度（m）

园林植物类型	栽植土层的下部条件		
	漏水层栽植土	不透水层	
		栽植土	排水层
草坪	0.30	0.20	0.30
小灌木	0.50	0.40	0.40
中灌木	0.70	0.60	0.40
小乔木	1.20	0.80	0.40
大乔木	1.50	1.10	0.40

表 10-2　　园林植物栽植土层土壤学指标

指　　标	种植土层深度/cm	
	0～30	30～110
容重	1.0～1.21	1.3～1.45
总孔隙度/%	45～55	42～52
非毛管孔隙度/%	10～20	>10

植物的配置，必须适应植物生长的生态习性，有利树冠和根系的发展，保证高度适宜和适应近远期景观的要求。移栽景观植物应注意尽量保证全冠移栽，避免砍头树，保证在短时间内形成良好的植被景观效果。

二、公园绿化种植布置

根据当地自然地理条件、城市特点、市民爱好、生态环境，依照生态学原则进行乔、灌、草本合理布局，创造优美的景观。既要做到充分绿化、遮阴、防风，又要满足游人日光浴的需要。

首先，用 2～3 种树，形成统一的基调。北方常绿 30%～50%，落叶 50%～70%，南方常绿 70%～90%。在树木搭配方面，混交林可占 70%，单纯林可占 30%。在出入口、建筑四周、儿童活动区、园中园的绿化应善变化。

其次，在娱乐区、儿童活动区，为创造热烈的气氛，可选用红、橙、黄暖色调植物花卉；在休息区或纪念区，为了保证自然、肃穆的气氛，可选用绿、紫、蓝等冷色调植物花卉。公园近景环境绿化可选用强烈对比色，以求醒目；远景的绿化可选用简洁的色彩，以求概括。

在公园游览休息区，选择花期不同的园林植物以形成季相景观。春季观花；夏季形成浓荫；秋季有果实累累和红叶；冬季有绿色丛林。

三、公园设施环境及分区的绿化

在统一规划的基础上，根据不同的自然条件，结合不同的自然分区，将公园出入口、园路、广场、建筑小品等设施环境与绿色植物合理配置形成景点，才能充分发挥其功能作用。

大门，为公园主要出入口，大都面向城镇主干道，绿化时应注意丰富街景，并与大门建筑相协调，同时还要突出公园的特色。如果大门是规则式建筑，应该用对称式布置绿化；如是不对称式建筑，则要用不对称方式来布置绿化。大门前的停车场，四周可用乔、灌木绿化，以便夏季遮阳及隔离周围环境；在大门内部可用花池、花坛、灌木与雕像或导游图相配合，也可铺设草坪，种植花灌木。

园路，主要干道绿化可选用高大、荫浓的乔木和耐阴的花卉植物在两旁布置花景，要根据地形、建筑、风景的需要而起伏、蜿蜒。次路，伸入到公园的各个角落，其绿化更要丰富多彩，达到步移景异的目的。山水园的园路多依山面水，绿化应点缀风景而不碍视线。平地处的园路可用乔灌木树丛、绿篱、绿带来分隔空间，使园路高低起伏，时隐时现。山地则要根据其地形起伏、环路，绿化有疏、有密；在有风景可观的山路外侧，宜种矮小的花灌木及草花，才不影响景观；在无景可观的道路两旁，可密植、丛植乔灌木，使山路隐在丛林之中，形成林间小道。园路交叉口是游人视线的焦点，可用花灌木点缀。

广场绿化，既不能影响交通，又要形成景观。例如，休息广场四周可植乔木、灌木，中间布置草坪、花坛，形成宁静的气氛；停车铺装广场应留有树穴，种植落叶大乔木利于季相变化，夏季树荫可降低车辆温度，冬季落叶可使阳光直射，防冻。

第四节　专类公园规划设计

一、植物园规划设计

1. 植物园的性质与任务

植物园是植物科学研究机构，也是以采集、鉴定、引种驯化、栽培实验为中心，可供人们游览的公园。

其主要任务是发掘野生植物资源，引进国内外重要的经济植物，调查收集稀有珍贵和濒危植物种类，以丰富栽培植物的种类或品种，为科学研究和生产实践服务；研究植物的生长发育规律、植物引种后的适应性和经济性状及遗传变异规律，总结和提高植物引种驯化的理论和方法；建立具有园林外貌和科学内容的各种展览和试验区，作为科研、科普的园地。

2. 植物园规划原则

总的原则是在城市总体规划和绿地系统规划指导下，体现科研科普教育、生产的功能；因地制宜地布置植物和建筑，使全园具有科学的内容和园林艺术外貌。具体要求：

（1）明确建园目的、性质、任务。

（2）功能分区及用地平衡，展览区用地最大，可占全园总面积的 40%～60%，苗圃及实验区占 25%～35%，其他占 25%～35%。

（3）展览区，是为群众开放使用的，用地应选择地形富于变化、交通联系方便、游人易到达的地方。

（4）苗圃是科研、生产场所，一般不向群众开放，应与展览区隔离。

（5）建筑包含展览建筑、科研用建筑、服务性建筑等。

（6）道路系统与公园道路布局相同。

（7）为了保证园内植物生长健壮，在规划时就应作好排灌工程，保证旱可浇、涝可排。

3. 植物园功能分区

（1）植物科普展览区　在该区主要展示植物界的客观自然规律、人类利用植物和改造植物的最新知识。可根据当地实际情况，因地制宜地布置。

（2）科研试验区　该区主要功能是科学研究或科研与生产相结合的试验区。一般不向游人开放，仅供专业人员参观学习。

（3）职工生活区　植物园一般都在城市郊区，须在园内设有隔离的生活区。

4. 植物科普展览

主要在展览区展示植物界的客观自然规律、人类利用植物和改造植物的最新知识。一般根据当地的实际情况，设置植物进化系统展览区、经济植物区、抗性植物区、水生植物区、岩石区、树木区、专类区、温室区，等等。植物进化系统展览区应按植物进化系统分目、分科，要结合生态习性要求和园林艺术效果进行布置，给游人普及植物进化系统的概念和植物分类、科属特征。而在经济植物区，展示经过栽培试验确属有用的经济植物。在抗性植物区，展示对大气污染物质有较强抗性和吸收能力的植物。水生植物区，展示水生、湿生、沼泽生等不同特点的植物。岩石区，布置色彩丰富的岩石植物和高山植物。树木区，展示本地或外地引进露地生长良好的乔灌树种。专类区，集中展示一些具有一定特色、栽培历史悠久的品种变种。温室，展示在本地区不能露地越冬的优良观赏植物。

根据各地区的地方具体条件，创造特殊地方风格的植物区系。例如，庐山有高山植物，设有岩石园；广东植物园为亚热带区，设有棕榈区等。

5. 建筑设施

植物园的建筑依功能不同，可分为展览、科学研究、服务等几种类型。

展览性的建筑，如展览温室、植物博物馆、荫棚、宣传廊等，可布在出入口附近、主干道的轴线上。

科研用房，如图书馆、资料室、标本室、试验室、工作间、气象站、繁殖温室、荫棚、工具房等，应与苗圃、试验地靠近。

服务性建筑，有办公室、招待所、接待室、茶室、小卖部、休息亭、花架、厕所、停车场等。

其他地形处理、排灌设施、道路处理同综合性公园。

6. 绿化设计

植物园的绿化设计，应在满足其性质和功能需要的前提下，讲究园林艺术构图，使全园具有绿色覆盖、较稳定的植物群落。

在形式上，以自然式为主，创造各种密林、疏林、树群、树丛、孤植、草地、花丛等景观。注意乔、灌草本植物的立体、混交绿化，如杭州植物园 （图 10-3）。

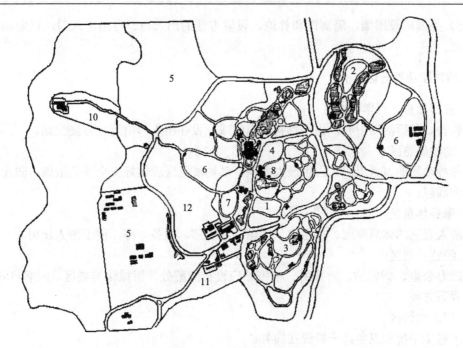

图 10-3　杭州植物园总平面图

1-观赏植物区；2-竹类植物区；3-植物分类区；4-经济植物区；5-植物引种试验区；

6-树木园；7-药用植物园；8-植物资源馆；9-玉泉观鱼；10-灵峰；11-引种温室；12-植物园大楼

二、动物园规划设计

1. 动物园的性质与任务

动物园是集中饲养、展览和研究野生动物及少量优良品种的家禽、家畜的可供人们游览休息的公园。

其主要任务是，普及动物科学知识，宣传动物与人的利害关系及经济价值等，作为中小学生的动物知识直观教材、大专院校实习基地。在科研方面，研究野生动物的驯化和繁殖、病理和治疗法、习性与饲养，并进一步揭示动物变异进化规律，创造新品种。在生产方面，繁殖珍贵动物，使动物为人类服务。

2. 规划原则、要求

总原则是在城市总体规划，特别是绿地系统规划的指导下，依照动物进化论为原则，既方便游人参观游览，又方便管理。具体要求：

（1）有明确功能分区，相互不干扰，又有联系，以方便游客参观和工作人员管理。

（2）动物笼舍和服务建筑应与出入口、广场、导游线相协调，形成串联、并联、放射、混合等模式，以方便游人全面或重点参观。

（3）游览路线，一般逆时针右转。主要道路和专用道路，要求能通行汽车以便管理使用。

（4）主体建筑设在主要出入口的开阔地上或全国主要轴线上或全园制高点上。

（5）外围应设围墙、隔离沟和林地，设置方便的出入口、专用出入口，以防动物出园伤害人畜。

3. 动物园功能分区

1）宣传教育、科学研究区

是科普、科研活动中心，由动物科普馆组成，设在出入口附近，方便交通。

2）动物展览区

由各种动物的笼舍组成，占用最大面积。动物展览区应做好安全隔离措施，防止儿童攀爬及动物翻越。

3）服务休息区

为游人设置的休息亭廊、接待室、饭馆、小卖部、服务点等，便于游人使用。

4）经营管理区

行政办公室、饲料站、兽疗所、检疫站应设在隐蔽处，用绿化与展区、科普区相隔离，但又要联系方便。

5）职工生活区

为了避免干扰和卫生，一般设在园外。

4. 动物展览区

包括由低等动物到高等动物，即无脊椎动物、鱼类、两栖动物到爬行动物、鸟类、哺乳类动物。还应和动物的生态习性、地理分布、游人爱好、地方珍贵动物、建筑艺术等相结合统一规划。哺乳类可占用地 1/2～3/5，鸟类可占 1/5～1/4，其他占 1/5～1/4。

因地制宜安排笼舍，以利动物饲养和展览，形成数个动物笼舍相结合的既有联系又有绿化隔离的动物展览区。

另外，也可按动物地理分布安排，如欧洲、亚洲、非洲、美洲、澳洲等，而且还可创造不同特色的景区，给游人以动物分布的概念。

还可按动物生活环境安排，如水生、高山、疏林、草原、沙漠、冰山等，有利动物生长和园容布置。

5. 设施内容

为了满足动物生态习性、饲养管理和参观的需要，动物笼舍建筑大致由以下三部分组成。

1）动物活动区

包括室内外活动场地、串笼及繁殖室。室内要求卫生，通风排气。其空间的大小，要满足动物生态习性和运动的需要。

2）游人参观部分

包括进厅、参观厅廊、道路等，其空间比例大小和设备主要是为了保证游人的安全。亦可结合全园布置动物表演的舞台，进行游客与动物之间的互动，并可为动物园带来较为客观的收益。

3）管理设备部分

包括管理室、储藏室、饲料间、燃料堆放场、设备间、锅炉间、厕所、杂院等。其大小构造根据管理人员的需要而定。

科普教育设施有演讲厅、图书馆、展览馆、画廊等。

6. 绿化设计

动物园绿化首先要维护动物生活，结合动物生态习性和生活环境，创造自然的生态模式。另外，要为游人创造良好的休息条件，创造动物、建筑、自然环境相协调的景致，形成山林、河湖、鸟语花香的美好境地。其绿化也应适当结合动物饲料的需要，结合生产，节省开支。

在园的外围应设置宽 30m 的防风、防尘、杀菌林带。在陈列区，特别是圈舍旁，表现其动物原产地的景观，但又不能阻挡游人的视线，又有利游人夏季遮阳的需要。在休息游览区，可结合干道、广场，种植林荫道、花坛、花架。大面积的生产区，可结合生产种植果木、生产饲料，如北京动物园（图 10-4）。

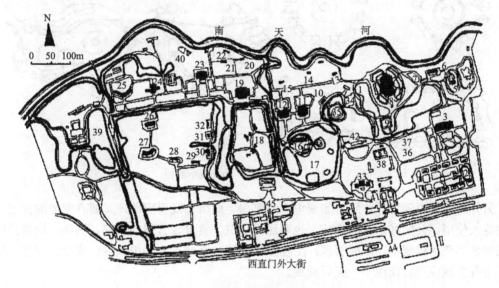

图 10-4　北京市动物园总平面图

1-小动物；2-猴山；3-象房；4-黑熊山；5-白熊山；6-猛兽室；7-狼山；8-狮虎山；9-猴楼；10-猛禽栏；11-河马馆；12-犀牛馆；13-鸸鹋房；14-鸵鸟房；15-麋鹿苑；16-鸣禽馆；17-水禽馆；18-鹿苑；19-羚羊馆；20-斑马；21-野驴；22-骆驼；23-长颈鹿；24-爬虫馆；25-华北鸟；26-金丝猴；27-猩猩馆；28-海兽馆；29-金鱼廊；30-扭角羚；31-火烈鸟馆；32-熊猫馆；33-食堂；34-茶点部；35-儿童活动场；36-阅览室；37-饲料站；38-兽医院；39-冷库；40-管理处；41-接待处；42-存车处；43-停车场；44-公交枢纽站；45-北京市园林局

第五节　公园中建筑的布局

公园中建筑形式要与其性质、功能相协调，全园的建筑风格应保持统一。管理和附属服务建筑设施在体量上应尽量小，位置要隐蔽，保证环境卫生和利于创造景观。

建筑布局要相对集中，组成群体，一屋多用，有利管理。要有聚有散，形成中心，相互呼应。建筑本身要讲究造型美观，要有统一风格，不要千篇一律。个体之间又要有一定变化对比，要有民族形式、地方风格、时代特色。

　　公园建筑要与自然景色高度统一。例如，在公园休息广场布置中要求："高方欲就亭台，低凹可开池沼"，以植物陪衬的色、香、味、意来衬托建筑。要色彩明快，起画龙点睛的作用，具有审美价值（图10-5）。

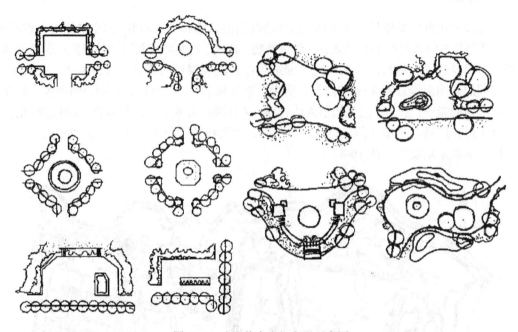

图10-5　公园休息广场布置示意图

　　另外，公园中的管理建筑，如变电室、泵房、厕所等既要隐蔽，又要有明显的标志，以方便游人使用。公园其他工程设施，也要满足游览、赏景、管理的需要。例如，动物园中的动物笼舍等要尽量集中，以便管理；工程管网布置，必须有利保护景观、安全、卫生、节约等。所有管线应理设在地下，无碍观展。

问题与思考

1. 试分析城市综合公园的功能分区与规划布局。
2. 综合公园的不同地形应如何处理？
3. 综合公园中植物的选择与布置有哪些原则？

第十一章　建筑组群与社区景观设计

第一节　居住行为活动与建筑组群设计

人是居住区的主体，对居住者的关怀始终应成为居住区环境建设的宗旨与原则，物质实体的开发，居住区硬环境的建设，其目的是为居民提供一个舒适、方便、安全、安静的居住空间，也就是说提供一个"可居"的场所。

居住区建筑组群并非简单地作为一种物质承担者，更重要的是一种社会环境的创造。居民在建筑组群空间中的行为活动，是居住外环境设计的有机组成部分。在这种环境中，居民要求发现自我、表现自我，要求思想交流、文化共享等，在这个环境里，能积极地反映使用者潜在的各种行为意识。居住区是个复杂的有机体，在这个有机体中，居民的居住行为特征、风俗习惯等在不同的城市、不同的地区、不同的居民构成方面是千差万别的。建筑组群的设计，空间的组织，只有围绕居民的行为活动轨迹，并与之相协调，才能创造出方便、舒适、充满生活情趣、悠然自得、亲切宜人的居住环境。

一、居民行为活动类型

居民的行为活动特征涉及社会、经济、文化、道德、生理、心理、习惯、气候等多方面因素。一般情况下，不同年龄、职业的居民，具有不同的活动内容、活动方式，同时也具有不同的心理状态和活动要求，但对于同一年龄组、相同或类似职业的居民而言，其行为活动仍有较多的相同之处。

居民的居住活动大致可分为三种基本类型：必要性活动、自发性活动、社会性活动（图 11-1）。每一种活动类型对于物质环境的要求各不相同。

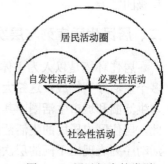

图 11-1　居民行为的类型

1. 必要性活动

指在各种条件下都会发生的多少带有不由自主的行为活动，如上下班、上放学、购物、存取自行车、接送小孩、候车、家务等，是同一年龄层次居民在不同程度上都要参与的活动。

一方面，这类活动的必要性使得它们的发生频率较少受到周边环境的影响，参与者很少有选择的余地。通常，一般性的日常生活、工作的事务活动均属于这一类型。

但另一方面，这类必要性活动的方便、舒适与否，在很大程度上又要受到居住区环境的影响，受到建筑组群设计、空间组织的制约。也即是说，建筑组群设计布局的合理性，影响着环境系统功效的发挥。若处理不当，居民在必要性活动时就会感到不方便、不安全，或者不使用这些设施而选择其他方式。

2. 自发性活动

自发性活动只有在居民有参与意愿，并且在时间、地点可能的情况下才会发生。这一类活动包括散步、呼吸新鲜空气、练功、晒太阳、玩牌等，但只有在外部条件适宜、天气和场所具有吸引力时才会发生。由于大部分宜于在户外进行的娱乐休闲活动对环境条件都有着特别的依赖，所以，对于这类活动而言，居住区良好的户外物质环境就显得尤为重要。

3. 社会性活动

社会性活动指居民在公共空间或半公共、半私有空间中有赖于他人参与的各种行为活动，包括互相打招呼、攀谈、下棋、儿童游戏等各类公共活动以及最广泛的社会活动——被动式接触，即仅以视听来感受他人。

这类活动在绝大多数情况下，都是由以上前两类活动发展而来的或是由人们长期形成的习惯形成，抑或是由于人们处于同一空间，在环境、气候条件适宜时而发生的，因而是一种引致活动。

居民在同一空间中徜徉、流连，自然会引发各种社会性活动，这就意味着只要改善公共空间中必要性活动和自发性活动的条件，就会间接地促成社会性活动的产生。在居住区环境设计中，要考虑多方面的社会性活动的需要和可能，不仅要安排各种各类成员"通用"的活动空间场所和设施，而且还应为满足居民不同社会需要而设计"系列"的环境，通过细致地考察不同对象的生理、心理特点和行为活动的规律，为各种社会性活动提供媒介和诱人的环境。

社会性活动和自发性活动是即兴发生的，具有很强的条件性、机遇性和流动性的特点，这就对硬环境系统提出了相应的要求。

由此，居住建筑组群的设计、空间的组织，必须以此三类基本活动特性入手，才能"有的放矢"，才能对于必要性活动、自发性活动和社会性活动的质量、内容、强度、效益产生积极的影响。

二、居民生活序列与层次

居住环境是以人为主体而展开的各类生活序列的综合，居民的生活形态由三大生活圈、多个生活序列构成。这三大生活圈，由内到外，由小到大，由低到高依次为核心生活圈、基本生活圈和城市生活圈，其中基本生活圈和核心生活圈的活动项目大多在居住区内进行。因此，居住区内居民的生活活动序列是一个不同类型、不同等级、不同内容的序列，这种生活活动序列表现出不同的层次特征（表 11-1）。

表 11-1　居民生活活动序列的层次特征

人的行为活动轨迹	家庭内—家庭外
	居住区内—居住区外
	私密性的—半公开的—公开的
	内部的（住宅）—半内部的（住宅组群）—半外部的（居住组团）—外部的（居住区）—外界的（居住区以外）

参与活动的居住人数	个人—少数集合的—群体集合的—多数集合的
人对静与闹的要求	宁静的（住宅）—中间性的（小游园）—热闹而嘈杂的（商业服务设施、公园等）
年龄层次与其活动内容	简单（幼儿）—一般的（少年儿童）—高级的（成年人）
年龄层次与其活动地域	幼儿、老年（近）—少年儿童（附近）—成年人（远）
活动类型	必要性活动—自发性活动—社会性活动

由此，居民的生活序列与层次，是建立居住区户外空间的秩序与层次，使居住区组群空间获得良好的效率和满足居住区居民生活的特性、需求的依据，反映出了人与建筑组群空间环境的有机联系。

第二节 日照、通风、噪声与建筑组群设计

一、居住区的日照

阳光是万物之源，享受阳光是人类生存的基本需求。但是在当今高度紧张的城市用地环境里，建筑密度极高，居民获得阳光的权利受到很大限制。

1. 日照标准

住宅建筑的日照标准，包括日照时间和日照质量。日照时间是以该建筑物在规定的某段时间受到的日照时数为计算标准的。日照质量则是指每小时室内地面和墙面阳光投射面积累积阳光中紫外线的效用。

不同纬度的地区，对日照要求不同。高纬度地区更需长时间日照。不同季节，住宅建筑的要求也不尽相同，冬季要求较高，所以日照时间一般以冬至日或大寒日的有效日照时间为准（表 11-2）。

表 11-2 不同地区日照时间标准

建筑气候区划	Ⅰ、Ⅱ、Ⅲ、Ⅶ气候区		Ⅳ气候区		Ⅴ、Ⅵ气候区
	大城市	中小城市	大城市	中小城市	
日照标准日	大寒日				冬至日
日照时数/h	≥2 小时		≥3 小时		≥1 小时
有效日照时间带	8～16				9～15
计算起点	底层窗台面				

我国《民用建筑设计通则》中规定："呈行列式布置的条式住宅，首层每户至少有一个月每日能获得不少于 1 小时的满窗日照"。当然，这一标准仅为一最低标准，各地可根据具体地理条件有自己的规定。

2. 日照间距

住宅群体组合中，为保证每户都能获得规定的日照时间和日照质量而要求住宅长轴外墙保持一定的距离，即为日照间距。

在行列式排列的条式住宅群中，应保持合理的日照间距，这一间距可用图解法或计算法。表 11-3 为我国部分地区按冬至日太阳高度角度计算的和实际采用的日照间距。

表 11-3 我国部分地区日照间距（按冬至日太阳高度角计算和实际采用标准）

地名	北纬	冬至日太阳高度角	日照间距	
			理论计算	实际采用
济南	36°41′	29°52′	1.7	1.5～1.7
南京	32°04′	34°29′	1.46	1～1.5
合肥	31°53′	34°40′	1.45	1～1.3
上海	31°12′	35°21′	1.41	1.1～1.2
武汉	30°38′	35°55′	1.38	1.1～1.2
西安	34°18′	32°15′	1.48	1～1.2
北京	39°57′	26°36′	1.86	1.6～1.7

单纯地按日照间距南北向行列式排列住宅群，仅仅只考虑了太阳的高度角，却忽略了方位角关系，影响了布局的多样化。不同的方位角，对住宅正面间距有不同的折减系数。表 11-4 利用太阳方位角的变化，在住宅组群的设计中可采取灵活多样的方式，在提高日照的同时，亦能起到丰富空间环境的作用。一般可采取的方式有错开布局、点条结合、成角度适当运用东西向住宅（图 11-2）。

表 11-4 不同方位间距折减系数

方位/(°)	0～15	15～30	30～45	45～60	＞60
系数	1.0L	0.9L	0.8L	0.9L	0.95L

注：表中方位为正南向（0°）偏东、偏西的方位角。L 为当地正南向住宅的标准日照间距（m）。

东是最佳的日照角度，南偏东的住宅朝向往往较正南北向住宅具有更佳的日照质量。东西向住宅有其自身明显的缺陷，尤其在南方，夏季西晒十分厉害。但从另一方面来说，东西向住宅在冬季可两面受阳，而南北向住宅中北向的居室却是终年不见阳光。并且，东西向住宅不但可增加建房面积，还可扩大南北向住宅的间距，形成庭院式的室外空间。需要指出的是，东西向住宅与南北向住宅拼接时，必须考虑两者接受日照的程度和相互遮挡的关系。从图 11-3 的分析可知，在四种可能的拼接方式中，（a）为最佳方案，向南和向东的居室均不受遮挡，方案（d）次之，虽然东西向住宅遮挡了部分南向居室的午后日照，但庭院内冬季可不受寒风的侵袭，改善了室外小气候。而方案（b）与方案（c）两种拼接形式遮挡较多，尤其是方案（c），部分东向主要居室完全受遮挡，终日无阳光，不宜采用。

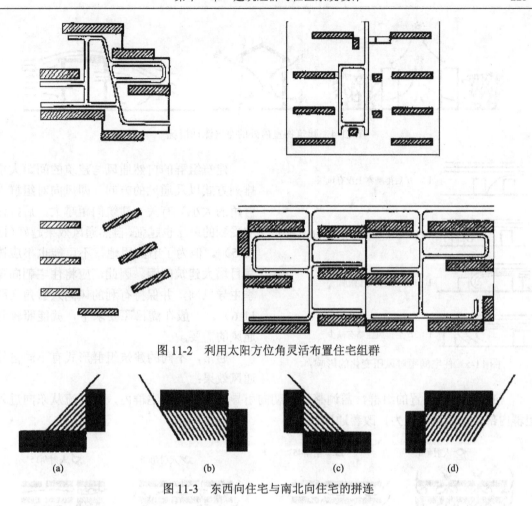

图 11-2　利用太阳方位角灵活布置住宅组群

　　(a)　　　　　　　　　　(b)　　　　　　　　　　(c)　　　　　　　　　　(d)

图 11-3　东西向住宅与南北向住宅的拼连

3. 室外活动场地的日照

　　居住区的日照要求不仅仅局限于居室内部，户外活动场地的日照也同样重要。在住宅组群布置中，不可能在每幢住宅之间留出日照标准以外不受遮挡的开阔场地，但可在一组住宅里开辟一定面积的空间，让居民户外活动时能获得更多的日照，保证户外活动的质量。例如，在行列式布置的住宅组团里去掉一幢住宅的 1~2 个单元，就能为居民提供更多日照的活动场地。尤其在托儿所、幼儿园等公共建筑的前面应有更为开阔的场地，以获得更多的日照。通常，这类建筑在冬至日的满窗日照不少于 3 小时。

二、居住区的自然通风

　　我国地处北温带，南北气候差异较大，炎热地区夏季需要加强住宅的自然通风，潮湿地区良好的自然通风可以使空气干燥，寒冷地区则存在着冬季住宅防风、防寒的问题，因此，通过精心的建筑组群布局设计，适当组织自然通风，是为居民创造良好居住环境的措施之一。

　　自然通风是借助于风压或热压的作用使空气流动，使室内外空气得以交换（图 11-4）。在一般情况下，这两种压差同时存在，而风压差则往往是主要风源。

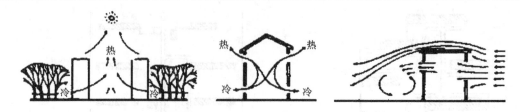

图 11-4　建筑物室内外的空气流动情况

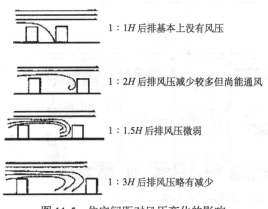

1∶1H 后排基本上没有风压

1∶2H 后排风压减少较多但尚能通风

1∶1.5H 后排风压微弱

1∶3H 后排风压略有减少

图 11-5　住宅间距对风压变化的影响

建筑组群的自然通风与建筑的间距大小、排列方式以及通风的方向（即风向对组群入射角的大小）有关。建筑间距越大，后排住宅受到的风压也越强，自然通风效果越好（图11-5）。但为了节约用地，不可能也不应该盲目增大建筑间距。因此，应将住宅朝向夏季主导风向，并保持有利的风向入射角（图11-6）。一般在满日照要求下，就能照顾到通风的需要。

通常，不同的建筑组群形式有不同自然通风效果：

（1）行列式布置的组群，需调整住宅朝向引导气流进入住宅群内，使气流从东向进入组群内部，从而减小阻力，改善通风效果。

入射角0°　　　入射角45°　　　入射角30°　　　入射角15°

图 11-6　不同入射角影响下的气流变化

（2）周边式布置的组群，在群体内部和背风区以及转角处会出现气流停滞区，但在严寒地区则可阻止冷风的侵袭。

（3）点群式布置的组群，由于单体挡风面较小，比较有利于通风，但当建筑密度较高时也影响群体内部的通风效果。

（4）混合式布置的组群，自然气流较难到达中心部位，要采取增加或扩大缺口的办法，适当加入一些点式单元或塔式单元，不仅可提高用地效率，并且能改善建筑群体的通风效果。

图 11-7 所示为规划设计中为创造住宅组群有利的通风条件或防风措施而采取的布局法。

三、居住区的噪声防治

在生活节奏日益加快的城市之中，噪声污染日益成为影响城市人居住环境质量的一个重要问题。噪声会使人烦躁不安，久而久之，甚至会危及身体和精神的健康。

住宅错列布置增大迎风面，利用山墙间距，将气流导入住宅内部

高低层住宅间隔布置或将低层住宅或低层公共建筑布置在迎风面一侧以利进风

低层住宅或公共建筑布置在多层住宅群之间，可改善通风

住宅组群豁口迎向主导风向，有利通风；如防寒则在通风面上少设豁口

图 11-7 住宅组群与通风、防风措施

不同的声响所产生的噪声强度如表 11-5 所示。国际标准组织制订的居住区室外噪声容许标准为 35～45dB，表 11-6、表 11-7 为不同时间和城市不同地区对该标准的修正值。我国在《城市区域环境噪声标准》中对居住区允许的噪声标准也作了规定（表 11-8）。

表 11-5 不同声响的噪声强度

声源（一般距测点 1～1.5 m）	噪声强度 / dB
静夜	10～20
轻声耳语	0～30
普通谈话声，较安静街道	40～60
城市道路，公共汽车内，收音机	80
重型汽车，泵房，喧闹的街道	90
织布机等	100～110
喷气飞机、大炮	130～140

表 11-6 居住环境在不同时间的噪声容许标准修正值

时间	白天	晚上	深夜
修正值/dB	0	−5	−10～−15

表 11-7 居住环境在不同地区的噪声容许标准修正值

地区	修正值/dB	修正后标准/dB
郊区住宅	+5	40～50
市区住宅	+10	45～55
附近有工厂或主要道路	+15	50～60
附近有市中心	+20	55～65
附近有工业区	+25	60～70

表 11-8 我国居住环境允许噪声标准

时间	A 声级/dB
白天（上午 7：00～下午 9：00）	41～45
夜晚（下午 9：00～凌晨 7：00）	46～50

居住区内的噪声主要来自城市交通和各种生活噪声。为创造一个安静的"家"，可通过建筑组群的设计有效地防治噪声。防治的主要目的，一是消除噪声源，二是将噪声隔离开来。

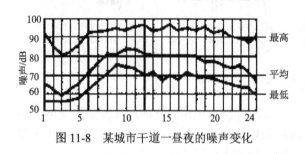

图 11-8 某城市干道一昼夜的噪声变化

1. 城市交通噪声

这是城市居住区中危害最大、数量最多的噪声源。城市交通噪声的强度由交通流量的大小、交通速度、交通工具的特点和驾驶行为所决定。表 11-9 和图 11-8 分别为不同交通工具的噪声强度和某城市某一天 24 小时交通噪声强度的变化情况。

表 11-9　地面交通的噪声强度

交通工具	噪声强度/dB	交通工具	噪声强度/dB
火车	110	公共汽车	60～90
5t 载重汽车	80～89	小汽车	66～86
摩托车	70～90	无轨电车	66～76

交通噪声的主要来源是居住区周围的城市道路，临街住户受交通噪声干扰程度最深。与此同时，随着交通工具的迅速发展，摩托车、小汽车逐步进入家庭，也成为居住区的一类噪声源。

对居住区内部交通噪声的防治，主要是有效地控制机动车随意进入居住区内部，特别要注意防止城市交通穿越小区内部。控制交通流量是减少内部交通噪声的关键。

对居住区的外部交通噪声，主要是防止机动车交通带来的噪声。对于外部交通而言，只能采取相应的措施将噪声隔离开来，以减少其对居住区的干扰。可采取的方法有：

1）设置绿化带

设置绿化带既能隔声，又能防尘，美化环境，调节气候（图 11-9）。

图 11-9　绿化造成的较低作用

2）设置沿街公共建筑

利用噪声的传播特点，在住宅组群设计时，将对噪声进行限制。要求不同的公共建筑布置在临街靠近噪声源的一侧，对区内的住宅能起到较好的隔声效果（图 11-10）。同时，亦可将住宅中辅助房间或外廊朝向道路或噪声源一侧，以此减少噪声对居民的干扰。

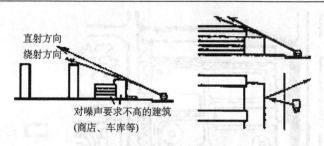

图 11-10　利用临街建筑降低噪声

3）合理利用地形

在住宅组群的规划设计中，利用地形的高低起伏作为阻止噪声传播的天然屏障，特别是在工矿区或山地城市，应充分利用天然或人工地形条件，隔绝噪声对住宅的影响（图 11-11）。

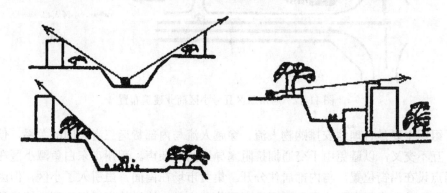

图 11-11　利用地形降低噪声

2. 生活噪声

对比交通噪声而言，生活噪声对居住环境产生的影响较小，但仍要注意加以防治。防治的方法可分为三类：

1）商业噪声的防治

居住区或小区的商业中心及集贸市场，是人流密集、喧闹的公共场所，它们的存在，为居住区、小区居民生活提供了极大的方便。然而，熙熙攘攘的人群声、叫卖声，对居住环境产生较大的噪声干扰。所以，在居住区规划的商业布局中，必须处理好动静分区和交通组织两方面的问题。

动静分区是指在布局商业建筑时，不仅要考虑居民的使用方便，也要注意不宜将其布置得过于深入住宅内部。唐山新区Ⅱ号小区将商业建筑布置在小区的西南角（图 11-12），那里是小区居民上下班的主要通道，同时，临街的商铺又能为街上过往行人购物提供方便。并且，规划时将南面商铺退后，留出场地设置农贸摊位。商店与农贸市场间留出步行空间，为居民创造了一个方便、舒适的购物环境。这一动态环境与小区内部的安静区域有明确的领域划分，较好地避免了商业噪声的干扰。

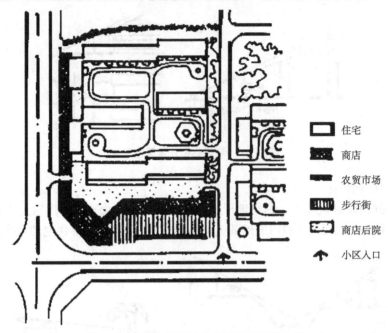

住宅
商店
农贸市场
步行街
商店后院
↑　小区入口

图 11-12　唐山新区Ⅱ号小区商业建筑布置

　　交通组织主要是合理地安排购物人流、穿越人流与内部货运三者之间的关系，使它们各行其道，互不交叉，以避免由于交通拥挤阻塞导致的嘈杂声。潮州市东白鱼潭小区在规划中将商业网点设在沿街位置，与内部居住分开。集贸市场在南面，虽引入了小区，但因规划了一条步行街，且在步行街和住宅之间还设有绿化隔离带，这样的交通组织和环境设计对减少噪声对居民的干扰是十分有利的（图 11-13）。

　　2）保育教育设施噪声

　　一般地，保育教育设施多布置在居住区或小区的中部，以便利学生和学龄前儿童就近上学入托。如果这些设施与住宅过于接近，学校喧闹的特点必然影响着附近居民的休息。控制这类噪声源，应使其与住宅保持一定的距离。可采取的方式有：将中小学的操场靠近路边布置，教学楼则放在里面；学校出入口宜开向小区主路，便于疏散，也避免学生穿越于住宅院内；还可充分利用天然的地形屏障、绿化带来削弱噪声的传播，降低影响住宅的噪声级。

第三节　空间环境与建筑组群设计

　　"空间基本上是由一个物体同感觉它的人之间产生的相互关系所形成的"。

　　建筑是人工构造的空间环境，是人类活动得以展开的舞台。建筑与建筑实体的组合，并不简单地等于两幢建筑的相加，它们构成了另一种功能——户外空间（图 11-14）。以住宅建筑为主体的建筑群组组合成居住区，组成不同大小、形状、特征、色彩的空间。由建筑物本身所形成的为内部空间；由建筑物和周围物体所构成的为外部空间。

　　在此，我们着重讨论外部空间，即建筑组群与其环境中的物体构成的空间。这种空间或场所"空"或"虚无"，人们在其中生活常不易感到它的存在价值。然而正是这个虚无的空间，包容着人们，给人们的生活带来安定与欢娱。

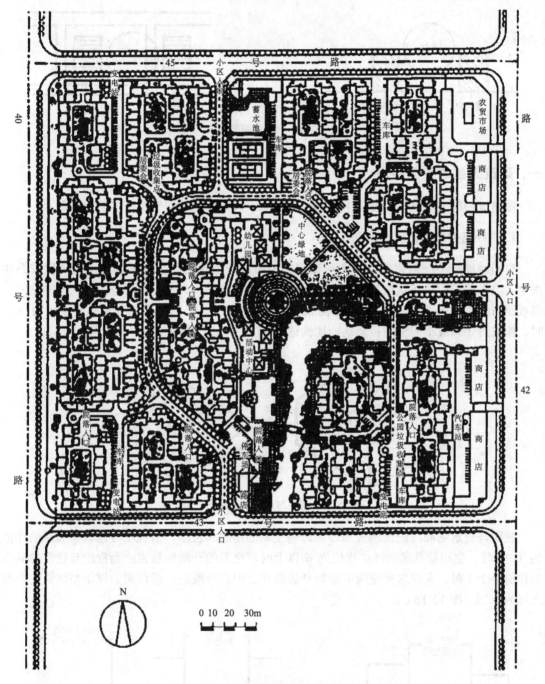

图 11-13　潮州市东白鱼潭小区规划总平面图

　　空间和建筑实体是居住区硬环境的主要组成部分，它们相互依存，不可分割。在现代居住区中有众多的建筑实体，而居住区却往往缺少空间感或失去了空间或空间组织、空间结构、空间秩序不尽合理。

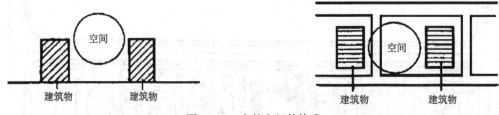

图 11-14　户外空间的构成

一、建筑组群的空间特性

由建筑物构成的空间特性，主要取决于空间中人的视距和建筑物高度的比例关系。

1. 视距与建筑物高度的比例

空间感的产生一般由空间中人和建筑物的距离及建筑物外立面墙的高度的比例关系所决定。当人的视距与建筑物高度的比例为 1：1，即视角为 45°时，构成全封闭状态的空间；当视距与建筑物高度比为 2：1 时，构成半封闭状态的空间；当视距与建筑物高度比为 3：1 时，构成封闭感最小的空间；当这一比例达 4：1 时，封闭感将完全消失（图 11-15）。

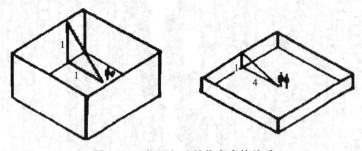

图 11-15　视距与建筑物高度的关系

视距与建筑物高度的比例关系还会影响空间的情感和使用。当视距与建筑物高度的比值为 1~3 时，空间最具私密性；比值为 6 以上时，空间的开敞性最强；当视距与建筑物高度的比值小于 1 时，人在这种空间中犹如身居深井之中。一般地，最理想的视距与建筑物高度之比为 2：1（图 11-16）。

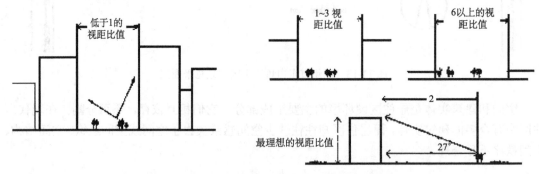

图 11-16　视距与建筑物高度之比对空间情感的影响

2. 建筑组群的平面布局

建筑组群的平面布局形式，对空间的构成有十分重要的影响。当建筑物完全围合时，空间出现最强的封闭感。如果空间封闭存在空隙，视线可以外泄，则空间空隙越多，封闭感就越弱。若围绕空间的建筑物重叠，或者利用地形、植物材料及其他阻挡视线的屏障等，就可消除或减小空间的缝隙。若建筑物以直线排列，或布局的位置零散，使建筑物外部空间几乎无界限，将会产生既无封闭感又无视线焦点的负空间（图 11-17）。

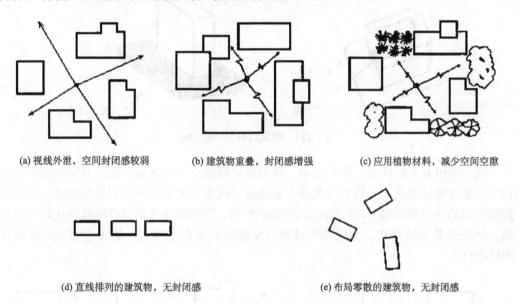

(a) 视线外泄，空间封闭感较弱　　(b) 建筑物重叠，封闭感增强　　(c) 应用植物材料，减少空间空隙

(d) 直线排列的建筑物，无封闭感　　　　　(e) 布局零散的建筑物，无封闭感

图 11-17　组群的平面布局对空间构成的影响

二、建筑组群空间的构成及类型

1. 建筑组群空间的构成

建筑组群构成的空间虽然千变万化，但基本上是由实体围合和实体占领两种方式构成（图 11-18）。由于居住区是一个密集型的聚居环境，目前以多层住宅为主的居住区，其空间大都由围合所形成。此类空间使人产生内向、内聚的心理感觉。高层低密度住宅区是一种由实体占领形成的空间，它则使人产生扩散、外射的心理感觉。

无论是何种空间构成的方式，关键在于如何组织空间。若如处理不当会缺乏空间特性，或使用不便，或使用效果不佳，或成为"沙漠空间"。简言之，居住区建筑组群空间的构成，关键在于使空间符合居民在组群内活动的特性。

2. 建筑组群空间的类型

建筑组群构成的空间类型与形式随环境条件而变化，基本的空间类型有：

1）开敞空间

这是一种具有自聚性的、内向型的由建筑物围合而成的空间（图 11-19）。它犹如"磁

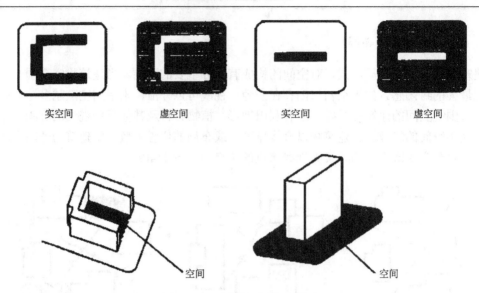

实空间　　　　虚空间　　　　　　实空间　　　　虚空间

空间　　　　　　　　　　　　　　空间

图 11-18　建筑组群空间的构成

铁"一般，吸引着人们在此聚集和活动，居民在这样的空间内活动，受外界影响较小。若希望得到最强封闭感的空间，则须使视线不易透过，或将空间空隙减少到最低程度。当一个中心开敞空间的各个角落张开，相邻两建筑物呈90°时，空间的视线和围合感就会从敞开的角落溢出，如果建筑为转角式，则弯曲的转角会使视线滞留在空间内，从而增强空间的围合感（图11-20）。

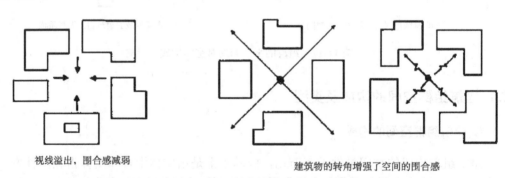

视线溢出，围合感减弱　　　　　　　　建筑物的转角增强了空间的围合感

图 11-19　中心开敞空间的自聚性与内向性　　　　图 11-20　空间围合感的增强与减弱

　　同时，为增加开敞空间的"空旷度"，突出空间的特性，切勿将树木或其他景物布置在空间中心，而应置于空间的边缘，以免产生阻塞（图 11-21）。

　　2）定向开放空间

　　这是一种具有极强方向性的空间，由建筑组群三面围合，一面开敞构成（图 11-22），此种空间有利于借用外界优美的景观。

　　3）直线型空间

　　直线型空间呈长条、狭窄状，在一端或两端开口（图 11-23）。这种空间，沿两侧不宜放置景物，可将人们的注意力引向地面标志上，或引向一座雕塑、一座有特色的建筑物上。

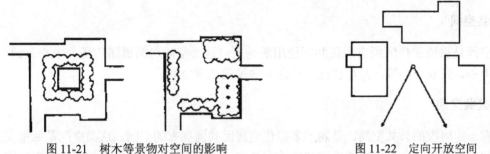

图 11-21　树木等景物对空间的影响　　　　　　图 11-22　定向开放空间

4）组合型空间

组合型空间是由建筑物构成的带状空间。这种空间起承转折，各串联的空间时隐时现（图11-24）。在这种空间中，行人随着空间的方向、大小等变化，视野中景物不断变化，其空间效果犹如造园艺术的"步移景异"。

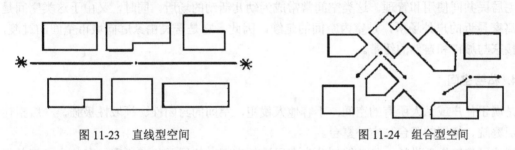

图 11-23　直线型空间　　　　　　　　　图 11-24　组合型空间

三、建筑组群空间的划分与层次

清晰的空间划分是明确居住区内部结构的重要措施。当前，在居住区建设之中，已越来越多地注意到居住区划分为更小、更明确的单元或空间，并与更加综合性的住宅区分级、分层次系统联系起来。由于整个人类社会活动和社会关系相应地划分为若干相对的空间部分，城市社会生活也就由此形成了若干地域范围。也就是说，居民在户外的各项活动，都是或多或少、自觉与不自觉、直接或间接地按照空间的领域性来进行的。纽曼经过大量调查研究后提出划分居住区领域层次，形成空间序列的设想（图 11-25），我国在近几年居住区建设的实践中，也将居住区空间划分为公共空间、半公共空间、半秘密空间和私密空间四类。

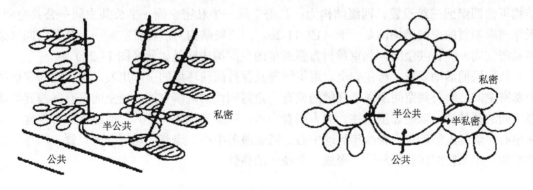

图 11-25　纽曼的居住区空间层次

1. 公共空间

公共空间是供给居住区所有居民共同使用的场所。这类空间包括道路广场、中心公园、文化活动中心、商业中心等，是居住区（小区）居民的共享空间。

2. 半公共空间

指具有一定限度的公共空间，是属于多幢住宅居民共同拥有的空间。这类空间是邻里交往、游憩的主要场所，也是防灾避难和疏散的有效空间。规划设计时，需使空间有一定的围蔽性，交通车与人流不能随意穿行，使居民有安全感。

3. 半私密空间

它是私密空间渗透入公共空间的部分，属于几幢住宅居民共用的空间领域，供特定的几幢住宅居民共同使用和管理。这类空间常常成为幼儿活动的场所。同时，又由于这类空间是居民离家最近的户外场所，是室内空间的延续，因此，它是居民由家庭向城市空间的过渡，是连接家与城市和自然的纽带。

4. 私密空间

是属于住户或私人所有的空间，不容他人侵犯，空间的封闭性、领域性极强，一般指住宅底层庭院、楼层的阳台与室外露台。

居住区建筑组群设计，随功能划分为有层次的空间，使居民各取所需，在各个空间各得其所、互相交往但不受干扰，取得安静、和谐的居住氛围。

然而，目前仍有许多居住区的每一幢住宅或数幢住宅的从属区域、空间都很不清楚，整个居住区的规划设计极少考虑到必要性活动、自发性活动、社会性活动发生的地点及条件。这样的规划方案中，含混不清的物质结构本身就是对居民各类户外活动的一种有形的障碍。

规划应注意有机地划分居住区的建筑群体，使大而含混不清的区域按照居民的活动特性，明确而清晰地分成相对较小的空间和单元，这种划分是通过设计三种或四种有秩序的空间及层次来完成的。这些空间明确地属于居住区（小区），属于某几幢住宅，属于某幢住宅，或属于某一单元。这样，住宅附近的区域就具有了明确的划分。根据实际情况，居住区的空间结构可按四级或三级设置。四级结构为：私密空间—半私密空间—半公共空间—公共空间，天津川府新村的空间结构即是一例（图 11-26）；三级结构为：私密空间—半公共空间（或半私密空间）—公共空间，北京黄村富强西里的空间构成即是如此（图 11-27）。

从居民的活动要求、居住安全、组织管理及保持居住环境的宁静出发，建议将居住区的半私密空间、半公共空间围成半开敞的或有一定封闭性的院落空间，使空间具有其疆界和增强空间的领域性，以便邻里交往、大人照看小孩、减少干扰等。公共空间应将中心绿地、文化中心、老年人活动室、青少年活动中心、商业服务中心、道路广场等合理设置，与各半公共空间、半私密空间有机相连，形成一个统一的整体。

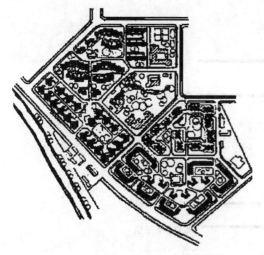

图 11-26　四级结构的居住区空间

（天津川府新村）

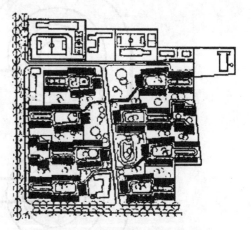

图 11-27　三级结构的居住空间

（北京富强西里）

四、建筑组群空间的领域性和安全性

1. 领域性

在居住环境中，领域空间是有一定功能的，它是居民进行交往和活动的主要场所。人离不开社会，需要参加社会文化活动和社会交往，这是人们精神上和心理上必不可少的需求。领域空间能加强居民的安全感，提高住宅的防卫能力，领域空间还可保证居民不同层次的私密性要求。不同层次的领域空间有不同的私密性要求，具有能吸引居民在其中进行活动的必要条件。

"人类居住建筑的设计应提供这样一个生活环境，既能保持个人、家庭、社会的特点，有足够的手段保持互相不受干扰，又能进行面对面的交往"（华沙宣言）。领域空间就是为了提高人的居住环境质量所提供的。

一般地，居民对空间领域的领有意识具有一定的层次性。对距离自身越近的区域范围，居民对其空间的领有意识越强烈，越远则越淡薄。按照由内到外、由强到弱、由私有到公共的秩序，居民对空间的领有意识相应地可划分为户领有、半私有领有、半公共领有、公共领有四个层次（图 11-28）。居民在行为上通常是自觉不自觉、直接地或间接地按照空间领有意识的层次来使用户外空间的，它们对各层次的领有空间的使用是根据活动的类型及性质来选择的。

总之，根据空间领域的层次而建立一种社会结构以及相应具有一定空间层次的居住形态，形成从小组团与小空间到大组团与大空间、从较私密的空间到较强公共性的空间过渡。从而能在私密性很强的住宅之外，形成一个具有更高安全感和从属性的空间。如果每位居民都把这种区域范围视为住宅和居住环境的有机组成部分，那么它就扩大了实际的住宅范围，这样就会造就对领有空间的更多使用和关怀导致更多的、更有益的社会性活动的发生。

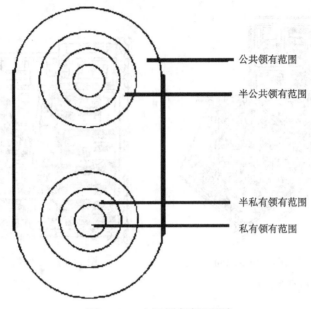

公共领有范围

半公共领有范围

半私有领有范围

私有领有范围

图 11-28　空间领有意识层次

2. 安全性

马斯洛的"需求层次论"告诉我们，居民对安全的需求仅次于空气、阳光、吃饭、睡觉等基本生理需求，是人类求得生存的第二位基本需要，安全防卫问题，牵动着千家万户的心，时刻影响着居民的生活与工作。居住区的安全性是评价居住环境的一个重要指标。如何为居民解决这一后顾之忧，合理的建筑组群设计能为完全性的创造提供有利的条件。

纽曼的《可防卫空间》一书中指出："像住宅中很多人使用的公共门厅、电梯间、长走廊及任何人都可以随意进出的住宅区活动场所、道路，是犯罪的方便之地。诚然，这种无人照管和领有的空间及居住区内四通八达的道路，给偷窃者创造了条件和机会。"调查资料表明，新建居住区的盗窃案件作案率高于旧居住区；新建区中高层住宅的作案率又高于低层住宅；环境差的居住区的作案率高于环境好的。由此可见，罪犯不会盲目地选择作案对象，易于犯罪的居住环境必然具备一些显而易见的特征。在新建的居住区中，居民来自四面八方，旧有的邻里关系被打散了，新的邻里关系一时又不能建立起来，在邻里不熟识的情况下，罪犯作案不易引起周围邻居的警觉；在高层住宅区，居民互相接近少，关心少；在环境差的空间里，人们不愿在室外停留，缺乏邻里交往的场所，居民很难互相照顾，这些都为罪犯作案后逃窜提供了条件。

如何提高居住区的安全防卫能力呢?重要的是建筑组群的规划要创造必要的防卫条件。首先是密切邻里关系，建立社区的群体认同。中国传统的大院住宅，如北京的四合院、上海的里弄式住宅，就是按照"可防卫空间"建造的。由于它们利用了居民潜在的领域性和领有意识、社区感，使罪犯觉察到这个空间被它的居住者们所控制和拥有，因此犯罪率很低。

由建筑组群形成的领域性空间，能造就居民对其空间实实在在的控制和领有：一方面，在本能上，居住者对陌生人闯入其领域空间是很警觉的，自然或不自然地监视闯入者的行动；另一方面，对不属于这一领域空间的陌生人来说，总是有望而却步之感。

因而，在建筑组群设计中，我们应该建立起有一系列分级设置的户外空间。特别是在居住区各组团或组群内组成半公共的或半私密的、亲切的和熟悉的可防卫空间，密切邻里关系，使居民能更好地相互了解、相互熟悉关心，使陌生人不敢闯入。并且，使住户认为户外空间是居民共同拥有和管理的，从而加强对外来人员的警觉和对公共空间、半公共空间、半私密空间，特别是对后两者的领有意识，加强居民的集体责任感。

第四节　居住区建筑组群设计方法

一、居住区建筑分类

居住环境中的建筑一般由住宅建筑和公共建筑两大类构成，是居住环境中重要的物质实体。

1. 住宅建筑的分类

居住区中常见住宅一般可分为低层住宅（1～3 层），多层住宅（4～6 层），中高层住宅（7～9 层）和高层住宅（10 层及以上）。

1）低层住宅

低层住宅又可分为独立式、并列式和联列式三种。每种类型的住宅每户都占有一块独立的住宅基地。基地的规模根据住宅类型、住宅标准和住宅形式的不同，一般为 250～500m²。每户都有前院和后院，前院为生活性花园，通常面向景观和朝向较好的方向，并和生活步行道联系；后院为服务性院落，出口与车行道相连。独立式和并列式住宅每户可设车库。

独立式花园住宅　独立式花园住宅拥有较大的基地，住宅四周可直接通风和采光，可布置车库。

并列式花园住宅　并列式为两栋住宅并列建造，住宅有三面可直接通过采光，可布置车库，基地较独立式小。

联列式花园住宅　联列式为一栋栋住宅相互连接建造，占地规模最小，每栋住宅占的面宽为 6.5～13.5 m 不等。

2）多层住宅

以公共楼梯解决垂直交通，有时还需设置公共走道解决水平交通。它的用地较低层住宅省，造价比高层住宅经济，适用于一般的生活水平，是城市中大量建造的住宅类型。按平面类型分梯间式、走廊式和点式。

（1）梯间式　每个单元以楼梯为中心布置住户，由楼梯平台直接进分户门。平面布置紧凑，公共交通面积少，户间干扰小，较安静，也能适应多种气候条件，因此它是一种比较普遍的类型。

（2）走廊式　沿着公共走廊布置住户，每层住户较多，楼梯利用率高，户间联系方便，但互相有干扰。

（3）点式　数户围绕一个楼梯枢纽布置的，为单元独立建造的形式。特点是四面临空，可开窗的墙面多，有利于采光、通风。平面布置较为灵活，外部造型也较自由，易于与周围的原有环境相协调，常与条式住宅相结合，创造活泼的居住空间。

3）高层住宅

高层住宅垂直交通以电梯为主、楼梯为辅，因其住户较多，而占地相对减少，符合当今节约土地的国策。在设计中高层住宅往往占据城市中优良的地段，底层常扩大为裙房，作商业用途。

（1）组合单元式　用若干完整的单元组合成，其体形一般为板式。单元式平面一般比较紧凑，户间干扰小。平面形式既可以是整齐的，也可以是较复杂的，形成多种组合体形。

（2）走廊式　采用走廊作为电梯、楼梯与各个住户之间的联系媒介，其优点是可以提高电梯的服务率。

（3）独立单元式　亦称塔式，由一个单元独立修建而成。以楼梯、电梯组成的交通中心为核心将多套住宅组织成一个单元式平面。为达到服务较多户数和体形的丰富多变，往往在平面上构成不同的轮廓。

2. 居住区公共建筑的分类

为满足居民日常生活、购物、教育、文化娱乐、游憩、社交活动等的需要，在居住环境中设置各种相应的公共服务设施。

1）居住区公共建筑的分级

居住区公共建筑一般分为居住区级、小区级、住宅组团三级。

（1）居住区级公共建筑　多属于偶然性使用的，服务半径不大于800～1000 m。居住区级商业网点主要供应高档次的耐用消费品，并具有品种多、规模大的特点。它们适宜于集中布置，形成中心，并与文化娱乐设施放在一起。

（2）小区级公共建筑　一般是经常性使用的，服务半径不大于400～500 m。这类建筑包括粮店、储蓄所、小百货店、综合修理部、物资回收站等。小区级商店的销售商品应有针对性，商店规模不大，但要满足居民经常使用的需要。

（3）住宅组团级公共建筑　主要指居委会办公用房、会议室及其附设的生活服务设施，如自行车库。组团级公共建筑应只局限于为组团居民服务的性质，可以设一些小百货、小副食等商店、小缝纫铺或简易托儿班。

2）居住区公共建筑的分类

居住区公共建筑按居民使用频率和不同的性质，有不同的分类标准。

公共建筑按居民使用频率可分为：

（1）经常性　托幼、小学、中学、文化活动站、粮油站、供煤（气）站、菜场、综合副食商店、早点（小吃）店、理发店、储蓄所、邮政所、存车处、居委会等，这些属小区级和组团级公共建筑。

（2）非经常性　医院、文化活动中心、饭店、自行车修理站、旅店、集贸市场、派出所等，这些属居住区级公共建筑。

公共建筑性质可分为：

（1）商业服务设施　是公共建筑中与居民生活关系最密切的基本设施。特点是项目内容多，性质庞杂，随着经济生活的提高，发展变化快，如粮店、菜市场、综合百货商店、储蓄所等。

（2）保育教育设施　是学龄前儿童接受保育、启蒙教育和学龄青少年接受基础教育的场所，属于社会福利机构，如托儿所、幼儿园、小学、普通中学等。

（3）文体娱乐设施 为充实和丰富居民的业余文化生活，提供活动交往场所，目的是满足居民高层次的精神需求，如文化馆、电影院、运动场等。

（4）医疗卫生设施 在居住区内具有基层的预防、保健和初级医疗性质，如门诊部；在居民委员会内设卫生站。

（5）公用设施 为居民提供水、暖、电、煤气等设施的站点，以及公共厕所、自行车库、垃圾站、公交场站等。

（6）行政管理设施 是城市中最基层的行政管理机构和社会组织。有街道办事处、居民委员会或里弄委员会、小区综合管理委员会，以及房管、绿化、市政公用等管理机构。

二、建筑组群设计的一般原则

居住区中建筑组群的设计，主要指住宅建筑的组群设计，其规划布局除满足日照、通风、噪声等功能要求外，要以创造居住区丰富的空间形态，实现居住区设计的多样化为原则。

1. 住宅建筑组群设计原则

（1）住宅建筑组群设计 既要有规律性，又要有恰当合理的变化。
（2）住宅建筑的布局 空间的组织，要有疏有密，布局合理，层次分明而清晰。
（3）住宅单体的组合 组群的布置，要有利于居住区整体景观的创造与组织。

2. 公共建筑的设置原则

1）方便生活

即要求服务半径最短与活动路线最顺。特别是经营日常性使用的公共建筑，如杂货商店、副食店、幼儿园、托儿所、自行车库等的布置要能使居民在工作和家务劳动之余，以最短的时间和最近的距离完成日常必要性生活活动。

2）有利经营管理

公共建筑的规划设计应十分重视节约用地和节省投资，以最有效的面积满足使用的功能要求，发挥最大的效益，同时还必须考虑是否具备维持正常经营的条件。例如，小学规模一般以 18～24 班为宜，太大管理有困难，太小同样要配套教师和管理班子，不经济。

3）美化环境

综合公共建筑的使用性质，为使用者提供良好的生活环境。例如，幼儿园要靠近公园绿地，空气、阳光和风景都好；商店宜设在人流集中的地方，有繁华热闹的气氛。

三、居住区建筑组群设计

1. 住宅组群的平面组合形式

1）组团内

组团是居住区的物质构成细胞，也是居住区整体结构中的较小单位。组团内的住宅组群平面组合的基本形式有三种：行列式、周边式、点群式，此外还有混合式（图 11-29）。

(a) 行列式　　　　　(b) 周边式　　　　　(c) 点群式　　　　　(d) 混合式

图 11-29　住宅组群的平面基本组合形式

（1）行列式。条式单元住宅或联排式住宅按一定朝向和间距成排布置，使每户都能获得良好的日照和通风条件，也便于布置道路、管网，方便工业化施工。整齐的住宅排列在平面构图上有强烈的规律性，但形成的空间往往单调呆板。行列式排列又有平行排列、交错排列、不等长拼接、成组变向排列、扇形排列等几种方式。

（2）周边式。住宅沿街坊或院落周边布置，形成封闭或半封闭的内院空间，院内安静、安全、方便，有利于布置室外活动场地、小块公共绿地和小型公建等可供居民交往的场所，一般较适合于寒冷多风沙地区。周边式的布局方式可节约用地，提高居住建筑面积密度，但部分住宅朝向欠佳。周边式又可分为单周边、双周边等布局形式（图 11-30）。

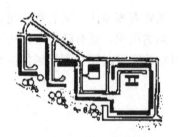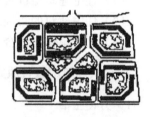

法国巴黎大勃尔恩居住区住宅组群　　德国艾森许特恩城6号住宅区住宅组群　　天津子芽里住宅组群

(a) 单周边

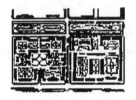

前苏联莫斯科市车尔宾斯克区某住宅组群　　丹麦赫立勃比克勃尔西诺尔住宅组群　　前苏联莫斯科市某住宅

(b) 双周边

图 11-30　周边式排列的几种方式

（3）点群式。点群式住宅布局包括低层独院式住宅、多层点式及高层塔式宅布局。点式住宅自成组团或围绕住宅组团中心建筑、公共绿地、水面有规律地或自由布置，可丰富居住区建筑群体空间，形成居住区的个性特征。点式住宅布局灵活，能充分利用地形，但在寒冷地区因外墙太多而对节能不利。点群式布局有规则式与自由式两种方式（图 11-31）。

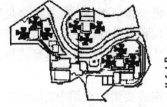
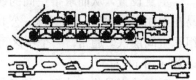
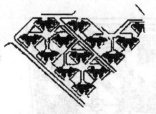

香港特别行政区穗禾苑住宅组群　　　桂林市漓江住宅组群　　　上海市嘉定桃园新村住宅组群

(a) 规则布置

巴黎勃菲兹泰乃奥克斯露斯小区　　　英国伯明翰赫尔苏乌涅小区方案　　　瑞典斯德哥尔摩达维支斯可潘住宅群

(b) 自由布置

图 11-31　点群式排列的几种方式

（4）混合式。混合式是前述三种基本形态的结合或变形的组合形式（图 11-32）。

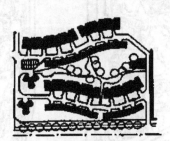
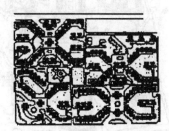

(a) 天津经济技术开发区4号住宅组群　　(b) 深圳莲花居住区住宅组群　　(c) 深圳园岭居住区住宅组群

图 11-32　混合式布局的住宅建筑组群

2）小区内

将若干住宅组团，配以相应的公共服务设施和场所即构成居住小区。有了好的住宅组团，而没有好的组合，仍不能成为良好的小区。小区内住宅组团的组合方式，有统一法、向心法、对比法等。

（1）统一法。统一法又有重复法与母题法两种方式。重复法指小区采用相同形式与尺度的组合空间。

图 11-33　重复法的运用
（深圳莲花居住区 2 号小区）

重复设置，从而求得空间的统一和节奏感。重复组合是容易在组团之间布置公共绿地、公共服务设施，并从整体上容易组织空间层次。通常，一个小区可用一种或两种基本形式重复设置（图 11-33）。

母题法则是指在小区空间各构成要素的组织中，以一定的母题形式或符号形成主旋律，从而达到整体空间的协调统一。在母题的基础上，依地形、环境及其他因素作适当的变异。如瑞典巴罗巴格纳小区即是一个典型（图 11-34）。

（2）向心法。即将小区的各组团和公共建筑围绕着某个中心（如小区公园、文化娱乐中心）来布局，使它们之间相互吸引而产生向心、内聚及相互间的连续性，从而达到空间的协调统一，如波兰华沙姆何钦小区（图 11-35）。

图 11-34　母题法的运用（瑞典巴罗巴格纳小区）

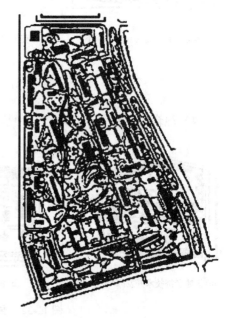

图 11-35　向心法的运用（波兰华沙姆何钦小区）

（3）对比法。在空间组织中，任何一个组群的空间形态，常可采用与其他空间进行对比予以强化的设计手法。在空间环境设计中，除考虑自身尺度比例与变化外，还要考虑各空间之间的相互对比变化，它包括空间的大小、方向、色彩、形态、虚实、围合程度、气氛等对比。如天津川府新村（图 11-26），四个组团的空间形态分别采用了庭院、里弄、院落、连廊式等空间组织方式，独具特色。深圳园岭住宅区的三期工程中，分别采用了行列式、周边式，连廊体系组织空间形态。

2. 住宅组群空间的组合形式

在居住区的规划实践中，常用的住宅组群空间的组合方式有成组成团或成街成坊。

1）成组成团

这种组合方式是由一定规模和数量的住宅成组成团地组合，构成居住区（小区）的基本组合单元。其规模受建筑层数、公建配置方式、地形条件等因素的影响，一般为1000～2000人，较大的可达 3000 人左右。住宅组团可由同一类型、同一层数或不同类型、不同层数的住宅组合而成（图11-36、图11-37）。

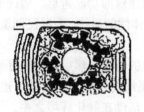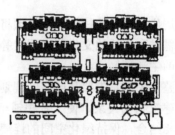

法国日得拉封特拉住宅组群(19层)　　广州五羊居住宅组群(6层)　　上海康乐新村住宅组群(5~6层)

图 11-36　同一类型、同一层数的住宅组合

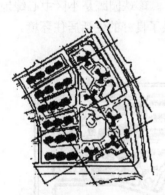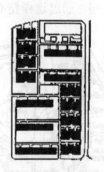

北京翠微小区住宅组群(多层、高层)　珠海碧涛花园住宅组群(多层、2~6层)　北京西坝河北里小区组群(多层、低层)

图 11-37　不同类型、不同层数的住宅组合

2）成街成坊

成街，是指住宅沿街组成带形的空间；成坊，是指住宅以街坊作为一个整体的布置方式。有时，在组群设计中，因不同条件限制，可既成街，又成坊。

3. 居住区公共建筑的布置形式

根据公共建筑的性质、功能和居民的生活活动需求，居住区公共建筑的布局方式可分为分散式和集中式两种。

1）分散式

一般地，适宜于分散布置的公共建筑功能相对独立，对环境有一定的要求，如保育教育和医疗设施等；或为同居民生活关系密切，使用、联系频繁的基础生活设施，如居民委员会、自行车库、基层商业服务设施等。

2）集中式

商品服务、文化娱乐及管理设施除方便居民使用，宜相对集中布置，形成生活服务中心。

第五节　居住区绿地的分类设计

一、居住区绿地的规划设计原则

1. 系统性

居住区绿地的规划设计必须将绿地的构成元素，结合周围建筑的功能特点、居民的行为心理需求和当地的文化艺术因素等综合考虑，形成一个具有整体性的系统，为居民创造幽静、优美的生活环境。

整体系统首先要从居住区规划的总体要求出发，反映自己的特色，然后要处理好绿化空间与建筑物的关系，使二者相辅相成，融为一体。绿化形成系统的重要手法就是"点、线、面"相结合，保持绿化空间的连续性，让居民随时随地生活、活动在绿化环境之中。

以马鞍山珍珠园小区为例（图 11-38），该小区划分为 7 个组团，每个组团有一块集中的公共绿地，这些都是"点"；在主路两旁设有绿化带，组团路与小区路连接，形成"线"；然后引向小区的中心绿地——珍珠园，即绿地系统的"面"。珍珠园既是小区中心绿地，也是地区性公园。通过这样精心的绿化系统规划，为居民提供了良好的生活居住环境。

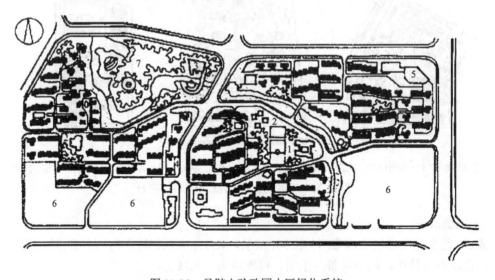

图 11-38　马鞍山珍珠园小区绿化系统

1-小学；2-幼托；3-文化中心；4-商店；5-地区商业中心；6-专用地；7-珍珠园

2. 可达性

居住区公共绿地，无论集中设置或分散设置，都必须选址于居民经常经过并能顺利到达的地方。北京富强西里中心绿地划分为三个部分，分列在小区主路两侧，与住宅组团紧密结合，相互交错，具有较强的可达性（图 11-39）。杭州采荷小区的中心绿地与水系有机地组织起来，沿小区主路向纵深展开，绿地周围的住户均能就地享受（图 11-40）。

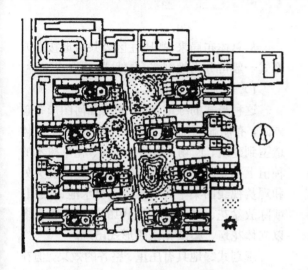
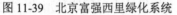

图 11-39　北京富强西里绿化系统

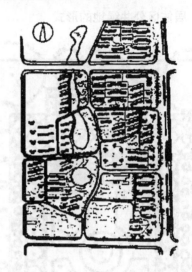

图 11-40　杭州采荷小区绿化系统

为了增强对居民的吸引，便于他们随时自由地使用中心绿地，中心绿地周围不宜设置围墙。有些小区把中心绿地围起来，只留几个出入口，居民必须绕道进入，使得一部分居民不愿进去，无疑降低了小区绿地的使用率。

3. 亲和性

居住区绿地，尤其是小区小游园，受居住区用地的限制，一般规模不可能太大，因此必须掌握好绿化和各项公共设施的尺度，以取得平易近人的感观效果。

当绿地有一面或几面开敞时，要在开敞面用绿化等设施加以围合，使游人免受外界视线和噪声的干扰。当绿地被建筑包围产生封闭感时，则宜采用"小中见大"的手法，造成一种软质空间，"模糊"绿地与建筑的边界，同时防止在这样的绿地内放入体量过大的建筑物或尺度不适宜的小品。

4. 实用性

在我国传统住宅中，天井、院落、庭院都是无顶的共享空间，供人休息、交往，亦可作集会、宴宾之用，室内外功能浑然一体，总体上灵活多变，颇具亦此亦彼的中介性。绿地规划应区分游戏、晨练、休息与交往的区域，或作类似的提示，充分作用绿化，而不是仅以绿化为目的。

此外，居住区绿地的植物配置，也必须从实际使用和经济出发，名贵树种尽量少用，以结合当地气候特点的乡土树种为主。按照功能需要，座椅、庭院灯、垃圾箱、休息亭等小品也应妥善设置，不宜滥建昂贵的观赏性的建筑物或构筑物。

二、居住区公共绿地的规划设计

1. 居住区公共绿地的形式

图 11-41　规则式绿地

1-松；2-柏；3-冬青；4-喷泉；5-花坛；6-水池；7-灌木

从总体布局来说，居住区公共绿地按造园形式一般可分为规则式、自然式、混合式三种。

1）规则式（整形式、对称式）

这种形式的绿地，通常采用几何图形布置方式，有明显的轴线，从整个平面布局、立体造型到建筑、广场、道路、水面、花草树木的种植上都要求严整对称。在主要干道的交叉处和观赏视线的集中处，常设立喷水池、雕塑，或陈放盆花、盆树等。绿地中的花卉布置也多以立体花坛、模纹花坛的形式出现。

规划式绿地具有庄重、整齐的效果，但在面积不大的绿地内采用这种形式，往往使景观一览无遗，缺乏活泼、自然感（图 11-41）。

2）自然式（风景式，不规则式）

自然式绿地以模仿自然为主，不要求严整对称。其特点是道路的分布、草坪、花木、山石、流水等都采用自然的形式布置，尽量适应自然规律，浓缩自然的美景于有限的空间之中。在树木、花草的配置方面，常与自然地形、人工山丘、自然水面融为一体。水体多以池沼的形式出现，驳岸以自然山石堆砌或呈自然倾斜坡度。路旁的树木布局也随其道路自然起伏蜿蜒。

自然式绿地景观自由、活泼，富有诗情画意，易创造出别致的景观环境，给人以幽静的感受。居住区公共绿地普遍采用这种形式，在有限的面积中，能取得理想的景观效果（图11-42）。

3）混合式

混合式绿地是规则式与自然式相结合的产物，它根据地形和位置的特点，灵活布局，既能和周围建筑相协调，又能兼顾绿地的空间艺术效果，在整体布局上，产生一种韵律和节奏感，是居住区绿地较好的一种布局手法（图 11-43）。

按绿地对居民的使用功能分类，其布置形式又可为开放式、半开放式与封闭式三种（图 11-44）。

1）开放式

也称为开敞式，多采用自然式布置。这类绿地一般地面铺装，设施较好。开放式绿地可供居民入其内游憩、观赏，游人可与之自由亲近。居住区中这类绿地通常受到居民的欢迎，也被居住区所普遍采用。

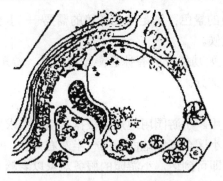

图 11-42 自然式绿地

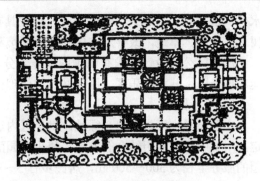

图 11-43 混合式绿地

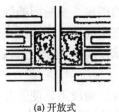

(a) 开放式

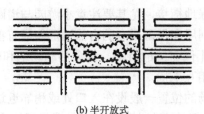

(b) 半开放式

(c) 封闭式

图 11-44 绿地的布置形式

2）半开放式

也可称为半封闭式。绿地周围有游园步道，居民可进入其中。绿地中设有花坛、封闭树丛等，多采用规则式布置。

3）封闭式

一般这种形式的绿地，居民不能入内活动，好处是便于管理，缺点是游人的活动面积少，对居民而言缺乏应有的亲和力和可进入性，使用效果差，居住区公共绿地设计中应避免这种形式的绿地出现。

2. 居住区公共绿地的设计方法

居住区公共绿地是城市绿化空间的延续，又最接近于居民的生活环境。在功能上与城市公园不尽相同，因此，在规划设计上也有与城市公园不同的特点。

居住区公共绿地主要是要适于居民的休息、交往、娱乐等，有利于居民心理、生理的健康。在规划设计中，要注意统一规划，合理组织，采取集中与分散、重点与一般相结合的原则，形成以中心公园为核心，道路绿化为网络，宅旁绿化为基础的点、线、面为一体的绿地系统。

1）居住区公园

居住区公园是居住区绿地中规模最大、服务范围最广的中心绿地，为整个居民区居民提供交往、游憩的绿化空间。其面积不宜少于 1.0 hm²，服务半径不宜超 800～1000 m，即控制居民的步行时距在 8～15 分钟。

居住区公园规划设计，应以"四个满足"为重要设计依据，即满足功能要求——根据居民各种活动的要求布置休息、文化、娱乐、体育锻炼、儿童游戏及人际交往等各种活动的场地与设施；满足游览需要——公园空间的构建与园路规划应结合组景，园路既是交通的需要，又是游览观赏的线路；满足风景审美的要求——以景取胜，注意意境的创造，充分利用地形、水体、植物及人工建筑物塑造景观，组成具有魅力的景色；满足美化环境的需要——多种植树木、花卉、草地，改善居住区的自然环境和小气候。

居住区公园设计要求有明确的功能划分，其主要功能分区有休息漫步游览区、游乐区、运动健身区、儿童游乐区、服务网点与管理区几大部分。

2）小游园

小游园是小区内的中心绿地，供小区内居民使用。小游园用地规模根据其功能要求来确定，用集中与分散相结合的方式，使小游园面积占小区全部绿地面积的一半左右为宜。小游园的服务半径为 300～500 m，居民步行 5～8 分钟即可到达。小游园的服务对象以老龄人和青少年为主，是供休息、观赏、游玩、交往及文娱活动的场所。

小游园的规划设计，应与小区总体规划密切配合，综合考虑，全面安排，并使小游园能妥善地与周围城市园林绿地衔接，尤其要注意小游园与道路绿化的衔接。小游园的规划设计要符合功能需求，尽量利用和保留原有的自然地形和原有植物。在布局上，小游园宜作一定的功能划分，根据游人不同年龄的特征，划分活动场地和确定活动内容，场地之间要分隔，布局既要紧凑又要避免相互干扰。

小游园中儿童游戏场的位置一般设在入口处或稍靠近边缘的独立地段上，便于儿童前往与家长照看。青少年活动场地宜在小游园的深处或靠近边缘独立设置，避免对住户造成干扰。成人、老人休息活动场，可单独设置，也可靠近儿童游戏场，亦可利用小广场或扩大的园路，在高大的树荫多设些座椅座凳，便于他们聊天、看报。

在位置选择上，小游园应尽可能方便附近居民的使用，并注意充分利用原有的绿化基础，尽量使小区公共活动中心结合起来布置，形成一个完整的居民生活中心（图 11-45）。

在规模较小的小区中，小游园常设在小区一侧沿街位置。这种布置形式是将绿化空间从小区引向"外向"空间，与城市街道绿化相似，其优点是：既能为小区居民服务，也可向城市市民开放，利用率较高；由于其位置沿街，不仅为居民游憩所用，还能美化城市、丰富街道的景观；沿街布置绿地，亦可分隔居住建筑与城市道路，阻滞尘埃，减低噪音，防风，调节温度、湿度等，有利于居住区小气候的改善。

另一种布置形式是将小游园布置在小区中心，使其成为"内向"绿化空间。其优点是：小游园小区各个方向的服务距离均匀，便于居民使用；小游园居于小区中心，在建筑群环抱之中，形成的空间环境比较安静，较少受到外界人流、交通的影响，能增强居民的领域感和安全感；小游园的绿化空间与四周的建筑群产生明显的"虚"与"实"、"软"与"硬"的对比，使小区空间有疏有密，层次丰富而富有变化。新乡市曙光居住小区，小区公园布置在小区的几何中心，结合高层、低层住宅设集中的面积较大的小区中心绿地，居民进出住宅区均经过这片开阔的，高、多、低层住宅相结合的空间环境，取得良好的视觉景观效果（图 11-46）。

3）组团绿地

组团绿地是根据居住建筑组团的不同结合而形成的又一级公共绿地，随着组团的布置方式和布局手法的变化，其大小、位置和形状也相应变化。组团绿地通常面积大于 0.04hm²，服务半径为 100 m 左右，居民步行 3～4 分钟即可到达。组团绿地规划形式与内容丰富多样，主要为本组团居民集体使用，为其提供户外活动、邻里交往、儿童游戏、老人聚集的良好条件。组团绿地距居民居住环境较近，便于使用，居民茶余饭后即来此活动，因此游人量较小区小游园更大，游人中大约有半数为老人、儿童或是携带儿童的家长。

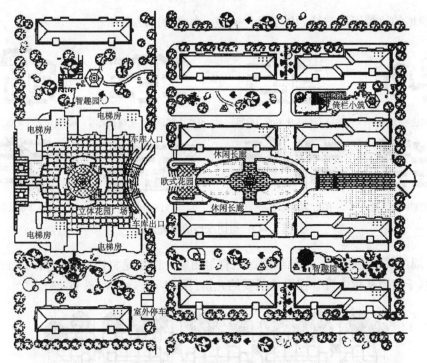

图 11-45　某小区游园位置平面图

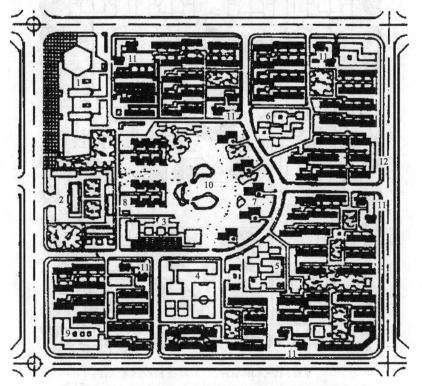

图 11-46　河南新乡曙光小区小游园位置平面示意图

1-居住区中心；2-办公；3-小区商业服务中心；4-小学；5-幼儿园；6-托儿所；7-高层住宅；

8-低层住宅；9-市级公建；10-小区公园；11-组团公建；12-商店

组团绿地的位置可以归纳为以下几种类型，如图 11-47 所示。

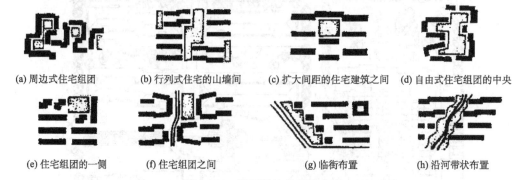

(a) 周边式住宅组团　　(b) 行列式住宅的山墙间　　(c) 扩大间距的住宅建筑之间　　(d) 自由式住宅组团的中央

(e) 住宅组团的一侧　　(f) 住宅组团之间　　　　(g) 临街布置　　　　　　(h) 沿河带状布置

图 11-47　组团绿地的布置方式

（1）周边式住宅组团　　这种组团绿地有封闭感。由于是将楼与楼之间的庭院绿地集中组成，有利于居民从窗内看管在绿地玩耍的儿童［图 11-47（a）、图 11-48］。

绿化庭院

半地下式汽车库入口　　　半地下式汽车库入口　　N

图 11-48　周边式住宅组团绿地布置

（2）行列式住宅山墙间　行列式布置的住宅空间单调，缺少变化。适当增加山墙之间的距离开辟为绿地，可打破行列式布置山墙间形式的狭长胡同感，并为居民提供一块阳光充足的半公共空间［图 11-47（b）、图 11-49］。

（3）扩大间距的住宅建筑间　在行列式布置的住宅之间，适当扩大间距至原来的 1.5～2 倍，即可在扩大的间距中开辟组团绿地［图 11-47（c）］。

（4）住宅组团的一侧　组团内利用不规则的场地，不宜建造住宅的空地布置的组团绿地［图 11-47（e）、图 11-50］。

（5）住宅组团之间　当组团内用地有限时，为争取较大的绿地面积，可采用这种方法，它利于布置活动场地与设施［图 11-47（f）、图 11-51］。

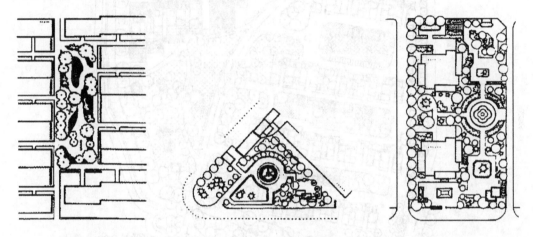

图 11-49　行列式住宅山墙间的组　　图 11-50　天津贵阳道一绿地组团　　图 11-51　天津真理道一住宅内两
　　　　　团绿地　　　　　　　　　　　　　　　　　　　　　　　　　　　　　　　　组团间绿地

（6）临街组团绿地　这类绿地可以打破建筑线连续过长的感觉，可构成街景，还可以使过往群众有歇脚之地［图 11-47（g）］。

（7）沿河带状分布　当住宅区滨河而建时，绿地可结合自然水体，互为因借，形成滨河优美动人的景观［图 11-47（h）、图 11-52］。

组团绿地的位置选择不同，其使用效果也有区别，对住宅组团的环境效果影响也不尽相同。从组团绿地本身的效果来看，位于山墙间的和临街沿河的组团绿地使用和景观效果较好。

住宅组团绿地可布置幼儿游戏场和老龄人休息场地，设置小沙地、游戏器械、座椅及凉亭等，在组团绿地中仍应以花草树木为主，使组团绿地适应居住区绿地功能需求。

三、宅旁绿地的规划设计

宅旁庭院绿地是居民在居住区中最常使用的休息场地，在居住区中分布最广，对居住环境质量影响最为明显。通常宅旁绿地在居住（小）区总用地中占 35% 左右的面积，比小区公共绿地多 2～3 倍：一般人均绿地可达 4～6 m²。

宅旁绿地包括宅前、宅后、住宅之间及建筑本身的绿化用地。其设计应紧密结合住宅的类型及平面特点、建筑组合形式、宅前道路等因素进行布置，创造宜人的宅旁庭院绿地景观，区分公共与私人空间领域。

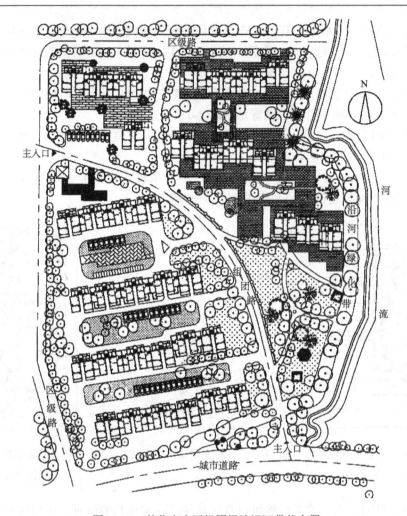

图 11-52　某住宅小区组团绿地沿河带状布置

1. 宅旁绿地的类型

根据我国的国情，宅旁庭院绿地一般以花园型、庭院型为好。但也应考虑结合庭院绿化，为居民尽可能提供种植果树蔬菜的条件，设棚架、栏杆、围墙时考虑居民种植的需要，统一规划设计。家庭园艺活动有利于居住区环境质量的提高，同时也适当满足居民业余园艺爱好的需要而设计一些绿化类型，见表 11-10。

表 11-10　宅旁庭院绿地的分类

类型	特点	植物配置方式
树林型	简单、粗放，大多为开放式绿地，对调节住宅小气候有明显作用，但因缺少花灌木和花草配置而显得单调	以高大乔木为主，选择速生与慢生，常绿与落叶，以及不同色彩及树形的树种
花园型	色彩层次较为丰富，在相邻住宅楼之间起到遮挡视线、隔音、防尘和美化作用，有一定隐蔽性	在住宅间以篱笆包围成一定范围，布置花草树木和其他园林设施

续表

类型	特点	植物配置方式
草坪型	多用于高级独立式住宅，有时也用于多层和高层住宅，养护管理要求高	以草坪绿化为主，在草坪边缘适当种植一些乔木和花灌木
棚架型	美观、实用，较为居民喜爱	以棚架植物为主，采用开花结果的蔓生植物，有花架、葡萄架、瓜豆架等
植篱型	以绿篱或花篱分割或合围而成	用常绿的或开花的植物组成篱笆，在篱笆旁边栽种蔷薇、扶桑等
庭院型	具有庭院的普遍特征，多以开放式、自然式布局	在绿化的基础上，适当设置园林小品，如花架、山石等
园艺型	在绿化美化的同时具有实用性，居民能从中享受到种植果树、蔬菜的田园乐趣	根据居民的爱好，种植果树、蔬菜，一般种植管理粗放的果树，如枣、石榴等

2. 宅旁绿地的特点

1）多功能性

宅旁绿地与居民各种日常生活息息相关。居民在这里进行邻里交往，晾晒衣物，开展各种家务活动。老人、青少年以及婴幼儿在这里休息、游戏。这里是居民出入住宅的必经之路，可创造适宜居住的生活气息，促进人际关系的改善。

宅旁绿地结合居民家务活动，合理组织晾晒、存车等必要的设施，有利于提高居住环境的实用与美观的价值。

宅旁绿地又是改善生态环境，为居民提供清新空气和优美、舒适居住条件的重要因素。能起到防风、防晒、降尘、减噪、调节温度与湿度、改善居住区小气候等作用。

2）不同的领有性

领有性是宅旁绿地的占有与被使用的特性，领有性的强弱取决于使用者的占有程度和使用时间长短。根据不同的领有性，宅旁绿地大体可分为三种形态（表 11-11）。

表 11-11　不同的领有性

形态	特征
私人领有	一般在底层，将宅前宅后用绿篱、花篱、栏杆等围隔成私有绿地，领域界限清楚，使用时间较长，可改善底层居民的生活条件。由于是独户专用，防卫功能较强
集体领有	宅旁小路外侧的绿地，多为住宅楼集体所有，使用时间不连续，也允许其他楼栋的居民使用，但不允许私人长期占用。一般多层单元式住宅将建筑前后的绿地完整地布置，组成公共活动的绿化空间
公共领有	指各级居住活动的中心地带，居民可自由进出，都有使用权，但是使用者常更变，具有短暂性

不同的领有形态，居民所具有的领有意识也不尽相同。离家门越近的绿地，领有意识越强，反之越弱。要使绿地管理得好，在设计上需要加强领有意识，使居民明确行为规范，建立正常的生活秩序。

3）制约性

宅旁绿地的面积、形体、空间性质受地形、住宅间距、住宅组群形式等因素的制约。当住宅以行列式布局时，绿地为线形空间；当住宅为周边式布置时，绿地为围合空间；当住宅为散点式布置时，绿地为松散空间；当住宅为自由式布置时，绿地为舒展空间；当住宅为混合式布置时，绿地则为多样化空间。

3. 宅旁绿地的设计原则

宅旁绿地的设计，除结合居民的日常生活行为特征外，还要注意以下原则：

（1）要以绿化为主　以绿化保持居住环境的宁静，种植绿篱分隔庭院空间，绿篱的高度与宽度视功能要求而定，在由于周围建筑物密集而造成的阴影区，要选择和种植耐阴植物。

（2）美观、舒适　宅旁绿地设计要注意庭院的空间尺度，选择合适的树种，其形态、大小、高度、色彩、季相变化与庭院的规模、建筑的高度相称，使绿化与建筑互相衬托，形成完整的绿化空间。

（3）体现住宅标准化与环境多样化的统一　依据不同的建筑布局作出宅旁庭院的绿地设计，植物的配置满足居民的爱好与景观变化的要求，同时应尽力创造特色，使居民产生认同及归属感。

（4）宅旁绿地植物配置　进行宅旁绿地植物配置时应注意植物选种。应种植清香怡人的植物，能够给居民带来一定的生活舒适感，如香樟、四季桂、米兰、海桐、红继木、竹类等，兼顾芳香、常绿、色叶、开花等植物特点。应避免如石楠、五色梅等（开花有明显臭味）、球花石楠、大叶女贞等（落果污染地面）等植物出现。

4. 不同类型住宅的宅旁绿地设计

1）低层独立式住宅庭院设计

低层独立式住宅庭院绿化，在一定程度上反映主人的性格和兴趣（图 11-53～图 11-55）。一般而言，庭院绿化中都十分注重创造美的境界。无论是花草树木之间的配置，还是与建筑环境的配合都要讲究比例、尺度的恰当，色彩的季相调和与变化。

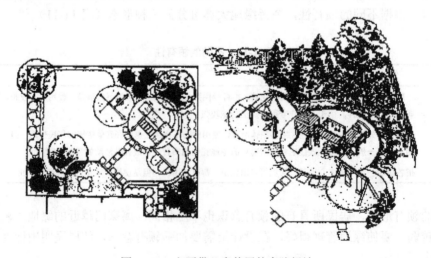

图 11-53　主要供儿童使用的庭院绿地

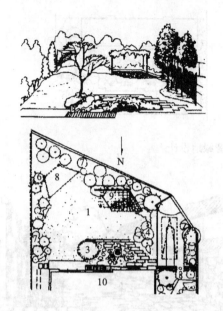

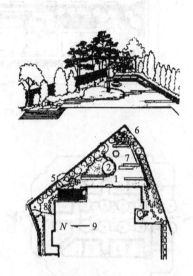

图 11-54　主要供年轻人使用的庭院，空间开阔，
富于变化

1-草坪；2-花灌木；3-七叶树；4-毛白杨；

5-花坛；6-松；7-柏；8-运动场；9-花架；10-住宅

图 11-55　主要供老年人使用的庭院，明朗、
安静又稍有变化

1-草坪；2-松；3-柏；4-竹；5-花灌木；

6-石笋；7-座凳；8-步石；9-住宅

庭园中常用树木、花廊、小品等来创造主景，用框景、漏景表现庭园主题特色，组织分隔空间，形成景中有人、人在景中生活的生动场面，使庭园层次更加丰富，富有生机。

庭园绿化应用自然之理，取自然之趣，用树木、山石、小品的大小、起伏、水声、光线的明暗来体现音乐般的节奏和韵律；用植物、石刻等点景来表现庭园绿化的意境（图 11-56）。

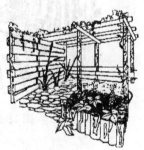

图 11-56　庭院中藤棚与花台、花架、水池组合构成庭院景色

2）多层住宅宅旁绿地设计

多层住宅的宅旁绿地，不同的住宅组群空间产生不同的绿地布置形式，形式不同的宅旁绿化景观如图 11-57～图 11-60 所示。

宅旁绿地的形式可开放、可封闭，取决于不同的设计手法。例如，以隔墙围成的小院具有很强的封闭性，以高平台的小矮墙和栅栏分隔成独立的小院，以绿篱围合的宅旁绿地是开放的、共享的绿化空间（图 11-61）。

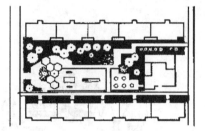
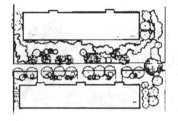

图 11-57　多层住宅宅旁绿地设计

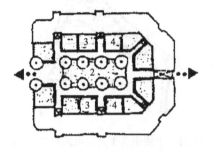

图 11-58　周边式住宅绿地

图 11-59　富有田园风光的住宅绿地景观

图 11-60　开放式的宅旁绿地景观

3）高层住宅宅旁绿地设计

　　高层住宅的宅旁绿地设计，可根据住宅建筑布局形式，灵活运用空间，绿地布置可采用集中与分散相结合的形式，在每幢高层的周围空地上设置草坪、树木，围合成相对独立的空间。

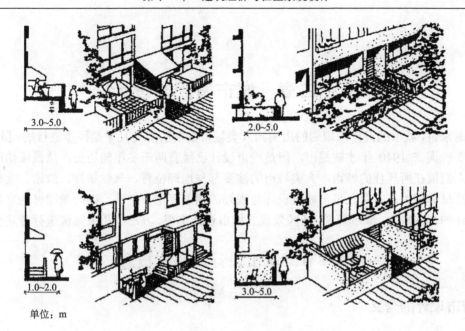

图 11-61　宅旁景观的几种处理方式

问题与思考

1. 进行建筑组群设计应考虑哪些因素？
2. 建筑组群设计与空间环境有哪些关联？
3. 建筑组群设计的一般原则有哪些？
4. 住宅区绿地的规划设计原则有哪些？

第十二章 城市景观与设计

普遍来讲,城市的设计与规划的历史同人类城市发展的历史几乎是同步进行的。虽然"城市设计"一词在 1940 年才被提出,但是城市设计已经有两千多年的历史。从最原始的聚族部落到人们现在所居住的城市,人类城市的演变都与地理位置、气候条件、政治、文化、经济等元素息息相关。本章立足于城市设计与规划的相关理论与方法,以风景园林为立足点对城市设计的基本概念、城市景观、社区景观的城市设计思想、方法和相关案例进行着重介绍。

第一节 城市设计的基本概念

一、城市设计的含义

城市设计(又称都市设计,urban design)的具体定义在建筑界通常是指以城市作为研究对象的设计工作,是介于城市规划、景观建筑与建筑设计之间的一种设计。相对于城市规划的抽象性和数据化,城市设计更具有具体性和图形化,城市设计是以城市为对象,或者更准确地说,以城市的建筑空间组织为对象;但是,因为 20 世纪中叶以后城市设计多半是为景观设计或建筑设计提供指导、参考架构,因而与具体的景观设计或建筑设计有所区别。

二、城市设计的作用

城市设计不同于城市的规划、建筑设计以及简单的景观设计,它可以更广义地理解为综合性的设计城市,对城市各种主要元素如基础设施、绿地、道路、水体等进行综合的功能规划、工程的处理以及艺术手段的体现。城市建设往往在城市规划的前提下进行,但是景观规划与设计、建筑设计以及其他工程设计之间缺乏有效的衔接环节,导致城市形态空间环境出现不良发展,因此城市设计和城市绿地景观的设计起着承上启下的作用,以城市空间总体性为设计着眼点,连接各个不同的环节。

三、城市设计与风景园林的关系

城市设计是从建筑学与规划学中分离出来的,因此与从建筑学里派生出的风景园林学科有着密切的联系与交叠。城市与城市集聚区都越发表现出内部不同规模的建设和非建设用地相互混合的状态,结果表现出类似补丁块的效果,在这个意义上城市和景观之间的区分是有条件的。在土地调研中,二者之间的区别也体现在土地利用与土壤特性的类型以及内部在建设性和非建设性用地的差异上。城市设计主要针对居民区(和交通)用地,即关注于已建设或者将进行建设的地区,而景观规划或者景观建筑学则首先针对未建设或者未来的非建设用地(城市内部空地、公园、森林、水域、农业用地等)。但是,城市设计和景观规划之间的这种分工方式与实际情况存在矛盾,因为在所有的尺度层次上,从建筑物与开放空间一直到整个居民区与景观，这些对象都相互渗透在一起。

城市设计与风景园林规划设计，根据设计对象用地的范围和功能特征，可分为以下几种主要类型：城市总体空间设计、城市中心设计、城市开发区设计、城市广场设计、城市干道和商业街设计、城市滨水设计、城市居住区设计、城市园林绿地设计、城市地下空间设计、大学校园设计、城市旧区保护与更新设计、建设项目的细部空间设计等。不仅仅属城市设计所涉及的范围，同时也是风景园林规划与设计需要考虑的内容。

四、城市设计的内容

1. 时间关系

城市设计不仅与空间有关，也与时间有关。时间是构成城市发展的重要因素，一方面，由于人们在时空中的活动是不断变换的，所以在不同时段环境有不用的用途。因此，城市设计需要理解空间中的时间周期以及不同社会活动的时间组织。另一方面，尽管环境随着时间改变，但保持某种程度的延续性和稳定性还是很重要的。城市设计需要设计和组织这样的环境。

2. 空间关系

城市设计的对象包含城市的自然环境、人工环境和人文环境。城市设计的空间内容主要包括土地利用、交通和停车系统、建筑的体量和形式及敞开的公共空间的环境设计。土地利用的设计是在城市规划的基础上细化、安排不同性质的内容，并考虑地形和现状因素。城市公共空间的意义取决于其把个体聚集到一个共同体中的能力，从而表现出一种群体意识。空间是对城市的道路和景观的实现，使得其功能和视觉享受相得益彰。

3. 历史文化关系

城市的发展与城市的历史和文化息息相关。城市的历史与文化不仅影响着城市的发展模式，同时也影响着居民的生活方式。随着城市化进程的不断加剧、新城的建立、旧城的改造，在我国出现了千城一面的现象，然而城市究竟应如何遵循历史脉络和文化脉络是城市设计中应该考虑的重要内容之一。

4. 格局关系

城市格局是一种存在于被动适应地形与有意识规划的主动干预之间的现象，其特征常常是中性的，尤其是当它呈现出规范的方格形式的时候。从实际意义上说，城市格局决定了城市的建筑类型和城市环境的各个方面，范围包括从整个环境气氛到具有明显地域的事件。例如，城市格局的多孔性，不仅确立了一个区域的特征，而且支配着城市的一个区域是怎么样被一个相邻区域的人们所看待的，并决定了区域间的融合和可能达到的程度。

五、城市设计的类型

根据设计对象的用地范围和功能性特征，城市设计可以分为以下几种类型：①城市总体空间设计；②城市开发区设计；③城市中心设计；④城市广场设计；⑤城市干道和商业街设计；⑥城市滨水设计；⑦城市居住区设计；⑧城市园林绿地设计；⑨城市地下空间设计；

⑩城市旧区保护与更新设计；⑪大学校园及科技研究园设计；⑫博览中心设计；⑬建设项目的细部空间设计。

六、城市设计的层次

一个城市形态形成的过程，是一连串的决策制定过程的产物。同样，城市设计是对城市形象的全方位设计，城市设计绝不是单纯的形体设计，而更应看做是思想与手法并蓄的过程。城市设计的层次性是由这些过程所决定的。城市设计的层次性表现为以下几方面。

（1）城市设计的目标具有多重性：设计一个精美的物质形式及有生机的空间；制定完善的管理程序及设计实施导则；振兴经济，并实现政治目标；促进城市永续发展。

（2）城市设计的内容具有多重性：对城市物质形体空间设计；对城市整体社会文化氛围设计；形成与运作机制的设计。

（3）城市设计的理论体系具有多重性：城市设计理论的发展已突破了功能性理论的范畴，而形成功能性理论、决策理论三个部分。它们一起构成一个整体。三个理论的组成，侧重点不同，如不加区别则无法清晰地掌握城市设计的过程。

（4）城市设计的工作范畴具有多重性：过去对于城市设计的理解是详细规划之下的范畴，当今逐渐发展为城市设计研究大到整个城市或区域小到具体的局部地段及场址的物质与社会问题。

七、城市设计的理论方法

1. 城市空间设计理论

图兰西克（Roger Trancik）在《寻找失落的空间——都市设计理论》一书中，根据现代城市空间的变迁以及历史实例的研究，归纳出三种研究城市空间形态的城市设计理论，分别为图底理论（figure-ground theory）、连接理论（linkage theory）、场所理论（place theory）。同时对应地将这三种理论又归纳为三种关系，即形态关系、拓扑关系和类型关系。

1）图底理论（figure-ground theory）

图底理论是研究城市空间和实体之间存在的规律。图底理论从分析建筑实体（solid mass）和开放虚体（open voids）之间的相对比例关系着手，试图通过对城市物质空间的组织加以分析，明确城市形态的空间结构和空间等级，确定城市的积极空间和消极空间。通过比较不同时期城市图底关系的变化，从而分析城市空间发展的规律及方向。从城市设计的角度来看，这种方法实际上是想通过增加、减少或者变更格局的形体特征来驾驭空间联系，希望建立一种不同尺寸大小的、单独封闭而又彼此有序相关的空间等级层次，并在城市或某一地段范围内澄清城市的结构。

每个都市环境中，实体与虚体都有一个既定的模式。传统城市的三种实体形态分别为：①公共纪念物或机构；②主要城市街坊外廓及场地；③界定边缘的建筑物。城市外部空间则具有五种机能各异的主要城市虚体形态：①私密空间和公共通道上的入口前厅；②街坊内廓虚体则为半私密性过渡空间；③与街坊外廓相对的容纳城市公共生活的街道和广场网络；④与城市建筑形式相反的公园及庭院；⑤与河流、河岸、湿地等主要水域特色有关的线形开放空间系统。

2）连接理论（linkage theory）

连接理论注重以"线"（lines）连接各个城市空间要素。所谓线形关系，就是指城市中的一些线性联系，这些线包括街道、人行步道、线性开放空间、视线，或其他连接城市各单元的元素，从而组织起一个连接系统和网络，进而建立有秩序的空间结构。在连接理论中，最重要的是视动态交通线为创造城市形态的原动力，因此移动系统和基础设施的效率往往比界定外部空间形态更受关注。

连接关系的建立可以分为两个层面：物质层面和内在动因。在物质层面上，连接表现为用"线"将客体要素加以组织及联系，从而使彼此孤立的要素之间产生关联，进而共同形成一个"关联域"；由于"线"的连接与沟通作用，关联域即原来彼此不相干的元素形成相对稳定的有序结构，从而空间的秩序被建立起来。就内在动因而言，通常不仅仅是联系线本身，更重要的是线上的各种"流"，如人流、交通流、物质流、能源流、信息流等内在组织的作用，将各空间要素联系成为一个整体。

连接理论在 20 世纪 60 年代十分盛行。在此阶段中，1964 年培根运用连接理论在美国费城中心城市设计时尝试，以"运动"为概念，为费城中心区编制了一个杰出的"城市结构"（urban structure），以活动中心构成整个城市的功能及视觉骨架，形成城市的主要空间走廊。丹下健三是该理论的先驱，同时，桢文彦在其"集体形态之研究"一文中，将这种连接关系视为外部空间的最重要的特征及法则。他提出了城市空间分为三种不同形态，即组合形态、超大形态及组群形态。在城市设计时，连接是控制建筑物及空间配置的关键。尽管连接理论在界定二元空间方向时，有时无法获得令人满意的结果，但它对理解整体城市形态结构仍是大有裨益的。

3）场所理论（place theory）

场所理论是把文化、社会、自然和人的需求等方面加入到城市空间的研究中的理论。通过对这些影响城市形体环境因素的分析，把握城市空间形态的内在因素。场所理论结合独特形式及环境详细特性的研究，使实质空间更为丰富。本质上，场所理论是根据实质空间的文化及人文特色进行城市设计的。不论是以抽象或实质的观点而言，"空间"是由可进行实质连接、有固定范围或有意义的虚体所组成。"空间"能成为"场所"，是由空间的文化属性所赋予及决定的。

与前两个理论体系相互比较起来，人们从第二次世界大战之后才认识到场所理论。因为第二次世界大战以后，为了改变城市的现状，重建城市面貌，人们从科学的角度出发，来研究人们赖以生存的环境。

2. 三种理论的比较

三种理论方法各自有自己的价值和局限。图底理论主要是对空间界定和空间等级的分析，有利于形成积极的城市空间；连接理论是在城市主要建筑和主要空间之间建立交通，有助于形成城市的空间秩序和提高城市效率；城所理论从人的需要出发，通过对城市环境的把握，使城市环境能够满足人们深层次的需求。因此，只有把三者结合起来才能更有意义（表 12-1）。

表 12-1　三种理论的侧重与比较

图底理论	联系理论	场所理论
从理解城市形态入手，体会城市间主体块的空间关系。通过图底关系分析，从二维角度认识城市模式、空间秩序、空间等级等	通过交通、视觉方面的联系分析，明确城市空间中主要功能与景观构成元素之间的交通联系，从而确定城市的主次交通和视线、走廊	通过对影响城市环境的社会、历史和文化等因素的分析，把握城市空间的内在特征
有利于形成积极的城市空间	有利于形成城市的空间秩序和提高城市效率	使城市环境满足人们深层次的需求
每一理论都是从一个侧面分析城市环境，只有把三者结合起来才能使城市问题的研究更全面、更有意义		

资料来源：徐雷，城市规划设计。

3. 城市设计的方法

城市设计的方法，是关于与城市实体建设过程加以干预的各种方式的学说，围绕基本需求、功能利用、可认知性与可持续性这几个目标，对城市建设活动进行协调与调控。城市设计的手法大致可分为四种主要方法：①调查法：包括基础资料搜集、视觉调研、问卷调查、硬地区和软地区的识别等；②评价法：包括加权法、层次分析法、模糊评价法、判别法、列表法等；③空间设计的方法：包括典范思维设计方法、程序思维设计法、叙事思维设计方法等；④反馈的方法：政府部门评估、专家顾问方式、社会评论方式、群众反映等。

八、城市设计的内容

城市设计的内容有如下几个方面。

（1）确定城市空间结构。根据城市自然地理环境及布局特征，结合城市规划要求用地布局，构建出城市空间的整体发展形态。

（2）构造城市景观体系。从美学角度确定出城市不同景观特征的景观区、景观线、景观点和景观轴，为城市建设控制提供依据。

（3）布置城市公共活动空间。为城市生活提供物质空间条件，包括游憩、观赏、健身娱乐、庆典、休息、交往等，依据这些空间的性质、内容、规模和环境位置进行布局，形成城市公共空间系统。

（4）设计城市竖向轮廓。根据城市的自然地形条件和景观建筑特征，对城市空间的整体轮廓进行高度上的分区，确定高层建筑群的布局、城市空间走廊的分布、自然地势和城市历史建筑的保护利用，形成有特色的城市景观轮廓。

（5）研究城市道路、水面和绿地系统。从城市空间环境质量的角度对城市环境中的以上要素提出要求，进行总体规划和设计，建立城市的自然生态系统和交通运输系统。

（6）提出城市色彩（图 12-1）、照明、建筑风格、城市标志与建筑小品的基本格调，从塑造城市个性、特色要求出发，对以上内容作出进一步的构想和形成指导性文件。

（7）组织城市的主要公共活动空间，对城市重点地段进行空间形态设计，提出粗略的构思方案和建议，为下一阶段的局部地段城市设计提出设计指导。

图 12-1　布拉格老城区城市色彩

第二节　城　市　景　观

城市景观（city scape），指城市中由街道、广场、建筑物、园林绿化等形成的外观及气氛。城市景观是指景观功能在人类聚居环境中固有的和所创造的自然景观美，它可使城市具有自然景观艺术，使人们在城市生活中具有舒适感和愉快感。城市景观要素包括自然景观要素和人工景观要素。其中自然景观要素主要是指自然风景，如大小山丘、古树名木、石头、河流、湖泊、海洋等。人工景观要素主要有文物古迹、园林绿化、艺术小品、商贸集市、建构筑物、广场等。这些景观要素为创造高质量的城市空间环境提供了大量的素材，但是要形成独具特色的城市景观，必须对各种景观要素进行系统组织，并且结合风水使其形成完整和谐的景观体系和有序的空间形态。

一、城市景观的基本特征

复合性：城市中既有自然景观又有人工景观，既有静态的硬体设施又有动态的软体活动，城市景观表现为各要素的交织与并演。远景设计研究院专家谈到说城市景观艺术是一门时空的艺术，它随观察者在空间中的移动而呈现出一幅幅连续的画面。城市整体景观由各个局部景观叠合而成。

时间性：每个城市的景观都是历史的积淀，每个城市都有其自身的产生、发展过程，经历了一代又一代人的建设与改造，不同时代有不同的产生风貌。城市景观只是一个城市发展的过程，它随着城市变化而变化，随着城市的更替而更迭。

地方性：各城市都有其特定的自然地理环境，有各自的历史文化背景，以及在长期的实践中形成的特有的建筑形式与风格，加上当地居民的素质及所从事的各项活动构成了一个城市特有的景观。

二、城市景观的分类

在景观设计和规划设计中，城市景观一直存在着较多种分类。五个要素决定了城市景观的主要类型：①道路和街区形态；②地块模式和土地利用；③建成形式、规模和地块布局；④道路和停车设计；⑤绿地和建设用地组成关系。其中街区形态、道路和地块模式是决定性因素。加州大学戴维斯分校的 Stephen Wheeler 教授根据航片、地图和卫星图片等大量数据对世界的 24 个都市区（图 12-2～图 12-4）进行了提取和分类，分别为北京、亚特兰大、

图 12-2　北京：超级街区和住宅体块景观环绕着老城的有机核心结构（胡同型）

阿姆斯特丹、波哥大、波士顿、开罗、萨克拉门托、德里、约翰内斯堡、拉各斯、拉斯维加斯、伦敦、墨西哥城、莫斯科、巴黎、波特兰、里约热内卢和罗马等，提出了世界城市建成景观的 27 种基本的分类标准。

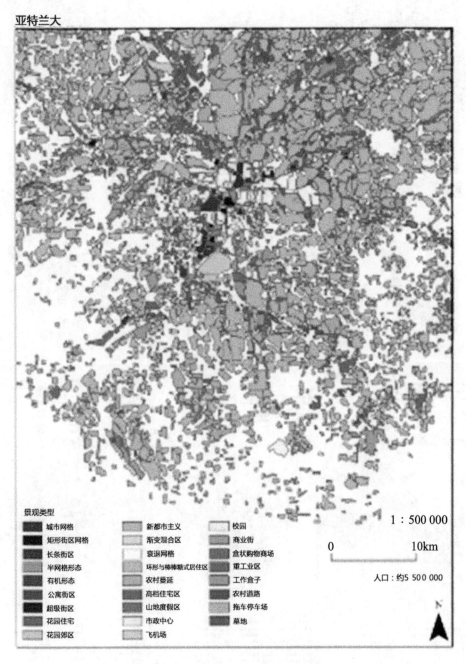

图 12-3　亚特兰大：圆环和公寓，乡村景观蔓延环绕（格栅核心型）

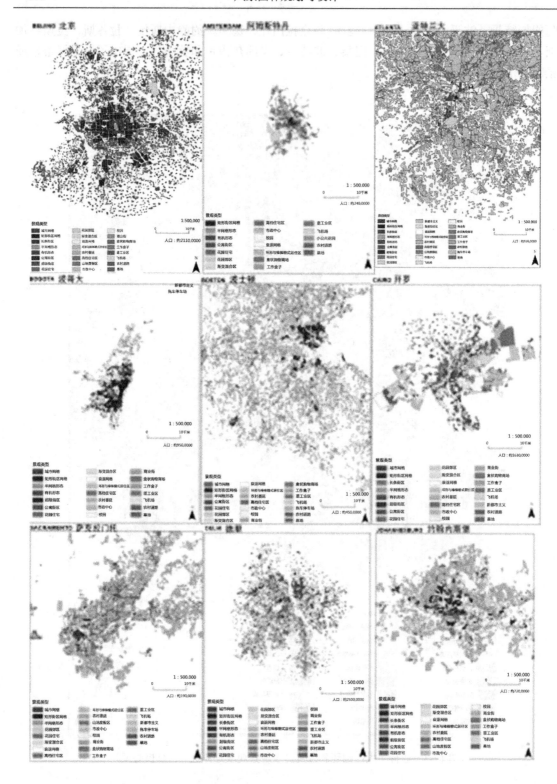

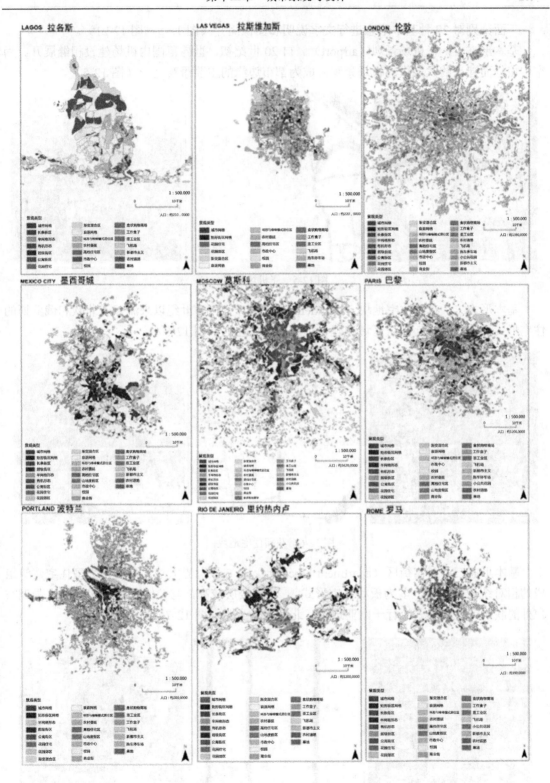

图 12-4　24 个城市中部分城市形态分析图

下面分别对 27 种基本形态进行文字说明和图像简介（图 12-5～图 12-21）。

基本形态一：飞机场景观（airport）。自 20 世纪初，世界范围内机场建设相继展开。为空中旅行而建设的大规模的机场景观，成为都市边缘的主要景观之一（图 12-5）。

图 12-5　飞机场景观

基本形态二：花园住宅地块（allotment garden）。自 18 世纪以来流行于北欧和俄罗斯的住宅形式，连续的花园地块区域和建设小型的单体住宅（图 12-6）。

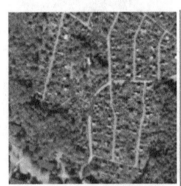

图 12-6　花园住宅地块

基本形态三：公寓街区（apartment blocks）。第二次世界大战之后，由大型住宅建筑组成的相对统一的景观，多为板状住宅形式。 住宅楼层较高，与公园公寓相比，不太强调与户外的联系。这种形式流行于欧亚地区，北美较为少见（图 12-7）。

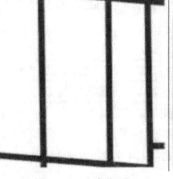

图 12-7　公寓街区

基本形态四：园区（apartment blocks）。大型机构所在地，一般具有正式或者优美的景观空间设计。这包括大学、大公司、办公园区、游乐场等地（图12-8）。

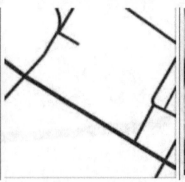

图 12-8　花园

基本形态五：市政中心（civic）。从古至今，大多数城市都是以大型市政建筑和空间形式为中心建成的景观。通常经过正式的规划设计，超大尺度、大型建筑的印记随处可见，较少混合其他土地利用的形式（图12-9）。

图 12-9　市政中心

基本形态六：商业带（commercial strip）。20 世纪 20 年代出现一批沿着角度干线的低密度线性商业发展的景观带，以机动交通为导向（图12-10）。

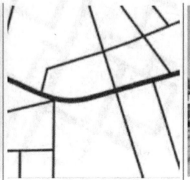

图 12-10　商业带

基本形态七：农村道路（country roads）。从城市向外延伸，沿着原有的农村道路逐渐形成小规模的线形发展，城市化向外伸出的"手指"状地块（图 12-11）。

图 12-11　农村道路

基本形态八：衰退网格（degenerate grid）。20 世纪中期出现，由直线型街道组成的大规模居住景观，这种形式交通连接性差（图 12-12）。

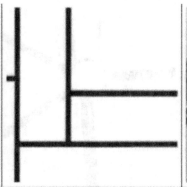

图 12-12　衰退网格

基本形态九：花园公寓（garden apartment）。自 19 世纪末以来出现，底层和中高层建筑构成的公寓景观，强调与外界绿地空间的关系以及场所设施（图 12-13）。

图 12-13　花园公寓

基本形态十：花园郊区（garden suburb）。主要有两种类型，即19世纪末为富裕阶级兴建风景如画的花园郊区和20世纪50年代后为中产阶级兴建的花园郊区。为沿着交通良好的弯曲道路布局的独栋住宅，有大量绿化（图12-14）。

图12-14　花园郊区

基本形态十一：重工业区（heavy industry）。19世纪以来出现，大型工业区，往往包括大体量建筑、特殊设备、室外原材料储存、油箱和铁路站点（图12-15）。

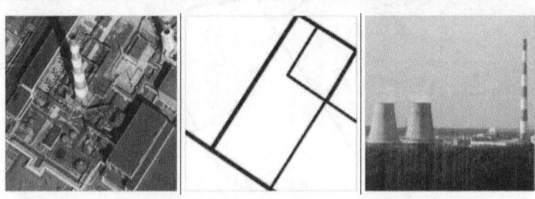

图12-15　重工业区

基本形态十二：山地度假区（hill side）。依陡峭山坡地形而建的不规则盘山道路，多为中上阶级的度假区，年代久远（图12-16）。

图12-16　山地度假区

基本形态十三：渐变区/混合区（incremental/mixed）。通常位于现代大规模道路系统内的小规模地块发展，形成不规则的混合状态，街道之间的连续性较差或一般（图12-17）。

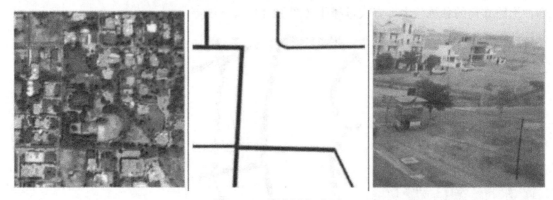

图 12-17　渐变区/混合区

基本形态十四：墓地（land of the dead）。大规模的殡葬地区，通常经过正式的景观设计。例如，开罗的"死者之城"有活人居住的同时还有公园和宗教场所的功能（图12-18）。

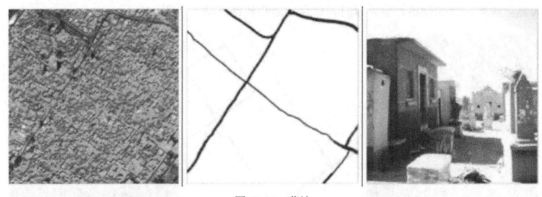

图 12-18　墓地

基本形态十五：长条街区（long blocks）。伴随着20世纪城市化快速发展，线性的居住形态，街道长度一般大于100m，往往在原有农田地块基础之上发展起来（图12-19）。

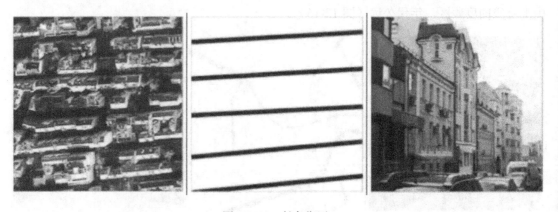

图 12-19　长条街区

基本形态十六：环形与棒棒糖式居住区（loops & lollipops）。第二次世界大战以来流行大规模、流水线式建造的居住景观，具有规则的弯曲街道模式，交通连接性较大（图 12-20）。

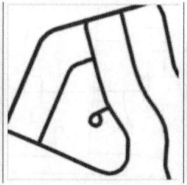

图 12-20 环形与棒棒糖式居住区

基本形态十七：盒状购物商场（mall & box）。1950 年后涌现一批大规模商业建筑群或大型围合商业建筑单体，具有大量停车位。亚洲的购物商城停车空间较少（图 12-21）。

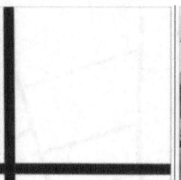

图 12-21 盒状购物商场

基本形态十八：新都市主义（new urbanism）。1980 年后出现了在新都市主义运动的推动下形成的新类型，结合网格道路和护院郊区形态形成的混合型土地利用中心，街道的连接性较好（图 12-22）。

图 12-22 新都市主义

　　基本形态十九：有机形态（organic form）。街道密集，精细城市发展，前工业文化和非正式居住结合的产物（图 12-23）。

 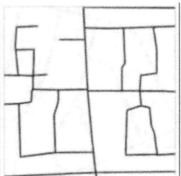 

图 12-23　有机形态

　　基本形态二十：半网格形态（quasi-grid）。综合地形、设计或渐进发展而产生的直线型和不规则导读混合的模式，土地利用变得多样化（图 12-24）。

图 12-24　半网格形态

　　基本形态二十一：长方街区网格（rectangular block grid）。19 世纪末北美电车郊区和不同时期拉丁美洲城市，形成了长方街道网格形态，见于文艺复兴早期的欧洲郊区，街道连通性好（图 12-25）。

图 12-25　长方街区网格

　　基本形态二十二：农村蔓延（rural sprawl）。20 世纪 50 年代以来出现了一批半农村住宅景观，其特点为地块面积较大，增长迅速（图 12-26）。

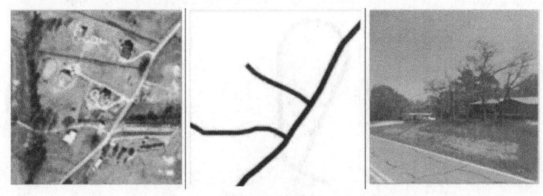

图 12-26　农村蔓延

　　基本形态二十三：超级街区（super block）。在 20 世纪中期现代主义设计思潮的影响下出现了以总体规划设计的大型居住建筑，包含限制外部交通进入的内部道路体系，与公寓街区相比，建筑布局和内部设计更为多样性（图 12-27）。

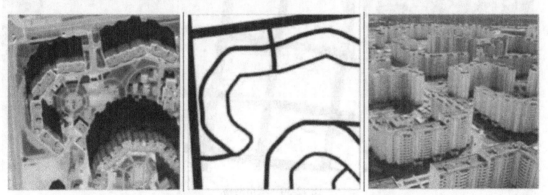

图 12-27　超级街区

　　基本形态二十四：移动住宅区（trailer parks）。自 20 世纪中期在北美出现了一批小地块上密集的移动住宅，限制外部交通进入道路体系，与周围景观隔离（图 12-28）。

图 12-28　移动住宅区

基本形态二十五：高档住宅飞地（upscale enclave）。总体规划建设或之间开发的赋予阶层的居住区，多为门禁社区，与花园郊区相似，但街道连通性较低，更为隔绝（图 12-29）。

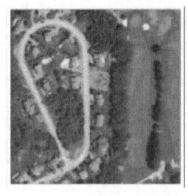

图 12-29　高档住宅飞地

基本形态二十六：城市网格（urban grid）。建于 19 世纪中期甚至更早以前，相对于较小的方形街区，土地利用多样，多见于老城中心（图 12-30）。

图 12-30　城市网格

基本形态二十七：工作盒子（workplace boxes）。1950 年后出现，盒状建筑景观，多为工业或商业功能。办公类有大型停车场，靠近交通干线布局（图 12-31）。

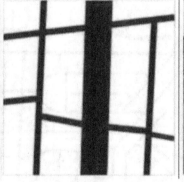

图 12-31　工作盒子

世界各地出现的 27 种基本建成城市景观的类型，在不同区域出现不同景观类型的组合形式，这些基本类型拼贴成当代城市的基本形态。然而，这 27 种基本城市景观的类型，即便是同一种景观类型在世界不同地区也有所差异。例如，欧洲和亚洲的道路和地块的尺度比北美和澳大利亚要小。甚至在同一个都市区内也存在差异。类型划分的目的在于，即使存在上述差异，建成环境具有其他重要特征也足以构成典型类型。其中有 9 种建成景观类型在世界都市区域最为普遍。根据占地面积大小从高到低依次为"环形或棒棒糖式居住区"、"衰落网格"、"农村蔓延"、"工作盒子"、"渐进式/混合式"、"有机形态"、"长方街区网格"、"重工业区"和"公寓街区"。这 9 种类型占据所分析的 24 个都市区域 78%的土地面积。

第三节　社　区　景　观

一、社区的相关概念

1. 社区的概念

"社区"（community）一词，最早由德国社会学家腾尼斯（F. Tonnies）在其 1887 年出版的《社区与社会》中提出。他指出社区是基于亲族血缘关系结合而成的社会联合。这种社会联合中，感情的、自然的意志占优势，个体的或个人的意志被情感的、共同的意志所支配。然而在各个学科中关于社区的定义说法并不相同。有人认为"社区" 是一个社会学概念，强调的是社区成员之间的共同关系。尽管关于社区的定义说法不一， 但是核心内容基本一致，可认为是某种具有高度认同感的相互依存的地域性共同体。主要特征有：普遍参与、自治、民间性、 高度认同、 情感依赖等。 社区既是城市这一社会实体的存在，又是存在于这一实体内的社会结构及空间关系。所以很多西方学者认为，社区是由人、建筑、街道和社会关系构成的社会空间关系。同时，社区也应是在一定地域范围内，以一定数量的人口为主体形成的具有认同感与归属感的、制度与组织完善的社会实体。社区是社会的基层组织，全社会就是由一个个不同大小、不同类型的社区所组成的，居住社会是其中的主要类型之一。

2. 社区环境的概念

社区环境是相对于作为社区主体的社区居民而言的，它是社区主体赖以生存及社区活动得以产生的自然条件、社会条件、人文条件和经济条件的总和。它可理解为承载社区主体赖以生存及社会活动得以产生的各种条件的空间场所的总和，它属于物质空间的范畴。

3. 社区景观的概念

社区景观是指社区的外在景色，是一个社区的内在本质与外在形式的结合，是人类精神和理想在社区领域的具体体现，包括活动景观和实质景观两大类。社区景观也可以分为自然景观和人工景观。社区是具有一定的人口和用地规模，并集中布置居住建筑、公共建筑、绿地、道路以及其他各种工程设施，被城市街道或自然界限所包围的相对独立的地区。社区区域规划从社会发展的角度来看，其目标是期望形成一个良好的社区，是建构一种广义交流层次上的良好的人际关系，在物质形态上构筑生活空间与场所。在一定的地域之内具有完善的生活服务设施和服务系统。居民间具有良好的人际关系并形成小社会是社区的基本特征，也是城市居住区规划设计希望形成的目标之一。

二、城市社区的构成要素

1. 地域

社区是地域性社会，是处在一定地理位置、一定的资源条件、气候条件、生态和环境中的社会。它为人们的生产与生活提供了自然条件和具体的空间。

2. 人口

社区是以一定数量的人口为基础组织起来的生活共同体。人口是社区活动的主体，没有一定数量的人口，社区就不能负担起满足人们各方面生活需要的职能。

3. 生活设施

社区是一个相对独立的社会生活单位。因此，必须具有一套为社区主体生活所必需的教育、文化、服务等的系统、设施，以及一套物质生产和精神生产的体系。

4. 组织指导

社区是有组织的社会生活体系，内部由各种组织和群体构成，从而构成组织管理网络，以保证社区成员有序地生活。社区组织制度的内容，不仅包括生活、生产组织，还包括各种社会群体组织、管理组织等及其相应制度。

5. 共同的社会文化心理

社区中的人们长期生活在共同的地域环境中，相互依赖的生活和频繁的交往促使他们形成了共同的理想目标、价值观念、信仰、归属感、风俗习惯，即共同的社区意识。

三、城市居住社区的分类

城市居住社区是指在城市的一定区域范围内，在居住生活过程中形成的具有特定空间环境设施、社会文化、组织制度和生活方式特征的生活共同体。生活于其中的居民在认知意象或心理情感上均具有较一致的地域观念、认同感与归属感。

1. 按社区主体的不同来划分

决定现代城市居住差异的主要因素有以下 3 个方面：社会经济地位、生命周期和种族状况。结合中国国情，可以将城市居住社区划分为高收入阶层居住社区、中等收入阶层居住社区、低收入阶层居住社区；或者分为老龄社区、中龄社区、青年社区；又可以分为单身社区、核心家庭社区和家族型社区等。

2. 按居住社区的地域分布不同来划分

根据居住社区在城市中占据的不同区位，可以大致将居住社区划分为中心区居住社区、中心外围居住社区、边缘居住社区等。

3. 按社会-空间形态构成特征来划分

主要是指按居住社区建构的社会历史背景及其空间形态特征进行分类：①传统式街坊社区；②单一式单位社区；③混合式综合社区；④演替式边缘社区；⑤房产开发型物业管理社区；⑥流动人口聚居区。

四、社区景观规划与设计原则

社区的规划结构，是根据社区的功能要求综合地解决住宅与公共服务设施、道路、公共绿地等相互关系而采取的组织方式。在社区景观规划与设计时，应通盘考虑，从社区人们的活动出发，打造合理的社区景观。因此在社区景观设计时应考虑以下几种原则。

1. 统一原则

在做社区景观设计的时候，不应把社区的景观和建筑拆分开来设计，应从规划的角度出发，整体把控社区景观的规划与设计，把场地因素和人为因素考虑进去。如阳光每天的照射时间和照射程度，所在社区人们的生活习惯和经常做的一些活动等。

2. 功能多样性原则

社区景观的功能是多样的，在设计时应对社区人群和其活动进行分类总结，然后设计其社区应具有的功能。社区的功能伴随着社区人群的改变而改变。在社区设计时除了要考虑丰富社区景观的功能外，还应考虑社区景观的辐射范围及影响。然后通过景观设计的手法使社区所需要的功能再辐射到合理的范围之内。

3. 文化传承原则

社区的景观设计与社区的文化是分不开的，在设计时应充分对所设计社区进行历史和文化方面的调研与考察，使所设计的景观可以很好地展现出来社区的文化和历史。使人们在社区公园或绿地活动的时候，可以感受到社区的历史文化所在，从而达到社区文化的贯穿和传承。

五、社区景观案例

社区景观公园案例（neighborhood park）见图 12-32～图 12-41，来自谷德设计网。

这是圣多纳迪皮夫城市中一个小型的社区公园，这个社区没有多少公共用地，仅有的空地也存在可达性不高的问题。公园的出现改变了这个社区这一不良现状。社区公园的南部面向主要公路，内部的铺装是白色的水洗石，这种白色的铺装如同自然地貌般起伏着，形成小山、盆地，还有聚会的座椅、喷泉、道路、儿童乐园、野餐点、树木、灯具，以及被树木穿过的白色石凳帮助定义着公园的空间，并在不同的季节为人们带来不同的小气候。

图 12-32　白色的铺装如同自然地貌般起伏着，形成各种活动空间

图 12-33　白色的铺装自然形成了坐凳、聚会空间、路面

图 12-34　铺装与绿植的自然衔接

图 12-35　铺装与地形的自然融合

图 12-36　左侧坡上鼓起的部分可以当做座椅，右侧的路面边缘安装了地面照明灯

图 12-37　坡上的喷泉

图 12-38　　白色水洗石铺装做成的喷泉、叠水与水池

图 12-39　　公园中的所有要素都自然柔和地过渡

图 12-40　　简练的街道家具（左）与儿童游乐区（右）

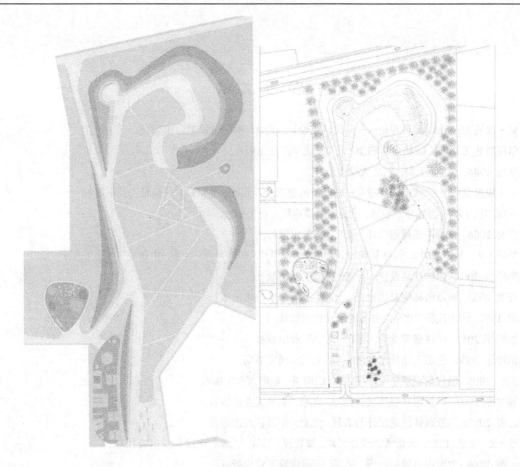

图 12-41 总平面图

整个公园连续而统一,白色的路面串起所有的功能,夜晚来临,修长的灯杆泛光灯源照射着下方柔和的路径。如今这里变成一个非常热闹的聚会场所,全天候地迎接各种各样的人们,有读书看报的,有骑山地车的,有闲聊的,还有玩音乐的。

问题与思考

1. 什么是城市设计?
2. 城市设计的内容有哪些?
3. 城市设计的主要理论依据有哪些?
4. 城市景观的分类有哪些?
5. 城市景观的基本特征有哪些?
6. 社区景观应注意哪些原则?
7. 社区景观与城市景观之间的关系如何?

参考文献

埃蒙·坎尼夫. 2013. 城市理论——当代城市设计. 北京: 中国建筑工业出版社.

贝尔托斯基 T. 2007. 园林设计初步. 北京: 化学工业出版社.

陈从周. 1984. 说园. 上海: 同济大学出版社.

迪特·福里克. 2015. 城市设计理论——城市的建筑空间组织. 北京: 中国建筑工业出版社.

杜汝俭, 等. 1984. 园林建筑设计. 北京: 中国建筑工业出版社.

段汉明. 2006. 城市详细规划设计. 北京: 科学出版社.

格兰特·W. 里德. 2010. 园林景观设计 从概念到形式. 郑淮兵译. 北京: 中国建筑工业出版社.

胡先祥等. 2007. 园林规划设计. 北京: 机械工业出版社.

胡长龙. 2003. 城市园林绝对化设计. 上海: 上海科学技术出版社.

计成. 1988. 园冶注释. 北京: 中国建筑工业出版社.

李慧峰等. 2011. 园林建筑设计. 北京: 化学工业出版社.

林镇洋等. 2004. 生态工法技术参考手册. 台北: 明文书局.

刘滨谊. 2005. 现代景观规划设计(第二版). 南京: 东南大学出版社

刘福智等. 2007. 风景园林建筑设计指导. 北京: 机械工业出版社.

刘志成. 2012. 风景园林快速设计与表现. 北京: 中国林业出版社.

诺曼·K. 布思. 1989. 风景园林设计要素. 曹礼昆, 等译. 北京: 中国林业出版社.

彭一刚. 1986. 中国古典园林分析. 北京: 中国建筑工业出版社.

荣先林等. 2003. 实用园林景观设计图集典范. 合肥: 安徽文化音像出版社.

苏雪痕. 2007. 植物造景. 北京: 中国林业出版社.

唐学山等. 1997. 园林设计. 北京: 中国林业出版社.

同济大学建筑系园林教研室. 1986. 公园规划与建筑图集. 北京: 中国建筑工业出版社.

王其钧. 2008. 城市设计. 北京: 机械工业出版社.

吴志强等. 2010. 城市规划原理. 北京: 中国建筑工业出版社.

夏惠. 2007. 园林艺术. 北京: 中国建筑工业出版社.

徐雷. 2008. 城市设计. 武汉: 华中科技大学出版社.

约翰·O. 西蒙兹. 2000. 景观设计学. 北京: 中国建筑工业出版社.

张德炎等. 2007. 园林规划设计. 北京: 化学工业出版社.

筑龙网组. 2007. 园林古建小品设计 CAD 精选图集. 北京: 机械工业出版社.

后 记

　　风景园林规划与设计是一项科学性、实践性很强的工作，涉及建筑学、景观设计学、城乡规划学等多学科的知识与技术。在多年的风景园林工程实践和教学中，我们深感景观规划与设计的重要。鉴于此，我们组织了许昌学院、花之都实业有限公司等相关单位的专家和技术人员，组织编写了这部《风景园林规划与设计》著作。本书从实践的角度出发，偏重于具体景观设计工程实践的要素分析，突出景观规划设计的技术与方法，包括景观设计的立意构思、平面构成、组织原则、空间设计等，内容翔实而全面；不仅是风景园林工程建设的工具书，也是高校建筑学、风景园林、城乡规划专业的教材。

　　本书由吴国玺负责设计、拟纲、统稿，由闫慧、余显显、李满园负责校对、修改，最后由吴国玺、闫慧、余显显共同研究定稿。全书共分十二章，具体分工是（排名不分先后）：第一章由薛金国撰写，第二章由杨凯亮撰写，第三章由卢瑛撰写，第四章由张泊平撰写，第五章由毕翼飞撰写，第六章由赵普天撰写，第七章由徐国超撰写，第八章由吴国玺撰写，第九章由李鸽撰写，第十章由房艳丽撰写，第十一章由闫慧撰写，第十二章由李满园撰写。郭娅南、王云霄同志做了部分资料的收集与整理工作，部分图表由余显显、李满园、赵普天老师清绘。

　　本书撰写过程中得到了许昌学院、花之都实业有限公司领导的大力支持和帮助，尤其是得到西北大学段汉明教授的鼓励和指导，科学出版社的文杨老师对书稿的编辑、校对和出版做了大量工作。同时，本书引用了多位学者的研究成果和图件，书中未能一一注明，在此，对有关著作者和相关人员表示衷心感谢！

　　本书作者虽然作了很大努力，但由于时间、资料以及编著者的水平有限，书中难免有疏漏、甚至错误等不尽如人意之处，恳请有关专家和读者指正！

编　者

2016 年 7 月